高等学校土木工程专业系列规划教材

地下结构试验与测试技术

主编　刘新荣　钟祖良

主审　蒋树屏

WUHAN UNIVERSITY PRESS

武汉大学出版社

图书在版编目(CIP)数据

地下结构试验与测试技术/刘新荣,钟祖良主编.—武汉:武汉大学出版社,
2021.4
高等学校土木工程专业系列规划教材
ISBN 978-7-307-21632-7

Ⅰ.地…　Ⅱ.①刘…　②钟…　Ⅲ.①地下工程—结构试验—高等学校—教材
②地下工程—结构测试—高等学校—教材　Ⅳ.TU93

中国版本图书馆 CIP 数据核字(2020)第 116998 号

责任编辑:方竞男　　　责任校对:邓　瑶　　　装帧设计:吴　极

出版发行:**武汉大学出版社**　(430072　武昌　珞珈山)
　　　　(电子邮箱:whu_publish@163.com　网址:www.stmpress.cn)
印刷:武汉乐生印刷有限公司
开本:880×1230　1/16　印张:15.25　字数:490 千字
版次:2021 年 4 月第 1 版　2021 年 4 月第 1 次印刷
ISBN 978-7-307-21632-7　　　定价:47.00 元

高等学校土木工程专业系列规划教材

学术委员会名单

（按姓氏笔画排名）

主 任 委 员：周创兵

副主任委员：方　志　　叶列平　　何若全　　沙爱民　　范　峰　　周铁军　　魏庆朝

委　　　员：王　辉　　叶燎原　　朱大勇　　朱宏平　　刘泉声　　孙伟民　　易思蓉

　　　　　　周　云　　赵宪忠　　赵艳林　　姜忻良　　彭立敏　　程　桦　　靖洪文

编审委员会名单

（按姓氏笔画排名）

主 任 委 员：李国强

副主任委员：白国良　　刘伯权　　李正良　　余志武　　邹超英　　徐礼华　　高　波

委　　　员：丁克伟　　丁建国　　马昆林　　王　成　　王　湛　　王　媛　　王　薇

　　　　　　王广俊　　王天稳　　王曰国　　王月明　　王文顺　　王代玉　　王汝恒

　　　　　　王孟钧　　王起才　　王晓光　　王清标　　王震宇　　牛荻涛　　方　俊

　　　　　　龙广成　　申爱国　　付　钢　　付厚利　　白晓红　　冯　鹏　　曲成平

　　　　　　吕　平　　朱彦鹏　　任伟新　　华建民　　刘小明　　刘庆潭　　刘素梅

　　　　　　刘新荣　　刘殿忠　　闫小青　　祁　皑　　许　伟　　许程洁　　许婷华

　　　　　　阮　波　　杜　咏　　李　波　　李　斌　　李东平　　李远富　　李炎锋

　　　　　　李耀庄　　杨　杨　　杨志勇　　杨淑娟　　吴　昊　　吴　明　　吴　轶

　　　　　　吴　涛　　何亚伯　　何旭辉　　余　锋　　冷伍明　　汪梦甫　　宋固全

　　　　　　张　红　　张　纯　　张飞涟　　张向京　　张运良　　张学富　　张晋元

　　　　　　张望喜　　陈辉华　　邵永松　　岳健广　　周天华　　郑史雄　　郑俊杰

　　　　　　胡世阳　　侯建国　　姜清辉　　娄　平　　袁广林　　桂国庆　　贾连光

　　　　　　夏元友　　夏军武　　钱晓倩　　高　飞　　高　玮　　郭东军　　唐柏鉴

　　　　　　黄　华　　黄声享　　曹平周　　康　明　　阎奇武　　董　军　　蒋　刚

　　　　　　韩　峰　　韩庆华　　舒兴平　　童小东　　童华炜　　曾　珂　　雷宏刚

　　　　　　廖　莎　　廖海黎　　蒲小琼　　黎　冰　　戴公连　　戴国亮　　魏丽敏

出版技术支持

（按姓氏笔画排名）

项 目 团 队：王　睿　　白立华　　曲生伟　　蔡　巍

特别提示

　　教学实践表明,有效地利用数字化教学资源,对于学生学习能力以及问题意识的培养乃至怀疑精神的塑造具有重要意义。

　　通过对数字化教学资源的选取与利用,学生的学习从以教师主讲的单向指导模式转变为建设性、发现性的学习,从被动学习转变为主动学习,由教师传播知识到学生自己重新创造知识。这无疑是锻炼和提高学生的信息素养的大好机会,也是检验其学习能力、学习收获的最佳方式和途径之一。

　　本系列教材在相关编写人员的配合下,逐步配备基本数字教学资源,主要内容包括:

　　文本:课程重难点、思考题与习题参考答案、知识拓展等。

　　图片:课程教学外观图、原理图、设计图等。

　　视频:课程讲述对象展示视频、模拟动画,课程实验视频,工程实例视频等。

　　音频:课程讲述对象解说音频、录音材料等。

数字资源获取方法:

① 打开微信,点击"扫一扫"。

② 将扫描框对准书中所附的二维码。

③ 扫描完毕,即可查看文件。

更多数字教学资源共享、图书购买及读者互动敬请关注"开动传媒"微信公众号!

丛书序

土木工程涉及国家的基础设施建设，投入大，带动的行业多。改革开放后，我国国民经济持续稳定增长，其中土建行业的贡献率达到 1/3。随着城市化的发展，这一趋势还将继续呈现增长势头。土木工程行业的发展，极大地推动了土木工程专业教育的发展。目前，我国有 500 余所大学开设土木工程专业，在校生达 40 余万人。

2010 年 6 月，中国工程院和教育部牵头，联合有关部门和行业协(学)会，启动实施"卓越工程师教育培养计划"，以促进我国高等工程教育的改革。其中，"高等学校土木工程专业卓越工程师教育培养计划"由住房和城乡建设部与教育部组织实施。

2011 年 9 月，住房和城乡建设部人事司和高等学校土建学科教学指导委员会颁布《高等学校土木工程本科指导性专业规范》，对土木工程专业的学科基础、培养目标、培养规格、教学内容、课程体系及教学基本条件等提出了指导性要求。

在上述背景下，为满足国家建设对土木工程卓越人才的迫切需求，有效推动各高校土木工程专业卓越工程师教育培养计划的实施，促进高等学校土木工程专业教育改革，2013 年住房和城乡建设部高等学校土木工程学科专业指导委员会启动了"高等教育教学改革土木工程专业卓越计划专项"，支持并资助有关高校结合当前土木工程专业高等教育的实际，围绕卓越人才培养目标及模式、实践教学环节、校企合作、课程建设、教学资源建设、师资培养等专业建设中的重点、亟待解决的问题开展研究，以对土木工程专业教育起到引导和示范作用。

为配合土木工程专业实施卓越工程师教育培养计划的教学改革及教学资源建设，由武汉大学发起，联合国内部分土木工程教育专家和企业工程专家，启动了"高等学校土木工程专业系列规划教材"建设项目。该系列教材贯彻落实《高等学校土木工程本科指导性专业规范》《卓越工程师教育培养计划通用标准》和《土木工程卓越工程师教育培养计划专业标准》，力图以工程实际为背景，以工程技术为主线，着力提升学生的工程素养，培养学生的工程实践能力和工程创新能力。该系列教材的编写人员，大多主持或参加了住房和城乡建设部高等学校土木工程学科专业指导委员会的"土木工程专业卓越计划专项"教改项目，因此该系列教材也是"土木工程专业卓越计划专项"的教改成果。

土木工程专业卓越工程师教育培养计划的实施，需要校企合作，期望土木工程专业教育专家与工程专家一道，共同为土木工程专业卓越工程师的培养作出贡献！

是以为序。

2014 年 3 月于同济大学四平路校区

前　言

19世纪是桥的世纪，20世纪是高层建筑的世纪，21世纪是人类开发利用地下空间的世纪，随着我国国民经济的快速发展，许多在建和即将新建的大型地下工程具有不断走向深、宽、大的发展趋势。

随着我国地下工程建设日益增多，地下结构试验与测试技术也得到了快速发展，地下结构试验与测试技术是一门工程实践性很强的学科，其测试的方法、监测的要求必须和实践相结合，不断融入最新科研成果和经验，为地下工程的设计和施工服务。本书主要根据地下工程涉及的内容编写而成，介绍地质力学模型试验、离心模拟试验、岩体原位测试、山岭隧道施工监控量测、隧道盾构施工监测、基坑工程监测技术、隧道超前地质预报、地下结构（隧道）施工质量检测，以及试验数据处理等。

地下工程试验与测试对地下工程施工非常重要，已成为地下工程专业的学生必须掌握的内容。编写本书的目的是使地下工程专业的学生在熟悉和掌握地下工程测试基本原理的基础上，提高测试技能和制订试验监测方案的能力。在编写本书的过程中，编者特别注重从实用方面出发，将相关理论与现代新技术、新方法相结合，并尽可能地吸收国内外在该领域的最新成果，引导学生掌握理论知识，着重培养其解决实际工程技术问题的能力。

本书的编写人员均具有丰富的现场工作经验和教学经验，本书由重庆大学刘新荣、钟祖良担任主编并负责统稿和审定。具体编写分工为：刘新荣编写了前言、第1~3章、第6~7章、第9章；钟祖良编写了第4~5章、第8章、第10章。此外，重庆大学李鹏参与了第2章内容的编写；重庆大学陈红军参与了第3章工程案例的编写；长江科学院重庆分院吴相超、郭喜峰和重庆大学梁宁慧参与了第4章工程案例的编写；中铁西南科学研究院周朝长参与了第5章、第8章工程案例的编写；重庆大学周小涵参与了第8章的编写；华东交通大学方焘、重庆大学杨忠平参与了第7章工程案例的编写。研究生徐坚、别聪颖、胡翔翔、夏彪、罗亦琦、高国富、熊一丹和徐雅薇等为本书绘制插图、编排做了部分工作。招商局重庆交通科研设计院有限公司总经理（院长）、中国公路学会隧道工程分会理事长、全国工程勘察设计大师蒋树屏研究员担任本书主审，并对本书的编写提出了许多宝贵的意见和建议。鉴于此，在本书付梓之际，编者对对本书编写给予支持和帮助的所有领导和同仁表示衷心的感谢。

在本书编写过程中，编者参考了大量的国内外文献和一些学者的研究成果，已在本书末的参考文献中列出，由于精力有限，难免百密一疏，在此一并表示衷心的感谢。

此外，由于编者水平有限，书中难免存在不足之处，恳请读者批评指正。

编　者

2020年3月

目　录

1

绪　论

课前导读

▽ **知识点**

工程试验、测试技术的概念，工程试验的目的与意义、测试对象与内容，地下工程测试技术的发展现状。

▽ **重点**

工程试验的测试对象与内容。

▽ **难点**

工程试验的测试对象与内容。

1.1 概 述 》》》

工程试验与测试技术作为一项研究课题和应用技术在土建工程中占有重要的地位。它在各类工程建筑,尤其是地下工程建筑中已成为一个不可缺少的组成部分。因此,工程建筑的设计、施工和科研工作者越来越需要开展各种工程试验与测试技术的研究。

一切工程建筑物都必然要经过设计、施工和运营等几个阶段。为了验证设计是否正确、施工是否合理、运营是否安全,人们往往要事先用一定比例的实物模型做一些室内试验,或者在现场做一些实体试验和观测试验,这类试验统称工程试验。

对于一个大型的工程建筑物,特别是与地基和周围岩体密切相关的建筑物,就更需要工程试验。

在修建大坝的工程中,当初步选定坝基和坝体类型以后,为了了解它的受力性能,往往要做一些缩小比例的坝体模型试验以及现场岩体试验。有了这些试验数据,用有限单元法进行分析、计算,可以为最终设计提供依据。在大坝运营过程中,为了监测它的安全可靠程度,一般都要做长期的现场观测试验。

当修建一个路基挡土墙时,为了验证在设计中采用的土压理论,常常用压力量测工具做实体结构的观测试验。通过试验为支挡建筑物的正确设计提供可靠依据。在锚杆挡墙工程中,为了了解锚杆的锚固拉力以及挡板承载力的大小,往往要通过工程试验得到设计和施工所必需的数据。在长期的使用中,上述的试验观测设备就成为安全监测挡土墙能否满足设计要求的工具。

伴随着地下工程设计理论的不断发展与完善,工程试验的重要性愈加突出。早在20世纪50年代,我国的一些地下工程研究者就企图通过工程试验解决作用在地下工程结构上的地层压力问题,并进一步解决设计理论问题。这项研究目前仍在进行之中。随着喷锚技术和新奥法在我国地下工程中的逐步推广,工程试验的方法已为人们所重视。目前,国内外提出所谓"信息设计"和"信息施工"的方法,其中"信息"的获得就必须依赖工程试验。

归纳起来看,工程试验的重要意义和目的在于:

① 作为工程设计的依据和信息。

② 用于工程施工的指导和控制。

③ 用于工程运营的安全监测。

④ 作为理论研究的手段。

要成功地进行一次工程试验,除了有一个完整的、切合实际工程情况的试验计划外,还必须掌握一系列测试技术。在工程试验中,需要了解的物理-力学参数包括岩土的容重、静弹模和动弹模、黏聚力、内摩擦角、泊松比,岩体和结构的应力、应变、位移、压力、速度、加速度等。不论是在室内还是在现场,这些参数都必须通过一些仪器、仪表、探头(传感器)来测定,而且必须测定这些参数的变化规律。进行这类测定的技术,包括测定方法和测定工具,统称测试技术。

测试技术是工程试验成败的关键。随着各项新技术的发展,包括冶金、水电、建筑、铁道、煤炭、地质、军工和院校系统在内的为数众多的单位都在开展测试技术的研究。而且越来越多的单位计划将测试技术应用到工程实践中去。这种情况表明一种趋势——今后,凡是从事工程建设的人都必须掌握工程试验中的测试技术,以适应工程建设中的现代化技术不断涌现的状况。

虽然工程试验的方法很多,测试技术的种类五花八门,但是它们最直接的目的是要用数据告诉人们所设计和建造的工程建筑物是否安全、可靠。此外,人们不能只满足于一个工程的结论,还需利用工程试验和测试技术对若干个工程进行研究,从中得出规律,使某些理论(如土压理论、结构振动理论、隧道力学理论等)得到发展。有了这些理论,反过来再用工程试验的方法在以后的工程实践中应用和改进。这就是工程试验和测试技术的最终目的。

1.2 工程试验研究对象及测试内容 >>>

从结构所受的荷载性质来划分,工程试验可分为工程动态试验和工程静态试验。前者主要是研究工程结构物在动荷载(例如爆破力、列车振动力、地震力等)作用下的力学状态和安全状态。后者主要是研究工程结构物在静荷载或缓慢变化荷载(例如岩土压力、地基反力、静水压力、自重力等)作用下的力学状态和安全状态。

从试验的角度看,除了加荷的性质不同以外,上述两种试验的主要区别仅在于部分测试项目和仪器不同。本书主要阐述对象是工程静态试验和静力测试技术。

工程试验测试的主要内容如下。

(1) 外荷的测试

外荷的测试又称压力测试。主要测量作用在地下工程上的外部荷载,并将实际外部荷载的测试数据作为设计的依据。

(2) 内力的测试

内力包括正应力、剪应力、弯矩和扭矩等形式。某一点的内力一般可以用该点的法向和切向应力来表示。所以内力的测试常用应力这一形式表示。在结构受力的弹性阶段,往往通过测试应变来换算应力。对于非弹性材料,则最好直接测试应力。但是应力的直接测试是很困难的。内力的测试数值与材料的强度直接相关,因此本项测试是结构安全度的保证。

(3) 位移的测试

从力学观点看,任何发生应变的地方,必然伴随着位移。但是应变位移是相对位移的概念。这里讨论的位移指的是某一点的绝对位移。位移测试包括结构上某些关键部位的空间位移测试、地面沉陷测试、岩体和土体内部位移测试等。本项测试是结构的稳定程度的重要指标,所以目前已被广泛应用。

上述三项测试都可包括动态和静态两个部分,也就是说包括静动荷载、静动应变和静动位移。其测试工具基本相同,所不同的是动态测试仪器必须具备有一定频率响应特性的传感和记录装置。另外,动态测试内容还包括振动速度和振动加速度两项。

1.3 地下工程测试技术研究现状及展望 >>>

1.3.1 研究现状

近年来,随着科技的发展以及设计、施工、监理等建设各方对现场测试的日益重视,地下工程测试技术得到了快速发展,主要表现在以下几个方面:

(1) 新仪器、新方法的开发

地下工程测试技术与现代科技结合,一些传统测试方法得以更新。如近年来高精度的全站仪、隧道断面仪和三维激光扫描仪广泛应用于隧道围岩收敛量测,相比收敛计量测,其提高了监测效率并可进行三维位移监测;光纤光栅传感器应用于岩土工程的应力、应变和变形测试,提高了测试精度等。

(2) 自动监测系统

实时自动监测、远程数据传输、可视化技术、地理信息系统(GIS)等目前已经在大型基坑施工、隧道施工和地下综合管廊等方面得到成功应用,推动了地下工程测试技术的发展。

（3）工程地球物理探测

利用各种物探原理（弹性波、声波、电磁波、应力波等）开发的一系列性能很强的专用仪器，如波速仪、探地雷达、TSP 地质预报系统、红外探水仪、管线探测仪、瞬变电磁仪等，探测精度高、抗干扰能力强，将是地下工程测试发展的一个重要方向。

（4）数据处理与反馈技术

数据处理中多种数据处理技术（人工神经网络技术、时间序列分析、灰色系统理论、因素分析法、支持向量机方法等）的应用以及地下工程领域相应大型商用计算软件的开发，为地下工程信息化施工和反分析研究提供了保障，推动了地下工程施工监测信息管理、预测预报系统的发展。

（5）第三方监测和检测的推广和认可

目前，岩土工程施工普遍引入具有资质的第三方监测和检测机构，其测试结果具有公证效力，有效地降低了施工过程中可能发生的事故风险。同时，测试结果和监测资料有助于确定引发工程事故的原因和责任。

1.3.2 研究展望

（1）在原位测试方面，岩土体中的位移、应力测试，地下结构表面的土压力测试，岩土体的强度及变形特性测试等将会成为研究的重点。随着总体测试技术的进步，这些传统的研究难点将会被突破。

（2）虚拟测试技术将会在地下工程测试技术中得到广泛的应用。如电子计算机技术、电子测量技术、光学测试技术、航测技术、电磁场测试技术、声波测试技术、遥感测试技术、合成孔径雷达干涉（InSAR）技术等方面的新进展都将推动地下工程领域的测试技术的发展，令测试结果的可靠性、可重复性得到很大的提高。

（3）监测仪器和精密传感器国产化。目前，国产的地下工程现场监测仪器和传感器的信息化程度较低，稳定性与国外同类产品尚有一定的差距，急需对先进的国外监测仪器制造技术进行分析研究，提高国产化率，降低监测仪器的成本。

（4）地下工程施工自动化智能监测、预测预报系统的开发应用，其目的是提高监测的实时性和可靠性，同时降低系统成本，便于推广应用。

（5）加强第三方监测的规范管理，制定相应的法律、法规，从而全面提高地下工程监测和检测水平。

本章小结

　　本章介绍地下结构试验及测试技术的概念及研究内容，对地下工程测试的作用、地下工程测试技术发展现状进行了总结，对需要进一步研究的内容进行了展望。

独立思考

1.1 简述工程试验、测试技术的概念。

1.2 工程测试的主要内容有哪些？

1.3 通过阅读国内外相关文献，简述地下工程测试技术未来的重点发展方向。

2

地质力学模型试验

课前导读

▽ 知识点

结构模型试验的分类，相似比尺、相似指标、相似模数和三大相似定理的基本概念，地质力学模型试验应满足的相似关系，相似模型材料的要求及常用的材料，模型试验加载系统、量测系统，模型试验数据的计算与分析。

▽ 重点

三大相似定理，地质力学模型试验应满足的相似关系的推导。

▽ 难点

地质力学模型试验应满足的相似关系的推导，模型试验数据的计算与分析。

▽ 数字资源

拓展图集

2.1 概　述 >>>

地质力学模型试验属于结构模型试验技术的范畴。这种方法于 20 世纪 70 年代以后在我国得到广泛应用和发展,特别是对于那些重要的复杂岩体工程,常常需要同时采用模型试验和数值计算两种方法进行研究。地质力学模型是真实的物理实体的再现,在基本满足相似原理的条件下,更能真实地反映地质构造和工程结构的空间关系,更能准确地模拟施工过程和把握岩体工程力学特性。地质力学模型试验直观性强,它可以研究岩体应力和应变变化规律,在研究岩体破坏机制方面具有独到之处,可以弥补数值计算方法的不足,与数值计算相辅相成、相互补充和验证。两者相结合能够比较全面地分析工程问题。

近年来,地质力学模型试验在模型材料、测试技术、试验设备等方面得到广泛的发展,使其由定性分析转向定量分析,并与数值计算配合进行工程结构和岩体稳定性分析研究,成为研究复杂岩体条件下工程稳定性的应力-应变机制的重要手段。

2.2 结构模型试验分类 >>>

2.2.1 按结构的模拟范围和受力状态分类

① 整体结构模型试验。研究整体结构在空间力系作用下的强度或稳定性问题,如拱坝的应力或坝肩稳定问题、隧道锚结构稳定性问题。

② 平面结构模型试验。从结构物中取出单位长度或高度,研究其在平面力系作用下的强度或稳定性问题。如从拱坝中切取单位高度平面拱圈的应力试验、从重力坝沿坝轴线切取单位长度断面的应力试验、从隧道或地下工程结构切取单位长度断面的应力试验、从基坑工程切取单位长度断面的变形试验等。

2.2.2 按作用荷载特性分类

① 静力结构模型试验。研究结构物在静荷载(静水压力、自重、温度等)作用下的应力、变形及稳定性问题的整体或断面模型试验。

② 动力结构模型试验。常以抗震模型试验为主,研究结构物在不同地震烈度影响下的自振特性(包括频率、振型、阻尼等)、地震荷载、地震应力及抗震稳定性等的动态模型试验。

2.2.3 按量测方法分类

结构模型试验按量测方法可分为以下几类:

(1) 光测试验法

较为普遍采用的有光弹性试验法。该法以透明、均质、边缘效应小的环氧树脂胶板或块体作为模型材料,对制成的模型,利用偏振光量测应力。这种试验能直接得出结构内部及表面的应力场,但由于设备条件限制,模型比例往往较小,且目前还只能研究结构的应力场问题。由于环氧树脂模型材料的泊松比较大(0.34~0.50),对于研究三维应力场的空间模型试验的准确度将会有较大影响。这些年来得到发展的还有激光全息干涉法、云纹法、激光散斑干涉法等,这些方法进一步提高了光测试验的技术水平。

(2) 电测试验法

用脆性材料(石膏、轻石浆等)、塑料(有机玻璃)、橡胶、胶乳、水泥材料作为模型材料。当设计需要知道模型应力场或变形的部位时,可在测点上贴电阻应变计,通过测得的应变再求算应力。模型各部位测点的位移或变形可通过千分表、电感式位移计直接测出。这种模型的比例可做得较大,因而测得的应变和位移的精度相对较高。由于量测技术和设备在迅速向自动化、高精度方向发展,从而加快了这类模型试验解决生产、科研问题的速度。

（3）脆性应力涂层法

此法的原理是在结构或模型表面先涂上底层涂料,再在外表面涂上脆性面层涂料,模型加荷后变形,在脆性涂料表面将产生主应力方向的裂纹,从而可求得结构物表面的主应力迹线,并具有一定的精度。这种试验方法的优点是测试方便,直观性强,可供定性分析或定量的参考。此法特别适用于求解多孔板的应力分布及孔洞和角缘处的应力集中问题。

（4）应变网格法

用印刷胶或软胶作为模型材料,预先在模型表面画好网格,利用网格法测应变。由于这种模型材料呈非线性,受荷后模型的变形显著,因此量测的准确度较差。试验结果仅供定性分析参考。

2.3　地质力学模型试验的相似原理　>>>

模型试验的相似原理是指模型上重现的物理现象应与原型相似,即要求模型材料、模型形状和荷载等均须遵循一定的规律。这种模型试验,既要研究在正常荷载作用下结构和岩体的变形及应力特性,又要研究超载情况下的变形和破坏特征,因而兼有线弹性应力模型试验和破坏模型试验的特点。

2.3.1　基本概念

（1）相似现象

在几何相似系统中,对于同一性质的物理过程,如果所有有关的物理量在其几何对应点及相对应的瞬时各自保持一定的比例关系,则将这样的物理过程称为相似现象。

相互相似的现象遵循相同的物理定律,其物理方程式也是相同的。

（2）相似原理

对于线弹性模型,可以根据弹性力学的基本原理推出相似关系,即模型内所有点均要满足平衡方程、相容方程、几何方程;模型表面所有点应满足边界条件;模型材料应像原型一样服从胡克定理。概括而言,相似原理可表达为:若模型和原型为两个相似系统,则它们的几何特征和各物理量之间必然保持一定的比例关系,这样就可由模型的物理量推测原型的相应物理量。

（3）相似常数

相似常数也称相似比尺、相似系数。我们把原型(P)和模型(M)之间相同的物理量之比称为相似比尺,通常用带下标的 C 表示。在相似现象中,各相似常数受物理定律的约束,因此这些常数往往不能任意选取。我们定义 L 代表长度,δ 代表位移,σ 代表应力,σ_t 代表抗拉强度,σ_c 代表抗压强度,ε 代表应变,E 代表弹性模量,μ 代表泊松比,$\overline{X}$ 代表表面应力,X 代表体积力,γ 代表容重,f 代表摩擦系数,φ 代表内摩擦角,t 代表时间。

① 几何比尺:

$$C_L = \frac{\delta_P}{\delta_M} = \frac{L_P}{L_M} \tag{2-1}$$

② 应力比尺:

$$C_\sigma = \frac{(\sigma_t)_P}{(\sigma_t)_M} = \frac{(\sigma_c)_P}{(\sigma_c)_M} = \frac{C_P}{C_M} = \frac{\sigma_P}{\sigma_M} \tag{2-2}$$

③ 应变比尺：

$$C_\varepsilon = \frac{\varepsilon_P}{\varepsilon_M} \tag{2-3}$$

④ 位移比尺：

$$C_\delta = \frac{\delta_P}{\delta_M} \tag{2-4}$$

⑤ 弹性模量比尺：

$$C_E = \frac{E_P}{E_M} \tag{2-5}$$

⑥ 泊松比比尺：

$$C_\mu = \frac{\mu_P}{\mu_M} \tag{2-6}$$

⑦ 表面应力比尺：

$$C_{\overline{X}} = \frac{\overline{X}_P}{\overline{X}_M} \tag{2-7}$$

⑧ 体积力比尺：

$$C_X = \frac{X_P}{X_M} \tag{2-8}$$

⑨ 容重比尺：

$$C_\gamma = \frac{\gamma_P}{\gamma_M} \tag{2-9}$$

⑩ 摩擦系数比尺：

$$C_f = \frac{f_P}{f_M} \tag{2-10}$$

⑪ 内摩擦角比尺：

$$C_\varphi = \frac{\varphi_P}{\varphi_M} \tag{2-11}$$

（4）相似指标

由于相似现象是性质相同的物理过程，与现象有关的各物理量都遵循相同的物理定律，从它们共同遵循的物理方程式中得到相似常数的组合，这些组合的数值受物理定律的约束，这就限制了各个物理量相似常数的自由选取，这种相似常数的组合就称为相似指标。由此可见，相似现象的各个相似常数之间存在着一定的关系。

（5）相似模数

将相似指标中的同种物理量之比代入，便得到同一体系中各物理量的无量纲组合，这种物理量的无量纲组合称为相似模数，有时也称相似准则、相似判据或相似不变量。在具体问题中，各个相似模数均有它自己的物理意义。

（6）相似定理

自然界中存在着许许多多的相似现象，称为相似现象群，对相似现象所遵循的物理方程进行研究，得出了关于相似现象的三条普遍性结论，称为相似三定理。

① 相似第一定理。

如果两个现象相似，则它们的相似指标等于1，对应点上相似模数（相似判据、相似准则或相似不变量）数值相等。相似第一定理表明，彼此相似的现象其相似常数的组合，即相似指标的数值必须等于1。

当已知描述现象的物理方程时，一般可以通过将相似常数代入方程式的办法求得相似指标。

② 相似第二定理。

相似第二定理也称作 π 定理，它的含义为若物理系统的现象相似，则其相似模数方程（相似判据方程）

就相同。换言之,对所有相似的现象来说,它们各自的相似模数之间的关系完全相同。

相似第二定理表明任何物理方程均可转换为无量纲量间的关系方程。无量纲模数方程包括相似模数、同种物理量之比和无量纲物理量自身。

③ 相似第三定理。

相似第三定理又称相似逆定理,它描述的是现象相似的充分必要条件,即发生在几何相似系统中的物理过程用同一方程表达,包括单值量模数在内所有的相似模数在对应点上的数值相等。这说明有些复杂现象,其物理过程要用微分方程来表达,虽然这些现象出现在几何相似系统中,表达的微分方程也相同,但并不能保证这些现象是相似的,还要求单值量组成的相似模数数值在对应点必须相等,才能保证现象是相似的。

相似第三定理所说的单值量条件就是把某个具体现象从许多现象中区分出来的条件,它包括:

a. 几何条件:凡参与物理过程的物体其几何大小是应当给出的单值量条件。

b. 物理条件:凡参与物理过程的物质其性质是需要给出的单值量条件,例如材料的弹性模量、泊松比、容重、重力加速度等。

c. 边界条件:所有具体现象都必然受到与其直接相邻的周围情况的影响,因此发生在边界的情况也是应当给出的单值量条件,例如梁的支承情况、边界载荷分布情况、研究热现象时的边界温度分布情况等。

d. 起始条件:任何物理过程的进展都直接受起始状态的影响,因此起始条件也是应当给出的单值量条件,例如振动问题中的初相位、运动问题中的初速度等。

当单值量条件给定以后,现象中的其他量就可确定下来,单值量模数也就随之被确定了。

2.3.2 相似关系的推导

下面根据原型和模型的平衡方程、几何方程、物理方程、应力边界条件和位移边界条件推导相似关系表达式。

(1) 由平衡方程式推导的相似关系

原型平衡方程:

$$\begin{cases} \left(\dfrac{\partial \sigma_x}{\partial_x}\right)_P + \left(\dfrac{\partial \tau_{yx}}{\partial_x}\right)_P + \left(\dfrac{\partial \tau_{zx}}{\partial_z}\right)_P + x_P = 0 \\ \left(\dfrac{\partial \sigma_y}{\partial_y}\right)_P + \left(\dfrac{\partial \tau_{zy}}{\partial_z}\right)_P + \left(\dfrac{\partial \tau_{xy}}{\partial_x}\right)_P + y_P = 0 \\ \left(\dfrac{\partial \sigma_z}{\partial_z}\right)_P + \left(\dfrac{\partial \tau_{xz}}{\partial_x}\right)_P + \left(\dfrac{\partial \tau_{yz}}{\partial_y}\right)_P + z_P = 0 \end{cases} \tag{2-12}$$

式中,x, y, z 分别表示体积力。

模型平衡方程:

$$\begin{cases} \left(\dfrac{\partial \sigma_x}{\partial_x}\right)_M + \left(\dfrac{\partial \tau_{yx}}{\partial_x}\right)_M + \left(\dfrac{\partial \tau_{zx}}{\partial_z}\right)_M + x_M = 0 \\ \left(\dfrac{\partial \sigma_y}{\partial_y}\right)_M + \left(\dfrac{\partial \tau_{zy}}{\partial_z}\right)_M + \left(\dfrac{\partial \tau_{xy}}{\partial_x}\right)_M + y_M = 0 \\ \left(\dfrac{\partial \sigma_z}{\partial_z}\right)_M + \left(\dfrac{\partial \tau_{xz}}{\partial_x}\right)_M + \left(\dfrac{\partial \tau_{yz}}{\partial_y}\right)_M + z_M = 0 \end{cases} \tag{2-13}$$

将应力比尺 C_σ、几何比尺 C_L 及体积力比尺 $C_X = C_Y$ 代入式(2-12)得到:

$$\begin{cases} \left(\dfrac{\partial \sigma_x}{\partial_x}\right)_M + \left(\dfrac{\partial \tau_{yx}}{\partial_x}\right)_M + \left(\dfrac{\partial \tau_{zx}}{\partial_z}\right)_M + \dfrac{C_\gamma C_L}{C_\sigma} x_M = 0 \\ \left(\dfrac{\partial \sigma_y}{\partial_y}\right)_M + \left(\dfrac{\partial \tau_{zy}}{\partial_z}\right)_M + \left(\dfrac{\partial \tau_{xy}}{\partial_x}\right)_M + \dfrac{C_\gamma C_L}{C_\sigma} y_M = 0 \\ \left(\dfrac{\partial \sigma_z}{\partial_z}\right)_M + \left(\dfrac{\partial \tau_{xz}}{\partial_x}\right)_M + \left(\dfrac{\partial \tau_{yz}}{\partial_y}\right)_M + \dfrac{C_\gamma C_L}{C_\sigma} z_M = 0 \end{cases} \tag{2-14}$$

将式(2-14)与式(2-13)进行比较可得到应力相似比尺 C_σ、容重比尺 C_γ 和几何比尺 C_L 之间的相似关系:

$$\frac{C_\gamma C_L}{C_\sigma} = 1 \tag{2-15}$$

（2）由几何方程推导的相似关系

原型几何方程：

$$\begin{cases} (\varepsilon_x)_P = \left(\frac{\partial u}{\partial x}\right)_P \\[2mm] (\varepsilon_y)_P = \left(\frac{\partial v}{\partial y}\right)_P \\[2mm] (\varepsilon_z)_P = \left(\frac{\partial w}{\partial z}\right)_P \\[2mm] (\gamma_{xy})_P = \left(\frac{\partial u}{\partial y}\right)_P + \left(\frac{\partial v}{\partial x}\right)_P \\[2mm] (\gamma_{yz})_P = \left(\frac{\partial v}{\partial z}\right)_P + \left(\frac{\partial w}{\partial y}\right)_P \\[2mm] (\gamma_{zx})_P = \left(\frac{\partial u}{\partial z}\right)_P + \left(\frac{\partial w}{\partial x}\right)_P \end{cases} \tag{2-16}$$

式中，u、v、w 分别表示 x、y、z 方向的位移函数。

模型几何方程：

$$\begin{cases} (\varepsilon_x)_M = \left(\frac{\partial u}{\partial x}\right)_M \\[2mm] (\varepsilon_y)_M = \left(\frac{\partial v}{\partial y}\right)_M \\[2mm] (\varepsilon_z)_M = \left(\frac{\partial w}{\partial z}\right)_M \\[2mm] (\gamma_{xy})_M = \left(\frac{\partial u}{\partial y}\right)_M + \left(\frac{\partial v}{\partial x}\right)_M \\[2mm] (\gamma_{yz})_M = \left(\frac{\partial v}{\partial z}\right)_M + \left(\frac{\partial w}{\partial y}\right)_M \\[2mm] (\gamma_{zx})_M = \left(\frac{\partial u}{\partial z}\right)_M + \left(\frac{\partial w}{\partial x}\right)_M \end{cases} \tag{2-17}$$

将应变比尺 C_ε、位移比尺 C_δ、几何比尺 C_L 代入式(2-16)得：

$$\begin{cases} (\varepsilon_x)_M \left(\frac{C_\varepsilon C_L}{C_\sigma}\right) = \left(\frac{\partial u}{\partial x}\right)_M \\[2mm] (\varepsilon_y)_M \left(\frac{C_\varepsilon C_L}{C_\sigma}\right) = \left(\frac{\partial v}{\partial y}\right)_M \\[2mm] (\varepsilon_z)_M \left(\frac{C_\varepsilon C_L}{C_\sigma}\right) = \left(\frac{\partial w}{\partial z}\right)_M \\[2mm] (\gamma_{xy})_M \left(\frac{C_\varepsilon C_L}{C_\sigma}\right) = \left(\frac{\partial u}{\partial y}\right)_M + \left(\frac{\partial v}{\partial x}\right)_M \\[2mm] (\gamma_{yz})_M \left(\frac{C_\varepsilon C_L}{C_\sigma}\right) = \left(\frac{\partial v}{\partial z}\right)_M + \left(\frac{\partial w}{\partial y}\right)_M \\[2mm] (\gamma_{zx})_M \left(\frac{C_\varepsilon C_L}{C_\sigma}\right) = \left(\frac{\partial w}{\partial z}\right)_M + \left(\frac{\partial v}{\partial x}\right)_M \end{cases} \tag{2-18}$$

将式(2-18)和式(2-17)进行比较可得到位移比尺 C_δ、几何比尺 C_L 和应变比尺 C_ε 之间的相似关系：

$$\frac{C_\varepsilon C_L}{C_\delta} = 1 \tag{2-19}$$

（3）由物理方程推导的相似关系

原型物理方程：

$$
\begin{cases}
(\varepsilon_x)_\mathrm{P} = \dfrac{1}{E_\mathrm{P}}[\sigma_x - \mu(\sigma_y + \sigma_z)]_\mathrm{P} \\[2mm]
(\varepsilon_y)_\mathrm{P} = \dfrac{1}{E_\mathrm{P}}[\sigma_y - \mu(\sigma_z + \sigma_x)]_\mathrm{P} \\[2mm]
(\varepsilon_z)_\mathrm{P} = \dfrac{1}{E_\mathrm{P}}[\sigma_z - \mu(\sigma_x + \sigma_y)]_\mathrm{P} \\[2mm]
(\gamma_{yz})_\mathrm{P} = \left[\dfrac{2(1+\mu)}{E}\tau_{yz}\right]_\mathrm{P} \\[2mm]
(\gamma_{zx})_\mathrm{P} = \left[\dfrac{2(1+\mu)}{E}\tau_{zx}\right]_\mathrm{P} \\[2mm]
(\gamma_{xy})_\mathrm{P} = \left[\dfrac{2(1+\mu)}{E}\tau_{xy}\right]_\mathrm{P}
\end{cases}
\tag{2-20}
$$

模型物理方程：

$$
\begin{cases}
(\varepsilon_x)_\mathrm{M} = \dfrac{1}{E_\mathrm{M}}[\sigma_x - \mu(\sigma_y + \sigma_z)]_\mathrm{M} \\[2mm]
(\varepsilon_y)_\mathrm{M} = \dfrac{1}{E_\mathrm{M}}[\sigma_y - \mu(\sigma_z + \sigma_x)]_\mathrm{M} \\[2mm]
(\varepsilon_z)_\mathrm{M} = \dfrac{1}{E_\mathrm{M}}[\sigma_z - \mu(\sigma_x + \sigma_y)]_\mathrm{M} \\[2mm]
(\gamma_{yz})_\mathrm{M} = \left[\dfrac{2(1+\mu)}{E}\tau_{yz}\right]_\mathrm{M} \\[2mm]
(\gamma_{zx})_\mathrm{M} = \left[\dfrac{2(1+\mu)}{E}\tau_{zx}\right]_\mathrm{M} \\[2mm]
(\gamma_{xy})_\mathrm{M} = \left[\dfrac{2(1+\mu)}{E}\tau_{xy}\right]_\mathrm{M}
\end{cases}
\tag{2-21}
$$

将应力比尺 C_σ、应变比尺 C_ε、弹性模量比尺 C_E、泊松比比尺 C_μ 代入(2-20)得到：

$$
\begin{cases}
(\varepsilon_x)_\mathrm{M} = \dfrac{C_\sigma}{C_\varepsilon C_E}\dfrac{1}{E_\mathrm{M}}[\sigma_x - C_\mu\mu(\sigma_y + \sigma_z)]_\mathrm{M} \\[2mm]
(\varepsilon_y)_\mathrm{M} = \dfrac{C_\sigma}{C_\varepsilon C_E}\dfrac{1}{E_\mathrm{M}}[\sigma_y - C_\mu\mu(\sigma_z + \sigma_x)]_\mathrm{M} \\[2mm]
(\varepsilon_z)_\mathrm{M} = \dfrac{C_\sigma}{C_\varepsilon C_E}\dfrac{1}{E_\mathrm{M}}[\sigma_z - C_\mu\mu(\sigma_x + \sigma_y)]_\mathrm{M} \\[2mm]
(\gamma_{yz})_\mathrm{M} = \dfrac{C_\sigma}{C_\varepsilon C_E}\left[\dfrac{2(1+C_\mu\mu)}{E}\tau_{yz}\right]_\mathrm{M} \\[2mm]
(\gamma_{zx})_\mathrm{M} = \dfrac{C_\sigma}{C_\varepsilon C_E}\left[\dfrac{2(1+C_\mu\mu)}{E}\tau_{zx}\right]_\mathrm{M} \\[2mm]
(\gamma_{xy})_\mathrm{M} = \dfrac{C_\sigma}{C_\varepsilon C_E}\left[\dfrac{2(1+C_\mu\mu)}{E}\tau_{xy}\right]_\mathrm{M}
\end{cases}
\tag{2-22}
$$

将式(2-22)和式(2-21)进行比较得到应力比尺 C_σ、应变比尺 C_ε 和弹性模量比尺 C_E 之间的相互关系：

$$
\frac{C_\sigma}{C_\varepsilon C_E} = 1
\tag{2-23}
$$

同时得到泊松比无量纲物理量的相似比尺 $C_\mu = 1$。

2.3.3　地质力学模型试验应满足的相似关系

① 应力比尺 C_σ、容重比尺 C_γ 和几何比尺 C_L 之间的相似关系：

$$
C_\sigma = C_\gamma C_L
\tag{2-24}
$$

② 位移比尺 C_δ、几何比尺 C_L 和应变比尺 C_ε 之间的相似关系：

$$C_\delta = C_\varepsilon C_L \tag{2-25}$$

③ 应力比尺 C_σ、弹性模量比尺 C_E 和应变比尺 C_ε 之间的相似关系：

$$C_\sigma = C_\varepsilon C_E \tag{2-26}$$

④ 地质力学模型试验要求所有无量纲物理量（如应变、摩擦系数、内摩擦角、泊松比等）的相似比尺等于1，即：

$$C_\varepsilon = 1; \quad C_f = 1; \quad C_\varphi = 1; \quad C_\mu = 1 \tag{2-27}$$

2.4 地质力学模型试验的相似材料 >>>

对地质力学模型试验相似材料的要求包括一般要求、应力试验的要求和破坏试验的要求。

2.4.1 模型材料的一般要求

由于结构对象、荷载性质、受力阶段等不同，对模型材料的要求也不同，但以下条件是选择模型材料时应同时满足的：

① 模型材料应与原型材料的物理、力学性能相似。

② 保证模型在现代量测技术水平下，能得到足够精确的量测成果。因此，在某种加荷设备条件下，要求材料弹性模量要比原型岩石材料弹性模量小得多，并且有足够的强度和承载能力。

③ 保证模型在加荷和正常试验的量测时间内无显著的徐变产生。

④ 凝固前具有较好的和易性，便于施工和修补，易制成力学性能较为均匀的试验结构所要求的特定形状，且在制作模型或模坯时，可选用多种材料并按适宜比例进行配置，以适应不同的物理、力学性能模拟试验的要求。同时还要求材料在凝固及干燥过程中收缩变形很小。

⑤ 物理、力学、化学、热学等性能稳定，力求不受时间、湿度、温度等变化的影响。

⑥ 价格便宜、容易取得。

由于模型在各种试验阶段中的工作状态不同，因此对模型材料的要求也不同。

2.4.2 应力试验对模型材料的要求

在设计荷载作用下，模型和原型一般都处于弹性体范围内工作，原型岩体或混凝土在弹性阶段工作时，可以认为它服从弹性力学中的假设，即连续、均匀、各向同性，因此模型材料也要相应满足这些要求。具体来说，应力试验对模型材料的要求有：

① 在较小应力范围内重复多次加荷、卸荷后，其应力-应变关系趋近线性。力学试验表明，脆性模型材料（石膏、石膏重晶石粉等）具有这种特点，但在进行量测时，要将非弹性（残余）变形的模型反复多次加压和预压一段时间以清除非弹性变形的影响。弹性模量大于 1.7 GPa 的石膏或石膏硅藻土模型材料的非弹性变形通常是微小的。

② 当模型的变形足以改变结构的几何形态而影响其应力状态时，为了保持变形后模型与原型的几何相似，这就要求原型、模型上相应点的应变必须相等，即 $\varepsilon_P = \varepsilon_M$。

③ 模型和原型材料的泊松比应相等或至少相近。通常天然岩体的泊松比为 0.17～0.20；混凝土的泊松比约为 0.17；石膏、石膏硅藻土的泊松比为 0.17～0.20，与天然岩体接近；当模型材料采用环氧树脂、塑料、有机玻璃、橡皮等时，其泊松比（0.35～0.50）较大，与天然岩体、混凝土泊松比相去甚远。因此，在选用模型材料时，必须充分考虑由于泊松比差别较大使试验结果产生误差的问题。

2.4.3 破坏试验对模型材料的要求

进行破坏试验,模型材料除应满足上述应力试验所要求的条件外,还应满足以下几点要求:

① 模型材料和原型材料的应力-应变关系曲线,应严格满足完全相似的要求。

② 为保证模型和原型在相似荷载下开裂,要求模型材料和原型材料的破坏情况应满足相似要求。

③ 模型和原型材料都存在非弹性变形,且影响承载能力,因此要求模型材料与原型材料的非弹性变形应满足相似要求。

④ 模型如果还需要模拟断层或软弱夹层等地质构造面,则模型制作通常以这些面、带进行分块砌筑。而对一般的节理、裂隙面,岩体仍作为连续的整体,这种模型称为"大块体"地质力学模型,此时模型材料一般采用石膏、石膏硅藻土或石膏重晶石粉。而模拟断层接触面上抗剪强度的材料,在国内通常采用涂料法或用不同的纸型来模拟层面的摩擦系数,或者用淀粉-石膏粉黏结剂来模拟层面的抗剪强度等。

⑤ 如果模型中要进一步模拟节理、裂隙面,即把构造面间岩体作为非连续的裂隙介质考虑,则需用小砌块分层、分段砌筑,这种模型称为"小块体"地质力学模型。显然,这种模型更能反映出多节理岩体介质的力学特征。

2.4.4 常用的地质力学模型试验相似材料

地质力学模型材料的类型很多,由于要满足高容重、低强度、低弹性模量的要求,20世纪70年代后期普遍采用以重晶石粉为主要原料的新型模型材料。

① 重晶石粉、石膏、砂子、甘油混合料:容重为 19~24.1 kN/m³,变形模量为 25~35 MPa,抗压强度为 0.1~0.23 MPa。在固定石膏用量的条件下,重晶石粉与砂子的比值越高,材料的抗压强度及变形模量也越大,当比值在 1:(2~2.5)~1:1 的范围以内变化时,强度和变形模量的变化都是比较有规律的。

② 重晶石粉、石膏、甘油混合料:容重为 23~24 kN/m³,变形模量为 71~314 MPa,抗压强度为 0.1~0.38 MPa,拌和时加入适量的熟淀粉可调节其固结强度。

③ 重晶石粉、膨润土混合料:容重为 22.3~25 kN/m³,变形模量为 14~480 MPa,抗压强度为 0.1~0.3 MPa,属中等强度和变形模量的模型材料,用"最优含水量"的水做调和剂,适于夯压成型。

④ 重晶石粉、重硅粉混合料:容重为 20~24 kN/m³,变形模量为 11~140 MPa,抗压强度为 0.07~0.22 MPa,是一种容重、变形模量和强度变化范围大的软岩的模型材料。

⑤ MSB 材料:以石英砂外裹氯丁橡胶颗料和重晶石粉为骨料,以松香酒精溶液做黏结剂的一种模型材料,其弹性模量可根据砂粒外的胶膜厚度进行控制,其强度由松香酒精溶液的浓度进行调整。容重为 21~24.5 kN/m³,变形模量为 90~110 MPa,黏聚力为 0.07~0.14 MPa,内摩擦角为 30°~40°,抗压强度 σ_c=0.4~1.0 MPa,抗拉强度 σ_t=0.02~0.15 MPa。

2.5 模型试验加荷系统 ▶▶▶

作用于坝基、地下洞室、高边坡等岩体结构上的荷载主要是地应力、自重应力、水压等,目前对地应力还只能采用边界荷载进行间接模拟。

2.5.1 模拟静水压力加荷的方法

① 液体加荷,其中以水银最常用,在特殊情况下也可采用其他不同容重的液体。

② 集中力加荷,其中以千斤顶最常用,其次是拉压传感器、压力盒加荷。

③ 压缩空气加荷。

2.5.2 模拟地应力加荷方法

通过控制点地应力的回归反演计算，采用边界面力加荷方法形成初始地应力场，并使初始应力回归到控制点。

2.5.3 自重应力加荷方法

地质力学模型试验相似材料是与原型材料（岩体、混凝土）容重相似的高容重材料（$C_\gamma = 1$），因此自重应力可自然形成，不用另外施加自重力。

2.6 模型试验量测系统 ≫≫≫

2.6.1 应变量测、位移量测和裂隙开展量测

应变量测一般采用粘贴电阻应变片的方法，用电阻应变仪直接量测测点应变。位移量测目前主要使用电感式多点位移计，由自动测量仪器测读位移数字。裂隙开展一般使用高精度的声发射仪，可以准确量测裂缝的部位，另外使用内部电阻丝片也可以测量岩体结构内部的破坏、开裂部位。

2.6.2 模型应力的量测

结构物三维应力的量测见图 2-1，可围绕角点各贴一组应变片，然后将正六面体（埋块）恢复到模型相应位置，再对模型进行施荷量测，便可以从 x—y 平面、y—z 平面、z—x 平面分别量测到角点附近的 9 个应变分量。

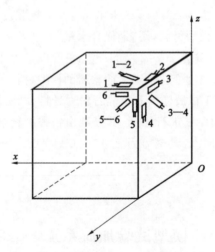

图 2-1 三维应力量测应变片粘贴图

由 x—y 平面，可以测得：

$$\varepsilon_x = \varepsilon_1; \quad \varepsilon_y = \varepsilon_2 \tag{2-28}$$

$$\gamma_{xy} = 2\varepsilon_{1-2} - (\varepsilon_1 + \varepsilon_2) \tag{2-29}$$

由 y—z 平面，可以测得：

$$\varepsilon_y = \varepsilon_3; \quad \varepsilon_z = \varepsilon_4 \tag{2-30}$$

$$\gamma_{yz} = 2\varepsilon_{3-4} - (\varepsilon_3 + \varepsilon_4) \tag{2-31}$$

由 z—x 平面，可以测得：

$$\varepsilon_z = \varepsilon_5; \quad \varepsilon_x = \varepsilon_6 \tag{2-32}$$

$$\gamma_{zx} = 2\varepsilon_{5-6} - (\varepsilon_5 + \varepsilon_6) \tag{2-33}$$

上述应变分量中,三个正应变 ε_x、ε_y、ε_z 各有两个测值,可取平均值。根据量测的 6 个应变分量即可以按胡克定律求得模型该点的相应的 6 个应力分量。

$$\begin{cases} \sigma_x = \dfrac{E(1-\mu)}{(1+\mu)(1-2\mu)}\left(\varepsilon_x + \dfrac{\mu}{1-\mu}\varepsilon_y + \dfrac{\mu}{1-\mu}\varepsilon_z\right) \\[2mm] \sigma_y = \dfrac{E(1-\mu)}{(1+\mu)(1-2\mu)}\left(\dfrac{\mu}{1-\mu}\varepsilon_x + \varepsilon_y + \dfrac{\mu}{1-\mu}\varepsilon_z\right) \\[2mm] \sigma_z = \dfrac{E(1-\mu)}{(1+\mu)(1-2\mu)}\left(\dfrac{\mu}{1-\mu}\varepsilon_x + \dfrac{\mu}{1-\mu}\varepsilon_y + \varepsilon_z\right) \\[2mm] \tau_{xy} = \dfrac{E}{2(1+\mu)}\gamma_{xy} \\[2mm] \tau_{yz} = \dfrac{E}{2(1+\mu)}\gamma_{yz} \\[2mm] \tau_{zx} = \dfrac{E}{2(1+\mu)}\gamma_{zx} \end{cases} \tag{2-34}$$

式中,E、μ 分别为模型材料的弹性模量和泊松比。

根据模型各测点的应力分量,可按有关公式确定模型主应力和主应变的方向。

2.7　试验数据整理与分析　>>>

2.7.1　原型应力计算

在计算出模型相应点的应力分量后,利用应力比尺 $C_\delta = \sigma_P/\sigma_M$ 可计算出原型相应点的应力分量:

$$\begin{cases} \sigma_x = \dfrac{E}{1+\mu}C_L C_\gamma\left[\varepsilon_x + \dfrac{\mu}{1-2\mu}(\varepsilon_x+\varepsilon_y+\varepsilon_z)\right] \\[2mm] \sigma_x = \dfrac{E}{1+\mu}C_L C_\gamma\left[\varepsilon_y + \dfrac{\mu}{1-2\mu}(\varepsilon_x+\varepsilon_y+\varepsilon_z)\right] \\[2mm] \sigma_z = \dfrac{E}{1+\mu}C_L C_\gamma\left[\varepsilon_z + \dfrac{\mu}{1-2\mu}(\varepsilon_x+\varepsilon_y+\varepsilon_z)\right] \\[2mm] \tau_{xy} = \dfrac{E}{2(1+\mu)}C_L C_\gamma[2\varepsilon_{xy} - (\varepsilon_x+\varepsilon_y)] \\[2mm] \tau_{yz} = \dfrac{E}{2(1+\mu)}C_L C_\gamma[2\varepsilon_{yz} - (\varepsilon_y+\varepsilon_z)] \\[2mm] \tau_{zx} = \dfrac{E}{2(1+\mu)}C_L C_\gamma[2\varepsilon_{zx} - (\varepsilon_z+\varepsilon_x)] \end{cases} \tag{2-35}$$

式中,ε_x、ε_y、ε_z 分别为沿坐标轴方向的应变;ε_{xy}、ε_{yz}、ε_{zx} 分别为 45°角的应变。

2.7.2　原型位移计算

已知量测得到模型相应点的位移 δ_M,由位移比尺 C_δ 可计算出原型相应部位的位移:

$$\delta_P = C_\delta \delta_M = \dfrac{C_L^2 C_\gamma}{C_E}\delta_M \tag{2-36}$$

2.7.3　应力、变形图形的绘制

在计算出原型坝基、洞室、边坡岩体各部位的应力和变形后,可画出原型应力矢量图、变形图及主应力分布图等。

2.8　Ⅳ级围岩段隧道开挖模型试验 >>>

2.8.1　工程概况

青岛至银川国道主干线山西省汾阳—离石高速公路离石隧道位于山西省吕梁市离石区,由于地形地貌所限,隧道设计为双连拱二车道公路隧道,全长 180 m,洞顶最大埋深约 39.0 m,隧道总体走向为 230°。隧道内轮廓采用单心圆弧拱,隧道内轮廓净宽 10.70 m,净高 7.05 m。隧道左右线轴线距离 13.70 m。隧道为直线隧道,隧道纵坡坡度为 −2.647%。隧道位于晋陕黄土高原黄土丘陵区,微地貌为黄土梁,顶部平缓,四周为黄土坎或黄土陡坡,海拔 912～996 m,相对高差 84 m。

根据地质调查及钻探结果,隧道围岩地层岩性特征及分布为:① 第四系中更新统离石组(Q_{21}):构成隧道围岩主体,岩性为褐黄色坚硬黄土(低液限黏土),较均一、密实,夹含零星姜石或姜石薄层,具柱状节理。② 第四系上更新统马兰组(Q_{3m}):分布于黄土梁的顶部,出露厚度约 3 m,岩性为灰黄色坚硬黄土(低液限黏土),结构疏松,柱状节理发育。

隧道位于吕梁山块隆西部离石—中阳菱形复向斜东翼,地质构造复杂,但新构造活动相对较弱。本区地震动峰值加速度为 0.05g,地震基本烈度为Ⅵ度,场地稳定性较好。地质调查及钻探揭示,隧道围岩范围内无地下水分布。

隧道围岩由第四系中更新统离石组(Q_{21})黄土组成,间夹数层姜石,处于坚硬状态,呈巨块状整体结构,柱状节理发育,无地下水赋存。根据《公路工程地质勘察规范》(JTG C20—2011),隧道围岩级别为Ⅳ级。由黄土的室内试验和工程资料可知隧道围岩物理、力学指标,详见表 2-1。

表 2-1　　　　　　　　　　　　　　　隧道围岩物理、力学指标

测试项目	天然含水率 w/%	天然密度 ρ/(kg/m³)	相对密度 G_s	液限 w_L	塑限 w_P	孔隙率 n	弹性模量 E/MPa	内摩擦角 φ/(°)	黏聚力 c/kPa	极限强度 σ_c/kPa
隧道围岩	16.28	1760	2.422	25.1	16.7	0.375	9～11	25～26.5	57～80	300～350
模型材料	—	1760	—	—	—	—	10	25.5	79.5	350

离石隧道洞口明洞段结构设计衬砌断面图如图 2-2 所示,其支护衬砌参数设计主要根据围岩类别、工程地质、水文地质条件等确定。隧道支护衬砌参数详见表 2-3。

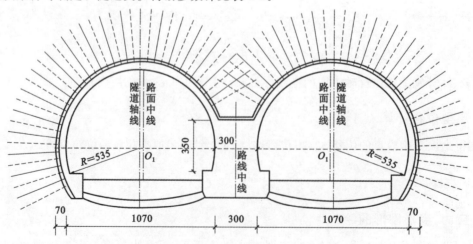

图 2-2　离石隧道Ⅳ级围岩衬砌断面图(单位:cm)

表2-2 离石隧道支护衬砌参数表

结构类别	初期支护				二次衬砌 （含仰拱）	辅助施工措施
	$R25$ 锚杆	Φ8 钢筋网	C20 喷射混凝土	支护加强措施		
洞口明洞	—	—	—	—	80 cm C25 模筑 钢筋混凝土	明挖回填
Ⅳ级围岩	100 cm×100 cm $L=300$ cm	单层 20 cm×20 cm	厚 20 cm	16 号工字钢 间距 100 cm	50 cm C25 模筑 钢筋混凝土	Φ50 mm 超前 小导管注浆

2.8.2 试验方案及过程

2.8.2.1 试验方案

（1）试验目的

模拟离石隧道洞身Ⅳ级围岩段的开挖过程,研究黄土连拱隧道的施工力学形态,揭示黄土连拱隧道开挖时的围岩变形规律。

（2）优选试验方案

由于离石黄土连拱隧道围岩结构单一,土质均匀,无软弱夹层,围岩稳定性较好,围岩级别均为Ⅳ级,选取洞身Ⅳ级围岩衬砌为本项目模型试验的研究对象。

根据国内外公路双连拱隧道设计施工情况的调查,一般连拱隧道均采用先超前开挖中导洞,形成中隔墙,再开挖一侧导洞并用预留核心土法开挖该侧主洞先形成一洞,最后按相同施工方法开挖另一洞,即开挖方案 A。其开挖支护步骤:第一步,开挖连拱隧道中隔墙部,测量其拱顶沉降值,然后油缸加压模拟中隔墙支护衬砌;第二步,开挖左隧道左侧壁;第三步,开挖左隧道中部核心土;第四步,开挖右隧道右侧壁;第五步,开挖右隧道中部核心土。如图2-3所示。

由于上述方案在实际施工中工序多,施工复杂,而且难以保证中隔墙顶部的防水效果,对隧道结构的耐久性存在一定的影响,因此采取的对比开挖方案如下:先开挖中导洞,形成中隔墙,然后采用上下台阶法开挖形成一洞,最后按同样施工方法形成另一洞,即开挖方案 B。如图2-4所示。

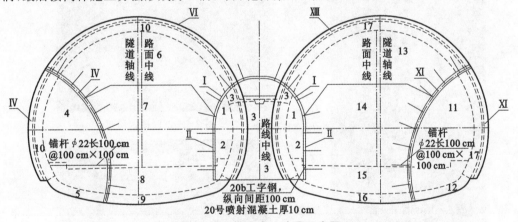

图 2-3 开挖方案 A 步骤示意图

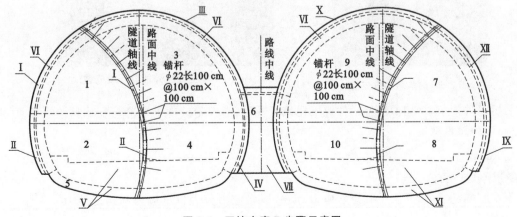

图 2-4 开挖方案 B 步骤示意图

将两个方案进行对比,得到较优施工方案。

2.8.2.2 相似模型制作

(1)试验准备

进行相似材料配比试验,根据工程地质勘察实际测试的离石黄土力学性质,再考虑黄土的极限强度和黄土类隧道围岩级别,选取合适配比的相似材料作为黄土连拱隧道模型试验的相似材料。其极限强度取326.02 kPa,弹性模量为7.77 MPa,主要相似比尺如表2-3所示。

表2-3   相似模型试验的相似比尺表

名称	相似比尺值	备注
几何比尺	44	试验系统确定
容重比尺	0.825	
弹性模量比尺	1.287	—
应力比尺	1.074	
时间比尺	12～24	设定

通过配比试验得知模拟离石黄土连拱隧道洞身Ⅳ级围岩段的最佳材料配比,其容重为19.30 kN/m³,模型净尺寸为1.6 m×1.6 m×2.4 m,则按材料配比准备砂、膨润土、石膏粉、水泥,按分层捣实成型法制作相似模型试件;在试件下半部分制作完成后,安装好内加载系统,然后制作试件上半部分,试件制作中按配比试验进行击实度控制,拌合水量一律取281.2 kg/m³,模型制作时严格控制每层厚度,并且模型一次制作完毕,试件制作如图2-5～图2-7所示。

图2-5 内加载系统安装

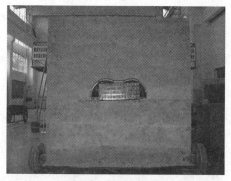

图2-6 试验模型浇筑

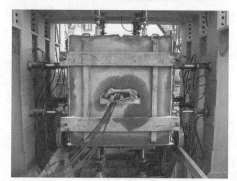

图2-7 模型试验外加载系统安装

三天后拆除外模板,将相似模型试件置于通风干燥处,当模型试件干燥度与配比试验干燥度相当时,加设外传力板,牵引试件就位。

2.8.2.3 模型试验

(1)隧道原岩应力的确定

在地下工程实施之前,原岩中有原岩应力存在,原岩应力分为自重应力和构造应力。大量实测资料表明,一般构造应力并不明显,其原岩应力以自重应力为主。

离石隧道洞身段主要为Ⅳ级围岩,最大埋深为 39 m,根据以上分析可得隧道的原岩应力为 $\sigma_z = \gamma H = 0.6825$ MPa。查阅资料,取黄土的泊松比 $\mu = 0.35$,则

$$\lambda = \frac{0.35}{1-0.35} = \frac{0.35}{0.65} = 0.538, \quad \sigma_x = \sigma_y = \lambda\sigma_z = 0.367 \text{ MPa}$$

（2）试验加载方案

模型试验时竖直方向压力:

$$\sigma_{Mv} = \frac{\sigma_z}{C_\sigma} = \frac{0.6825}{1.074} = 0.635 (\text{MPa})$$

模型试验时水平方向压力:

$$\sigma_{Mh} = \frac{\sigma_x}{C_\sigma} = \frac{0.367}{1.074} = 0.342 (\text{MPa})$$

考虑模型试验试件在外加载和内加载的作用下,在模拟试验前应处于平衡状态,再考虑内加载系统为圆形,计算复杂,一般情况下取内加载压力为外加载竖直方向和水平方向压力的平均值 $\sigma_{Mi} = \frac{0.635+0.342}{2} = 0.489 (\text{MPa})$。

通过围压换算,可得模型试验时每支竖直油缸最终稳定压力为 66.82 MPa,侧压油缸为 35.98 MPa,内加载油缸为 15.254 MPa。试验时内、外油缸加载分 5 级加载,其加载方案如表 2-4 所示。其模型加载如图 2-8 所示。

表 2-4　　　　　　　　　　　离石隧道Ⅳ级围岩段相似模拟试验加载方案

分级阶段	外加载				内加载			
	顶部油缸		侧面油缸		实际油缸压力/MPa	计算油缸压力/MPa	加载稳定时间/min	加载时刻
	实际油缸压力/MPa	计算油缸压力/MPa	实际油缸压力/MPa	计算油缸压力/MPa				
1	11.15		6.0		2.55		15	7:05
2	22.30		12.0		5.10		30	7:20
3	33.45	66.82	18.0	35.98	7.65	15.254	30	7:50
4	44.60		24.0		10.2		30	8:20
5	55.75		30.0		12.75		30	8:50
6	66.8		36.0		15.30		60	9:50

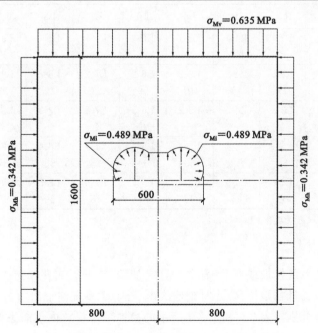

图 2-8　离石隧道Ⅳ级围岩段模型实验加载模式图

（3）相似模拟试验方案

离石隧道为双连拱二车道公路隧道，对该隧道的相似模型实验采用前面介绍的内加载系统，其模拟断面及位移测点分布展开示意图如表 2-5 所示。

表 2-5　　　　　　　　双连拱公路隧道内加载系统模拟断面及位移测点分布展开示意图

断面编号		L1	L2	L3	L4	L5	L6	L7	L8	L9	L10	L11	L12
测点编号	左洞	L1-1	L2-1	L3-1	L4-1	L5-1	L6-1	L7-1	L8-1	L9-1	L10-1	L11-1	L12-1
		L1-2	L2-2	L3-2	L4-2	L5-2	L6-2	L7-2	L8-2	L9-2	L10-2	L11-2	L12-2
	中隔墙	L1-3	L2-3	L3-3	L4-3	L5-3	L6-3	L7-3	L8-3	L9-3	L10-3	L11-3	L12-3
	右洞	L1-4	L2-4	L3-4	L4-4	L5-4	L6-4	L7-4	L8-4	L9-4	L10-4	L11-4	L12-4
		L1-5	L2-5	L3-5	L4-5	L5-5	L6-5	L7-5	L8-5	L9-5	L10-5	L11-5	L12-5

为了模拟离石隧道Ⅳ级围岩段，根据试验系统特点和上述两种试验方案，采用开挖方案 A，先中导洞开挖支护及浇筑中隔墙，然后先行洞与后行洞均采用侧壁导坑法开挖，开挖模拟顺序及时间如表 2-6 所示，其中导洞开挖超前 3 个断面。采用开挖方案 B，先中导洞开挖支护及浇筑中隔墙，然后先行洞与后行洞均采用上下台阶法开挖，开挖模拟顺序及时间如表 2-7 所示，其中上台阶开挖超前 3 个断面。

表 2-6　　　　　　　　　　　　　开挖方案 A 的开挖模拟顺序

断面编号		L1	L2	L3	L4	L5	L6	L7	L8	L9	L10	L11	L12
测点编号	左洞	L1-1 14	L2-1 15	L3-1 16	L4-1 17	L5-1 18	L6-1 19	L7-1 20	L8-1 21	L9-1 22	L10-1 23	L11-1 24	L12-1 25
		L1-2 17	L2-2 18	L3-2 19	L4-2 20	L5-2 21	L6-2 22	L7-2 23	L8-2 24	L9-2 25	L10-2 26	L11-2 27	L12-2 28
	中导洞	L1-3 1	L2-3 2	L3-3 3	L4-3 4	L5-3 5	L6-3 6	L7-3 7	L8-3 8	L9-3 9	L10-3 10	L11-3 11	L12-3 12
	右洞	L1-4 32	L2-4 33	L3-4 34	L4-4 35	L5-4 36	L6-4 37	L7-4 38	L8-4 39	L9-4 40	L10-4 41	L11-4 42	L12-4 43
		L1-5 29	L2-5 30	L3-5 31	L4-5 32	L5-5 33	L6-5 34	L7-5 35	L8-5 36	L9-5 37	L10-5 38	L11-5 39	L12-5 40

注：第 13 步为浇筑中隔墙。

表 2-7　　　　　　　　　　　　　开挖方案 B 的开挖模拟顺序

断面编号		L1	L2	L3	L4	L5	L6	L7	L8	L9	L10	L11	L12
测点编号	左洞	L1-1 17	L2-1 18	L3-1 19	L4-1 20	L5-1 21	L6-1 22	L7-1 23	L8-1 24	L9-1 25	L10-1 26	L11-1 27	L12-1 28
		L1-2 15	L2-2 16	L3-2 17	L4-2 18	L5-2 19	L6-2 20	L7-2 21	L8-2 22	L9-2 23	L10-2 24	L11-2 25	L12-2 26
	中导洞	L1-3 1	L2-3 2	L3-3 3	L4-3 4	L5-3 5	L6-3 6	L7-3 7	L8-3 8	L9-3 9	L10-3 10	L11-3 11	L12-3 12
	右洞	L1-4 29	L2-4 30	L3-4 31	L4-4 32	L5-4 33	L6-4 34	L7-4 35	L8-4 36	L9-4 37	L10-4 38	L11-4 39	L12-4 40
		L1-5 32	L2-5 33	L3-5 34	L4-5 35	L5-5 36	L6-5 37	L7-5 38	L8-5 39	L9-5 40	L10-5 41	L11-5 42	L12-5 43

注：第 13 步为浇筑中隔墙，第 14 步为填补中隔墙顶。

（4）隧道开挖模拟方法

首先分别将内、外加载系统按加载方案（表 2-4）分级加载，加载完成并稳定 1 h 后启动数据采集及分析系统，测试各断面各测点位移计初始位移，并时刻监测内、外加载系统油缸出力。

对应相似模拟方案，再分别按表 2-6 和表 2-7 所示的模拟顺序释放内加载系统油缸出力，分别模拟各断面开挖(分部开挖),同时测定各断面位移及跟踪内、外加载系统出力,并记录测量结果。隧道相似模拟时第13步为浇筑中隔墙,回顶内加载系统油缸出力的80%作为支护衬砌应力。

2.8.3　模型试验结果分析

通过对离石隧道开挖进行模型试验研究,得出以下结论:

① 对于研究隧道开挖过程的力学形态的地质力学模型,控制试验相似程度除几何尺寸、边界条件外的主要力学参数,主要的物理量是密度、强度、弹性模量,相似材料最佳配比的选择以 $C_\sigma = C_L C_\gamma$ 和 $C_\sigma = C_E$ 进行控制。

② 隧道时间-位移函数是相当复杂的函数,而且位移变化速率不均匀,难以得到适当的普遍实用的函数。根据开挖面的时空效应,截取距开挖面前后 2 倍洞径范围内的典型测点做曲线拟合后发现,采用 Richards 模型曲线拟合与试验曲线最为接近,其时间-位移曲线方程为 $y = a/(1 + e^{b-ct})^{1/d}$。

③ 隧道的径向位移随开挖的阶段呈现出阶段性增长趋势,大部分测点在所在断面开挖时台阶增长幅度最大,空间效应比较明显。

④ 洞周位移表现出了较明显的黏弹塑性,已经开挖的断面距工作面较远时仍然有较大的位移产生。因此,在实际隧道施工中,模筑衬砌不能施作太早,更不能以永久支护紧跟开挖面来取代初期支护。另外,衬砌要承受黄土后续变形,因而衬砌不仅要考虑安全储备,还要考虑土体的变形压力。

⑤ 中导洞开挖时,洞周径向位移较小,表明小洞径的黄土隧道自稳能力较强,但随着开挖面的增大,隧道位移逐渐变大,所以施工中应勤观测,注意拱顶、边墙、中隔墙、拱脚的位移发展情况,据此调整初期支护参数。

⑥ 本试验系统能较好地模拟两车道黄土连拱隧道开挖施工的全过程,揭示了黄土连拱隧道的施工力学特性,但黄土连拱公路隧道在国际上尚属首个工程实例,其试验结果尚待更多工程验证。

⑦ 在相似模型试验条件下,即黄土连拱隧道除中隔墙采取了一定的支护措施外,其余均为毛洞,无支护衬砌的情况下,试验结果表明,开挖方案 A 最终位移不大,其最大位移仅为 1 mm,按相似比尺换算为实际情况,其最大实际位移为 44 mm,因此隧道围岩大部分处于稳定状态。实际施工时若采用一定的支护措施和超前预支护手段,隧道围岩在施工中将更为稳定,但应注意某些断面的位移速率较大,建议施工时应及时支护,采取必要的超前支护措施辅助施工开挖。

⑧ 在相似模型试验条件下,两车道黄土连拱隧道采用开挖方案 B 的安全性不及开挖方案 A,但该结论是在隧道中,除中隔墙采取了一定的支护措施外,其余均为毛洞,无支护衬砌的条件下得到的,不排除开挖方案 B 在采取一定的支护措施控制隧道围岩变形,并辅以一定的超前支护措施后同样也能保证隧道围岩施工安全。

本章小结

本章介绍了相似模型试验的分类、相似理论,对模型试验相似材料的选取、加荷装置及应力及应变测试项目等,主要结论如下:

(1) 地质力学模型应满足如下相似关系: $C_\sigma = C_\gamma C_L$; $C_\delta = C_\varepsilon C_L$; $C_\sigma = C_\varepsilon C_E$; $C_\varepsilon = 1$; $C_f = 1$; $C_\varphi = 1$; $C_\mu = 1$。

(2) 模型加荷系统主要包括静水压力的加荷、地应力加荷和自重应力加荷。

(3) 模型试验量测系统主要包括应力量测、应变量测、位移量测和裂隙开展量测。

(4) 模型试验数据整理主要包括原型应力计算和原型位移计算,及相应图像的绘制。

独立思考

2-1 简述地质力学模型试验的目的和意义。

2-2 结构模型试验的分类有哪些？

2-3 地质力学模型试验应满足哪些相似关系？

2-4 地质力学模型试验的材料有哪些要求？常用的相似材料有哪些？各有什么特点？

2-5 模型试验的加荷系统主要包括哪些？如何模拟？

2-6 模型试验的量测系统主要包括哪些？

2-7 如何计算原型应力、位移？

3

离心模拟试验

课前导读

▽ **知识点**

离心模拟技术的概念、优点及存在的问题，离心模拟试验的基本原理，离心模拟设备的组成，离心模拟技术在工程中的应用。

▽ **重点**

离心模拟试验的基本原理及工程应用。

▽ **难点**

离心模拟试验的相似原理。

3.1　概　　述 　>>>

3.1.1　离心模拟技术的发展状况

离心模拟技术是岩土力学和岩土工程领域中的一项新技术,它借助离心机产生的重力场,使模型的应力水平与原型相同,从而达到用模型表现原型的目的。对这项技术的研究,20 世纪 30 年代英国和苏联就已率先开展了试验研究工作。60 年代末是土工模型试验技术发展的新时期,日本和英国等国家开展了大量的试验工作。70 年代,北海石油平台试验研究的需要在很大程度上推动了土工模型试验技术在世界范围内的发展。80 年代以来,土工模型试验无论在试验设备的数量和容量还是在量测技术和工程应用方面均得到迅速的发展。我国有关科研单位也于 80 年代初开始研制离心机,发展我国的离心模拟技术。1981 年国际土力学及基础工程学会成立了离心试验技术委员会,从 1984 年起每 4 年定期举行一次大型国际会议,交流离心模拟技术的研究成果及重大问题,并于 2001 年创办了关于离心模拟试验的国际期刊——*International Journal of Physical Modeling in Geotechnics*,形成了离心模拟技术国际交流的渠道,促进离心模拟技术的长足发展。

自 20 世纪 80 年代以来,我国不少学者致力于该项技术的研究与对离心机的研制,从开始的小型离心机试验逐步发展到大型离心机的研制。我国首台土工离心机于 1982 年由长江科学院制成,容量 150g·t,最大离心加速度 300g,有效旋转半径 3.0 m。随后,南京水利科学研究院和河海大学的小型离心机相继投入使用,并进行了工程模拟试验。当时的工程模拟试验研究仅限于比较简单的堤基和码头的小型试验,且量测设备比较简单,许多专门技术尚未解决。1985 年水利电力部成都勘测设计院科研所对铜街子工程做了一次较为大型的离心模拟试验,随后西南交通大学、成都科技大学、上海铁道学院等院校相继开展了土工离心模拟试验工作。目前,随着我国第三代离心机的研制成功,离心模拟技术已取得了飞速的发展,现今许多大中型离心机已投入工程应用,目前国内已建和在建的离心机有 30 多台。就离心机容量而言,我国规模最大的离心机(TLJ-500 型)容量为 500g·t,于 2010 年由成都理工大学与中国工程物理研究院(中物院)总体工程研究所联合研制而成,其总体性能达到国际先进水平。随着我国 600g·t、1000g·t 离心机的研制及应用,可以相信,土工模型离心模拟技术将会越来越广泛地用于我国土木工程的各个领域。

3.1.2　离心模拟试验在岩土工程领域应用的优越性

在岩土工程领域,相似试验常常作为对实际工程状况进行考察的手段,其方法主要有原型观测、数值方法和模拟试验。

原型观测是研究结构物性状的最直接、结果最有说服力的方法,但是原型试验步骤烦琐,耗资巨大。因此,其仅应用于较小的工程实践中。常规振动台试验较多地应用在结构试验中,但是由于它不能满足模型与原型应力水平相同的相似条件,在岩土工程研究中常常使试验结果与实际偏差较大。

数值方法是从实际研究对象抽象出来的数值模型,它是一种方便而花费较少的方法,但是数值模型的精度主要依赖于输入参数及本构关系的准确性。输入参数及本构关系的获取通常采用室内试验的方法,一方面室内试验对模型的尺寸及试验时间有很大的限制,另一方面土的本构关系极为复杂,目前只能得到一般规律,这就造成数值计算的结果与实际结果之间存在较大的出入。

离心模拟试验则能克服上述试验方法的不足,它对以模型自重为主要荷载的岩土结构物的性状特别有效。离心模拟试验采用小比尺以及与原型相同的材料,在离心机形成的高加速度场中达到与原型相同的应力水平,从而使模型与原型的应力相等、变形相似、破坏机理相同,能再现原型特性,它不但可以减小模型尺寸,大大缩短试验时间,而且可以建立各种非均质模型,模拟各种复杂工程的状况,从而提高模型的预测能力。同时,为理论和数值等分析方法提供真实可靠的参考依据,以便校正和提高目前使用的数值模型。同其他试验方法相比,不难看出离心模拟试验具有以下特点:

① 模型中可以使用与原型相同或相似的材料。

② 初次破坏后能保持荷载的连续性。

③ 能够模拟复杂的地质结构条件、边界条件,获得综合影响的效果。

④ 能够正确模拟岩土体及结构物的应力场,直观地再现岩土体与结构物的相互作用性状。

⑤ 能够在较短时间内实现岩土体在各种条件下移动、变形和破坏的全过程。

⑥ 能够模拟动力过程。

3.1.3　离心模拟试验存在的问题

① 在离心模拟试验中,为了更好地反映实际工程的运行状况,常需要对模型进行加载、卸载,如边坡开挖、地基上的加荷及开挖、土石坝填筑等都存在动态模拟问题。因此,如何模拟建筑物的加载、卸载路径是关系该项技术能否准确反映实际工程状况的关键,而对此进行模拟时,应当在离心机运转的情况下进行,不宜在开机前或中途停机的静态下进行,故动态模拟技术尚待进一步研究。

② 数据采集系统是离心试验的关键设备,对土力学试验来讲,在试验过程中对土的强度和变形的量测及处理极为重要。在土石坝中,内部信息的采集关系评价土石坝的安全与稳定性,这就需要有配套的综合采集系统,并要求其具有尺寸小、结构牢固和在较高离心力场中运行可靠的特点,因此对模型内应力和变形数据采集系统仍需进行深入研究。

③ 对工程施工过程的模拟,目前的试验大多仍局限于研究竣工时及运行期的情况,而对施工期结构物的变形、稳定性等关键问题的研究不足。对边坡、堤坝等工程,虽然也开展了一些研究,但如何真实地模拟工程在施工期的行为状态的问题尚待解决。

④ 土石坝离心模拟试验存在如何模拟填筑工程的加载、卸载路径问题,同时必须考虑对不同工作条件(如低水位、高水位、水位骤降等)下的坝体性状的预测问题,因此,动荷载模拟(加载、卸载)和供水、排水问题尚待解决。

⑤ 关于材料的模拟,对于细粒土,离心模拟试验可以直接采用原型材料,不存在模拟问题;而对于堆石等粗粒料和坝体内的混凝土材料构件,则存在材料的模拟问题。这些构件尺寸不大,长、宽、高均仅几十厘米至1 m左右,经几何缩尺后,模型中的构件尺寸过小,这时就不得不用其他材料代替,但应保证模型构件主要特性参数与原型构件相似。如坝体内的混凝土防渗墙,若用某种金属材料代替,且主要目的是研究混凝土墙的水平挠度问题时,则应保证其抗弯刚度相似。

另外,土的应力-应变性状与土的应力历史关系极大,离心模拟试验中对地基土的模拟自然成为试验中的重要问题,从现场取原状土置于模型箱中进行测试毫无问题,但只能解决地基中表层土的模拟,对深土层的模拟往往会失真。若通过离心机的高速旋转来制备土样,虽然可以模拟土的负固结、正常固结和超固结的情况,但却无法模拟土的结构性和陈化胶结的特性。

⑥ 地基液化是土强度的一个特殊问题,地基液化是地震时经常发生的主要灾害,它将导致地基丧失承载能力,造成建筑物沉陷和倒塌。近几十年来,其已成为国内外土动力学术界致力研究的主要课题。学术界主要研究了土的渗透性、循环荷载对地基液化及沉降的影响,也对地基承载力及抗液化措施进行了探索。因此,对地基液化及基础沉降问题的研究是迫切任务。

⑦ 对局部模拟仍需进一步加强研究,由于大型的土石坝工程规模大、范围广,无法进行整体模拟,只能选取有代表性的局部进行试验,这就出现了如何由局部模拟试验结果来推断整体原型可能出现的力学现象的问题。尽管不少学者做了一些探讨,仍需进一步加强研究。

⑧ 在某些特殊的工程中,如地下开采引起地表沉陷、上覆岩层移动等,其中对施工、生产起控制性作用的往往是一层或几层厚度不大的控制层和关键层,在试验过程中很难对它们进行精确模拟,这关系模型测试结果的可靠性。

⑨ 不连续介质的模拟,在裂隙土或者构造发育的岩体中,加荷后其应力-应变关系受到不连续性的影

响,由于离心模型采用的是小比尺模型,有时满足不了尺寸效应,但随着比例缩小,材料的性质(如原状中存在的结构面、裂隙、夹层等)却发生了改变,而在实际破坏中,大部分破坏是由裂隙面或破裂面引起的,目前制作的裂隙模型还很难与真实原型相一致。

⑩ 随着离心模拟试验技术的普及和开展,特殊工程土工离心模拟试验从初期的对边坡、大坝的专门研究,发展到对复杂恶劣环境下的一些特殊问题的研究,如炸药爆炸后在地面引起的破坏作用,地震对表土层及其上建筑物的影响,工业废料在土坝介质中的迁移规律,高寒地区公路路基的冻融循环规律等,但这些研究还处于起步阶段,远没有达到理想的境地。

离心模拟试验技术发展到今日,已完成由设备走向试验、由纯静态分析走向动态分析的转变,并逐步趋于成熟。

由于离心模拟试验相对原型观测和数值方法的独特优势,它在岩土工程的各个方面得到了广泛的应用。随着离心技术的试验设备、试验方法、试验结果分析等方面研究的进一步深入,它必将在研究土体与结构物的基本性状、了解震动作用下结构物的反应、检验基本理论和数值方法的正确性和有效性等方面起到越来越显著的作用。

3.1.4 展望与发展方向

近年来,随着离心模拟试验设备的迅速发展和普及,以及模拟技术的提高,我国的离心模拟试验技术取得了一些进展,具体如下。

① 离心机的设备在技术水平、规模和拥有量上都达到了国际先进水平。

② 离心模拟试验在工程中的应用领域不断扩大,以土木工程为例,土石坝软地基、地下工程、滑坡、桩以及近年来开展的采油平台工程等的试验,都在不断拓宽其应用范围,而在岩土工程中进行的离心模拟试验,则又为离心模拟试验模拟技术开辟了一片新的天地。

③ 离心模拟技术用于验证土的本构关系和土力学的理论是大有可为的,目前已形成良好的开端,但远没有达到理想的境地。

④ 量测设备及智能传感器、监测平台的研发是测试技术的关键硬件,也是获得研究成果的前提,今后需加大设备及平台的研发工作。

基于以上进展,其发展趋势可归纳为以下几个方面。

① 量测设备的研制是目前的薄弱环节,尤其是在高离心力下散体压力量测技术更应重点突破。在量测和数据采集系统方面,能否从土工离心模型中获得更多的信息和可靠的数据,量测仪器和数据采集系统是关键,精度高、体积小、对模型干扰较小的传感器,如光纤传感器以及非接触型量测技术的研制将对离心模拟技术的发展起到巨大的推动作用。随着有关技术的进一步发展,离心模型将能更准确地再现原型特性。

② 动态试验是发展离心模拟技术的重要内容之一,不解决好动态试验有关技术问题就很难模拟土的应力路径,不能确切地研究水位变化对水坝应力-应变的影响。同时,模拟振动或地震的离心模拟试验均为一维加速度的输入,还缺乏二维、三维地震加速度输入的设备,动力设备的研制仍是目前需要努力解决的技术难题。

③ 如何用小比尺的或局部的模型推演到大的原型的情况,仍是需要研究和验证的课题。对于一些大型的岩土工程(如土石坝工程),由于其尺寸过大,无法做整体模拟,只能截取关键部位进行试验研究,这就存在如何由局部模拟试验结果,推广到整体模型,进而推断原型有关力学与变形的问题。一般采用的方法是,在进行局部模型试验后,对该局部模型及原整体断面在相同条件下进行有限元计算,比较两者求得的应力、变形和其他参数,把它们用于局部模型试验的分析,并对局部模型试验结果进行修正。此外,也可用几何比尺与力学比尺不等的方法去推求原型的结果来解决这一问题。

④ 对于岩石等不连续体的模拟,力学比尺和几何比尺可能不等,要研究其相似规律以及解决两种比尺不等引起的其他问题。对于这种试验,材料的模拟既重要又困难,应逐步积累经验,尽量减少误差。

⑤ 模型中原状土层的制备技术有待进一步研究,尤其是对结构性强的土质地基更为重要。在离心模拟试验的地基土模拟中,为充分考虑土的结构及土的应力历史对土的应力-应变性状的影响,可以从现场取原

状土样制模进行试验,它可以在一定程度上帮助考虑地基土实际的物理力学性质,但小尺寸的原状土样往往并不能代表整个地基剖面的情况,而且原状土样中存在的诸如结构、裂隙、夹层等宏观组织结构在模型中也不能按相应的几何尺寸缩小,与实际的地层分布仍有较大的差异。用重塑土在高速旋转的离心机中制备土样,可以较好地模拟土的欠固结、正常固结和超固结状态,试验结果也有较好的可比性。但模拟土的结构性及固化胶脱结效应仍是当前的一大技术难题,其中通过提高固结的温度制备结构性土是其思路之一。

⑥ 变形及应力的量测是土工离心模拟试验中的两个主要测量内容。对于变形的量测,可采用高速摄影系统进行监控并辅以图像数字化处理系统,也有比较成熟的进行外部位移量测的位移传感器可供使用。近年来,非接触的激光位移计(精度可达 $2~\mu m$)已在土工模型试验中得到应用。对于应力的量测,除常规的土压力传感器外,还发展了可同时量测法向土压力和切向土压力的土压力传感器。另外,关于孔隙水压力的量测,已发展了探头尺寸仅为 $\phi 5~mm \times 10~mm$ 的微型孔压计,但地质模型经几何比尺放大后已达 $1.0~m$,与实际情况仍有较大差异,所以有必要发展一种更加有效的孔隙水压力量测设备。

⑦ 采集系统的发展。采集系统的好坏是能否获得准确、可靠的观测记录的关键,其传输方式包括模拟信号传输和数字信号传输两大类。其中,模拟信号传输易受外界电磁场的干扰,长距离传输误差大、可靠性差。而数字信号传输克服了上述缺点,对离心机集流环的精度要求低并可大大减少其数目,已成为土工离心模拟试验主要的数据采集传输方式。数据信号传输又可分为无线传输和有线传输两种,其中无线信号传输损耗低、传输频带宽、无机械触电影响,但易受外界高频电磁场的影响,且调制解频器设备复杂。相对而言,有线信号传输虽然传输质量易受离心机滑环工作状态的影响,但由于其电气设备简单,仍是国内外数据采集系统的主要传输方式。对于动力土工离心模拟试验,数据处理速度难以与模型的瞬时动态变化相匹配,仍需用模拟信号传输方式。

⑧ 要尽量使离心模拟技术在更大的岩土工程领域中得到应用,就要对土的本构关系和岩土力学基本理论进行更多、更深入的离心模拟试验验证,以进一步促进离心模拟技术的发展。

3.2 离心模拟试验的基本原理 >>>

3.2.1 概述

离心模拟试验的基本原理是将由原型材料按一定比尺制成的模型,置于由离心机生成的高离心力场中,通过加大模型土体或岩体的自重体积力,使模型(M)与原型(P)达到相同的应力状态与水平,并显示出与原型相似的变形和破坏过程。半无限地基自重应力的模拟,最能直观地说明土工离心模拟的相似性。若研究点的深度为 H,地基土的容重为 γ,则其自重应力 $(\sigma_z)_P$ 为:

$$(\sigma_z)_P = \gamma H = \rho g H \tag{3-1}$$

式中,ρ 为土的密度;g 为重力加速度。

现以原型材料按相似比尺 $1:n$ 制作一模型并置于离心力场中,则其相应点的模型自重应力 $(\sigma_z)_M$ 为:

$$(\sigma_z)_M = \rho a H_M = \rho a \frac{H}{n} \tag{3-2}$$

式中,a 为离心模型试验加速度;H_M 为研究点在模型中的深度。

若令 $(\sigma_z)_M = (\sigma_z)_P$,则有

$$a = ng \tag{3-3}$$

式(3-3)说明,只要使离心模型的试验加速度加大到重力加速度的 n 倍,就可使模型达到与原型相同的应力水平与状态。

土工离心模拟仍属物理模拟,故它也必然要服从物理现象相似的三定理。

第一定理:两系统中的物理现象相似,必须服从一定的相似准则,使其相似指标等于 1。

例如,对于模型与原型的速度系统,若定义其相似常数 $C_v = v_P/v_M$,$C_L = L_P/L_M$,$C_t = t_P/t_M$,则其相似指标为:

$$C = \frac{C_v C_t}{C_L} \tag{3-4}$$

相似第一定理又可表述为:两现象相似,其相似模数相等。对于原型与模型的速度系统,其相似模数 K 可表示为:

$$K = \frac{v_P t_P}{L_P} = \frac{v_M t_M}{L_M} = 不变量 \tag{3-5}$$

相似第一定理是关于相似准则存在的定理,它是牛顿(1686 年)在他的《自然哲学的数学原理》一书中首先提出的,尔后由法国科学家别尔特兰(1848 年)进一步肯定。

第二定理:在相似现象中,相似模数必须相等,且由这些相似模数组成的综合方程也必须相等。

相似第二定理就是 π 定理,它肯定了由决定现象物理量的关系式转换为相似模数综合方程的可能性。这个定理是通过费捷尔曼(1911)和白金汉等(1915)的努力而提出的,但其一般结论是 1949 年由卡那柯夫得出的。

第三定理:相似现象的充分条件是由它们的单值条件组成的单值量相似模数都相等。

所谓单值条件,即所求解问题的定解条件,如研究变形场和渗流场的初始条件和边界条件。所谓单值量,即单值条件上给定的物理量,如渗流场边界条件给定的流量、水头值或其随坐标变化的函数。

离心模拟的基本点就是模型土体或岩体的自重力被增加 n 倍(n 为模型率),因此,不管利用离心模型试验研究何种问题,都应基于这一基本点。利用上述相似定理,论证和推导出确切的相似关系,以使试验结果有效可靠,具有使用价值或参考价值。

3.2.2 离心模拟的相似性

(1) 基本控制方程相似

现以变形场与渗流场耦合作用的土体变形情况为例说明其离心模拟的相似性。若被置于离心力场中的土体模型处于弹塑性状态,且为变形场与渗流场耦合作用,则其应力、变形和渗流状态可用如下基本控制方程来描述。

平衡方程:

$$(\sigma'_{ij'j})_M + (\gamma_w)_M (H_j)_M + \gamma'_M = 0 \quad (i,j = x_M, y_M, z_M) \tag{3-6}$$

式中,$(\sigma'_{ij'j})_M$ 为离心模型土体有效应力张量对坐标的一阶偏微分;$(H_j)_M$ 为离心模型土体中水头对坐标的一阶偏微分;$(\gamma_w)_M$ 为离心模型中水的容重;γ'_M 为离心模型中土的浮容重。

几何方程:

$$(\varepsilon_{ij})_M = (u_{ij})_M + (u_{ji})_M \quad (i,j = x_M, y_M, z_M) \tag{3-7}$$

式中,$(\varepsilon_{ij})_M$ 为离心模型的应变张量;$(u_{ij})_M$,$(u_{ji})_M$ 为离心模型位移对坐标的一阶偏微分。

本构方程:

$$(\mathrm{d}\boldsymbol{\sigma}')_M = (\boldsymbol{D}_{ep})_M (\mathrm{d}\boldsymbol{\varepsilon})_M \tag{3-8}$$

式中,$(\mathrm{d}\boldsymbol{\sigma}')_M$ 为离心模型有效应力增量矩阵;$(\boldsymbol{D}_{ep})_M$ 为离心模型弹塑性矩阵;$(\mathrm{d}\boldsymbol{\varepsilon})_M$ 为离心模型应变增量矩阵。

水流连续方程:

$$(K_j)_M (H_{jj})_M = (\varepsilon_v)_M \quad (j = x_M, y_M, z_M) \tag{3-9}$$

式中,$(K_j)_M$ 为离心模型土体主方向渗透系数;$(H_{jj})_M$ 为离心模型土体中渗流水头函数对坐标的二阶偏微分;$(\varepsilon_v)_M$ 为离心模型土体应变随时间的变化率,即 $(\partial \varepsilon_v / \partial t)_M$。

现将原型与模型间相应物理量之比定义为相似常数,并以 C 表示。若 C_σ、C_ε、C_L、C_δ、C_H、C_γ、C_t、$C_{D_{ep}}$ 和 C_K 分别表示应力、应变、几何、位移、水头、土体或岩体容重、时间、弹塑性矩阵和渗透系数的相似常数,且 $C_H = C_\delta = C_L$,则原型土体的平衡方程、几何方程、本构方程和水流连续方程可分别表示为:

$$\frac{C_\sigma}{C_L}(\sigma_{ij'j})_M + C_\gamma(\gamma_w)_M(H_j)_M + C_\gamma\gamma_M' = 0 \tag{3-10}$$

$$C_\varepsilon(\varepsilon_{ij}) = \frac{C_\delta}{C_L}\left[(u_{ij})_M + (u_{ji})_M\right] \tag{3-11}$$

$$C_\sigma(\mathrm{d}\boldsymbol{\sigma}')_M = C_{\boldsymbol{D}_{ep}}C_\varepsilon(\boldsymbol{D}_{ep})_M(\mathrm{d}\boldsymbol{\varepsilon})_M \tag{3-12}$$

$$\frac{C_K}{C_L}(K_j)_M(H_{jj})_M = \frac{C_\varepsilon}{C_L}(\varepsilon_v)_M \tag{3-13}$$

若以式(3-6)～式(3-9)模拟式(3-10)～式(3-13),显然相似常数不能任选,当它们满足如下关系式时才能使模型与原型保持相似:

$$\frac{C_\sigma}{C_L C_\gamma} = 1 \tag{3-14}$$

$$C_\varepsilon = 1 \tag{3-15}$$

$$\frac{C_\sigma}{C_{D_{ep}}} = 1 \tag{3-16}$$

$$\frac{C_K C_t}{C_L} = 1 \tag{3-17}$$

式(3-14)～式(3-17)就是满足所研究基本控制方程的离心模拟相似准则。当离心模型试验加速度达到 $a = ng$ 时,显然水或土的容重均增大 $n = C_L$ 倍,即 $C_\gamma = 1/C_t$。由于土体渗透系数表达式 $K = \gamma_w d^2/(C_a\mu)$($\gamma_w$ 为水的容重;C_a 为形状系数;d 为土体特征孔隙尺寸;μ 为土中流体的黏滞系数)中含有水容重项,即 $\rho_w g$,故其也增大 $n = C_L$ 倍,即 $C_K = 1/C_L$。将关系式 $C_\gamma = 1/C_t$,$C_K = 1/C_L$ 分别代入式(3-14)～式(3-17),其相似准则变为:

$$C_\sigma = 1 \tag{3-18}$$
$$C_\varepsilon = 1 \tag{3-19}$$
$$C_{D_{ep}} = 1 \tag{3-20}$$
$$C_t = n^2 \tag{3-21}$$

由上述关系可知,对于以原型材料按相似比尺 1:n 制成的模型,只要其试验加速度达到 $a = ng$,而且由边界条件和加载条件构成的单值条件与原型保持相似,就可使离心模型达到与原型相同的应力状态与水平和相似的变形场与渗流场,且其模型土体的塑性区域发展及其破坏过程也与原型保持相似。而离心模型孔隙水压力消散时间仅为原型的 $1/n^2$,由此可利用短时间的离心模型试验预测原型土体长时间的固结与孔隙水压力的消散过程。

(2) 能量方程相似

现再以能量原理说明土体变形场与渗流场耦合作用问题的离心模拟相似性。根据虚位移原理和有效应力原理,离心模型土体的位移变分方程为:

$$\int_{v_M}(\sigma_{ij}')_M\delta(\varepsilon_{ij})_M\mathrm{d}v_M + \int_{v_M}(\gamma_w)_M(H_M - z_M)_{ij}\delta(\varepsilon_{ij})_M\mathrm{d}v_M$$
$$= \int_{v_M}(F_i)_M\delta(u_i)_M\mathrm{d}v_M + \int_{s_M}(T_i)_M\delta(u_i)_M\mathrm{d}s_M \quad (i,j = x_M, y_M, z_M) \tag{3-22}$$

式中,$(\sigma_{ij}')_M$ 为离心模型土体有效应力张量;$\delta(\varepsilon_{ij})_M$ 为离心模型土体任意微小虚应变张量;$(\gamma_w)_M$ 为离心模型土体中水的容重;H_M 为离心模型土体中的水头;z_M 为离心模型土体中所研究点的位置高度;$(F_i)_M$ 为离心模型上作用的体积力;$\delta(u_i)_M$ 为离心模型土体任意微小虚位移,其分量为 δ_{u_M}、δ_{v_M}、δ_{w_M};$(T_i)_M$ 为离心模型上作用的面力。

对于我们所研究的情况,离心模型上作用的体积力为土体容重,即 $(F_i)_M = \gamma_M$,其面力也往往化为 $(T_i)_M = (\gamma_w)_M H_M$ 来施加,则式(3-22)变为:

$$\int_{v_M}(\sigma_{ij}')_M\delta(\varepsilon_{ij})_M\mathrm{d}v_M + \int_{v_M}(\gamma_w)_M(H_M - z_M)_{ij}\delta(\varepsilon_{ij})_M\mathrm{d}v_M$$

$$= \int_{v_M} \gamma_w \delta(u_i)_M dv_M + \int_{s_M} (\gamma_w)_M H_M \delta(u_i)_M ds_M \quad (i,j = x_M, y_M, z_M) \tag{3-23}$$

离心模型土体重渗流的水头变分方程为：

$$\int_{v_M} (K_j)_M (H'_j)_M (\delta H'_j)_M dv_M$$

$$= \int_{v_M} (\varepsilon_v)_M \delta H_M dv_M + \int_{s_M} q_M \delta H_M ds_M \quad (j = x_M, y_M, z_M) \tag{3-24}$$

式中，$(K_j)_M$ 为离心模型土体主方向渗透系数；$(H'_j)_M$ 为离心模型土体中渗流水头函数对坐标的一阶偏微分；$(\delta H'_j)_M$ 为离心模型土体中渗流水头函数的变分对坐标的一阶偏微分；$(\varepsilon_v)_M$ 为离心模型土体应变对时间 t 的变化率，即 $(\partial \varepsilon_v / \partial t)_M$；$q_M$ 为离心模型渗流场边界上单位面积的渗流量。

式(3-23)与式(3-24)就是离心模型土体变形场与渗流场耦合作用的变分方程。

现同样以 C_σ、C_ε、C_L、C_δ、C_H、C_γ、C_t、$C_{D_{ep}}$、C_q 和 C_K 分别表示应力、应变、几何、位移、水头、土体或岩体容重、时间、弹塑性矩阵、流量和渗透系数的相似常数，且 $C_L = C_\delta = C_H$，则原型土体变形场与渗流场耦合作用的变形与水头变分方程分别为：

$$C_\sigma C_\varepsilon C_L^3 \int_{v_M} (\sigma'_{ij})_M \delta(\varepsilon_{ij})_M dv_M + C_\gamma C_\varepsilon C_L^4 \int_{v_M} (\gamma_w)_M (H_M - z_M)_{ij} \delta(\varepsilon_{ij})_M dv_M$$

$$= C_\gamma C_L^4 \int_{v_M} \gamma_M \delta(u_i)_M dv_M + C_\gamma C_L^4 \int_{s_M} (\gamma_w)_M H_M \delta(u_i)_M ds_M \quad (i,j = x_M, y_M, z_M) \tag{3-25}$$

$$C_K C_L^3 \int_{v_M} (K_j)_M (H'_j)_M (\delta H'_j)_M dv_M$$

$$= \frac{C_\varepsilon C_L^4}{C_t} \int_{v_M} (\varepsilon)_M \delta H_M dv_M + C_q C_L^3 \int_{s_M} q_M \delta H_M ds_M \quad (j = x_M, y_M, z_M) \tag{3-26}$$

当以式(3-23)、式(3-24)模拟式(3-25)、式(3-26)时，显然其相似常数也不能任选，当满足如下关系式时才能使模型与原型保持相似：

$$\frac{C_\sigma}{C_L C_\gamma} = 1 \tag{3-27}$$

$$C_\varepsilon = 1 \tag{3-28}$$

$$\frac{C_K}{C_q} = 1 \tag{3-29}$$

$$\frac{C_q C_t}{C_L} = 1 \tag{3-30}$$

当离心模型试验加速度达到 $a = ng$ 时，土体与水体容重均增大 $n = C_L$ 倍，即 $C_\gamma = 1/C_L$，模型土体的渗透系数和边界上单位面积渗流量也均增大 $n = C_L$ 倍，即 $C_K = C_q = 1/C_L$，则相似准则式(3-27)～式(3-30)变为：

$$C_\sigma = 1 \tag{3-31}$$

$$C_\varepsilon = 1 \tag{3-32}$$

$$C_K = C_q \tag{3-33}$$

$$C_L = n^2 \tag{3-34}$$

由此可见，对于由原型材料按比尺 $1:n$ 制成的模型，只要模型试验加速度达到 $a = ng$，且由边界条件和加载条件所组成的单值条件与原型保持相似，则模型与原型的能量方程就能保持相似。由式(3-31)～式(3-34)可看出，利用能量原理推得的相似准则不含 $C_{D_{ep}} = 1$ 项，这是因为能量原理不涉及材料性质，即对任何材料其相似性都是成立的。

（3）动力方程相似

在地震作用下，所研究土体的应力和变形状态除满足静力基本控制方程和能量方程外，还必须满足土

体质点运动的动力方程。对于离心模型,其质点运动方程可表示为:

$$M_{\mathrm{M}}\ddot{u}_{\mathrm{M}} + C_c\dot{u}_{\mathrm{M}} + K_{\mathrm{M}}u_{\mathrm{M}} = M_{\mathrm{M}}a - M_{\mathrm{M}}\ddot{u}_{\mathrm{M}v} \tag{3-35}$$

式中,M_{M} 为离心模型土体质点的集中质量;$\ddot{u}_{\mathrm{M}}$ 为离心模型土体质点运动的加速度;C_c 为离心模型土体质点振动阻尼系数,即单位速度下的阻尼力;$\dot{u}_{\mathrm{M}}$ 为离心模型土体质点运动的速度;K_{M} 为离心模型土体弹性系数,即质点单位位移的弹性力;u_{M} 为离心模型土体质点运动的位移;$\ddot{u}_{\mathrm{M}v}$ 为离心模型地面运动的加速度;a 为离心模型试验加速度。

若以 C_{PM}、C_a、C_v、C_δ、C_c 和 C_E 分别表示原型与模型之间质点集中质量、加速度、速度、位移、阻尼系数和弹性系数的相似常数,并以 C_g 表示原型重力加速度 g 与试验加速度 a 之比,则原型动力方程可表示为:

$$C_{\mathrm{PM}}C_a(M_{\mathrm{M}}\ddot{u}_{\mathrm{M}v}) + C_cC_v(C_{\mathrm{M}}u_{\mathrm{M}}) + C_EC_\delta(K_{\mathrm{M}}u_{\mathrm{M}})$$
$$= C_{\mathrm{PM}}C_g(M_{\mathrm{M}}a) - C_{\mathrm{PM}}C_a(M_{\mathrm{M}})\ddot{u}_{\mathrm{M}v} \tag{3-36}$$

当以式(3-35)模拟式(3-36)时,显然相似常数不能任选,当它们满足如下关系时,才能使原型与模型保持相似:

$$\frac{C_a}{C_g} = 1 \tag{3-37}$$

$$\frac{C_cC_v}{C_{\mathrm{PM}}C_g} = 1 \tag{3-38}$$

$$\frac{C_EC_\delta}{C_{\mathrm{PM}}C_g} = 1 \tag{3-39}$$

根据阻尼系数和弹性常数的定义,并以 C_t 表示时间的相似常数,$C_c=C_{\mathrm{PM}}/C_t$、$C_E=C_{\mathrm{PM}}/C_t^2$,且已知 $C_{\mathrm{PM}}=1$、$C_tC_f=1$(C_f 为振动频率相似常数)、$C_g=1/n$、$C_\delta=C_L=n$。将上述关系式代入式(3-37)、式(3-38)和式(3-39),其动力相似准则变为:

$$C_a = \frac{1}{n} \tag{3-40}$$

$$C_v = 1 \tag{3-41}$$

$$C_t = n \tag{3-42}$$

$$C_f = \frac{1}{n} \tag{3-43}$$

由此可见,对于用原型材料按比尺 1:n 制作的模型,且在试验加速度达到 $a=ng$ 的条件下,只要施加于模型地面的地震加速度和振动频率为原型的 n 倍,振动时间为原型的 $1/n$,则模型就可显示出与原型相似的动力反应。例如,欲将一个持续时间为 10 s、峰值加速度为 0.5g、频率为 3 Hz 的地震加到其模型率 $n=100$ 的模型上时,该模型应受到一个持续时间为 0.1 s、峰值加速度为 50g、频率为 300 Hz 的激振。同时,由式(3-42)可知,动力条件下的时间相似常数与孔隙水压力消散条件下的不一致,即分别为 $C_t=n$ 和 $C_t=n^2$。为使动力模型的孔隙水压力消散时间与动力模拟相协调,一般可采用缩小土料粒径或提高土体孔隙中液体黏滞性的方法降低土的渗透性。由于减小土的粒径通常会引起土体物理力学性质的变化,尤其不适合细粒土,故多采用在水中添加少量化学增黏剂的办法提高水的黏滞性。

(4)量纲分析

量纲分析的理论基础就是 Π 定理。Π 定理指出,若一物理方程由$(n+1)$个量纲不同的一组物理量 S,S_1,…,S_n 所组成,并在这组物理量中选取 k 个量纲独立的物理量为基本量,则这个物理方程一定可以由$(n+1)$个有量纲量组合而成的$[(n+1)-k]$个无量纲量 Π,Π_1,…,Π_{n-k} 完全表示出来。其数学表达式为:

$$\Pi = f(1,\cdots,1,\Pi_1,\cdots,\Pi_{n-k}) \tag{3-44}$$

其中,$\Pi=S/(S_1^{m_1}S_2^{m_2}\cdots S_k^{m_k})$;$\Pi_1=S_{k+1}/(S_1^{p_1}S_2^{p_2}\cdots S_k^{p_k})$;$\Pi_{n-k}=S_n/(S_1^{q_1}S_2^{q_2}\cdots S_k^{q_k})$。

现以确定砂土地基极限承载力问题为例说明用量纲分析方法确定物理现象的相似模数和组成综合方程的具体方法和步骤。该问题的物理方程为:

$$p_u = f(\gamma,d,e,\varphi,\sigma_c,\sigma_g,E_g,d_g) \tag{3-45}$$

式中,p_u 为砂土地基的极限承载力,FL^{-2};γ 为砂土地基的容重,FL^{-3};d 为基础直径,L;e 为砂土孔隙

比,F^0L^0;φ 为砂粒间摩擦角,F^0L^0;σ_c 为砂粒间黏聚力,FL^{-2};σ_g 为砂粒破坏强度,FL^{-2};E_g 为砂粒弹性系数,FL^{-2};d_g 为砂粒平均粒径,L。

现选取式(3-45)中的 γ,d 值为量纲独立的基本量,即 $k=2$;而对于物理方程式(3-44),$k=8$,则 $(n+1)-k=7$。于是可用 7 个无量纲量,即 Π 和 $\Pi_1,\cdots,\Pi_6$ 完全表示出物理方程式(3-44),即

$$\Pi = f(\Pi,\Pi_1,\Pi_2,\Pi_3,\Pi_4,\Pi_5,\Pi_6) \tag{3-46}$$

确定物理方程各物理量相似模数的方法有 Π 项法、量纲置换法和图解法,其中 Π 项法又分为求解指数方程法和量纲矩阵法。现以求解指数方程法确定方程式(3-46)中的各 Π 项表达式。根据上述 Π 定理,式(3-46)中各 Π 项的表达式为:

$$\Pi = \frac{p_u}{\gamma^a d^b} \tag{3.47a}$$

$$\Pi_1 = \frac{e}{\gamma^a d^b} \tag{3.47b}$$

$$\Pi_2 = \frac{\varphi}{\gamma^a d^b} \tag{3.47c}$$

$$\Pi_3 = \frac{\sigma_c}{\gamma^a d^b} \tag{3.47d}$$

$$\Pi_4 = \frac{\sigma_g}{\gamma^a d^b} \tag{3.47e}$$

$$\Pi_5 = \frac{E_g}{\gamma^a d^b} \tag{3.47f}$$

$$\Pi_6 = \frac{d_g}{\gamma^a d^b} \tag{3.47g}$$

若基本量纲为力[F]和长度[L],则式(3-47a)的量纲式为:

$$\Pi = \frac{p_u}{\gamma^a d^b} \rightarrow \frac{[FL^{-2}]}{[FL^{-3}][L]^b} = \frac{[L^{(-2+3a-b)}]}{[F^{(a-1)}]} \tag{3-48}$$

因为 Π 项为无量纲数,即纯数,所以 L 和 F 各自的指数和应为零,故有

$$\begin{cases} -2+3a-b=0 \\ a-1=0 \end{cases} \tag{3-49}$$

求解式(3-49),得 $a=1,b=1$,则 Π 的表达式为

$$\Pi = \frac{p_u}{\gamma d} \tag{3-50}$$

重复上述方法和步骤,求得 $\Pi_1,\cdots,\Pi_6$ 的表达式并代入式(3-46),则该问题的模数综合方程为:

$$\frac{p_u}{\gamma d} = f\left(e,\varphi,\frac{\sigma_c}{\gamma d},\frac{\sigma_g}{\gamma d},\frac{E_g}{\gamma d},\frac{d_g}{d}\right) \tag{3-51}$$

根据相似第二定理,在两相似物理现象中,其相应相似模数,即各 Π 项必须相等。为此,现将式(3-51)中各相似模数在原型和普通模型、离心模型中的值列于表 3-1 中,以便比较它们之间的相似性。

表 3-1　　　　　　　　　　　原型与普通模型、离心模型的相似模数

序号	原型比尺:1:1 (重力加速度:g)	普通模型比尺:1:n (重力加速度:g)	离心模型比尺:1:n (重力加速度:g)
1	$p_u/(\gamma d)$	$p_u/(\gamma d/n)$,不相似	$p_u/(n\gamma d/n)$,相似
2	e	e,相似	e,相似
3	φ	φ,相似	φ,相似
4	$\sigma_c/(\gamma d)$	$\sigma_c/(\gamma d/n)$,不相似	$\sigma_c/(n\gamma d/n)$,相似
5	$\sigma_g/(\gamma d)$	$\sigma_g/(\gamma d/n)$,不相似	$\sigma_g/(n\gamma d/n)$,相似
6	$E_g/(\gamma d)$	$E_g/(\gamma d/n)$,不相似	$E_g/(n\gamma d/n)$,相似
7	d_g/d	$d_g/(d/n)$,不相似	$d_g/(d/n)$,不相似

由表 3-1 可看出,普通模型的相似模数有 5 项不满足相似要求,而离心模型只有 1 项因采用原型材料为模型材料而不满足相似要求。若视土体为连续变形介质,该项不相似因素也可忽略。可见离心模型具有很大的优越性,是研究岩土工程实际工作状态及有关工程措施的较为合理和有效的试验方法。

（5）常用物理量的离心模拟相似常数表

根据以上土工离心模拟相似性的推导,并参考有关文献,现将常用物理量离心模拟相似常数 C 值列于表 3-2 中,以供实际应用。

表 3-2 **常用物理量离心模拟相似常数表（比尺 1：n；C＝原型/模型）**

物理量	量纲	相似常数符号	相似常数值
离心加速度	LT^{-2}	C_g	$1/n$
长度	L	C_L	n
面积	L^2	C_L^2	n^2
体积	L^3	C_L^3	n^3
质量	M	C_M	n^3
密度	ML^{-3}	C_ρ	1
容重	$ML^{-2}T^{-2}$	C_γ	$1/n$
位移	L	C_δ	n
应变	—	C_ε	1
应力、压强	$ML^{-1}T^{-2}$	C_σ	1
变形模量	$ML^{-1}T^{-2}$	C_E	1
水头	L	C_H	n
渗透系数	LT^{-1}	C_K	$1/n$
时间（渗流）	T	C_t	n^2
时间（动力）	T	C_g	n
速度（动力）	LT^{-1}	C_v	1
振动加速度	LT^{-2}	C_a	$1/n$
振动频率	—	C_f	$1/n$
能量	ML^2T^{-2}	C_e	n^3
集中力	MLT^{-2}	C_{ef}	n^2

3.2.3 离心模拟固有误差分析

离心模拟固有误差主要有两个部分,即由径向加速度分布和模型土体变形所引起的误差,现分别简要分析如下:

（1）径向加速度分布所引起的误差

离心机旋转运动是一典型刚体绕定轴转动问题,其上任意动点的切向加速度 a_r、径向加速度 a_n 和全加速度 a 的值可分别由下式确定:

$$a_r = r\frac{d\omega}{dt} \tag{3-52a}$$

$$a_n = r\omega^2 \tag{3-52b}$$

$$a = \sqrt{a_\tau^2 + a_n^2} \tag{3-52c}$$

式中，r 为所研究动点的转动半径；ω 为离心机转动角速度；t 为离心机转动时间。

切向加速度 a_τ 代表旋转速度对时间的变化率，而径向加速度 a_n 则代表旋转方向速度对时间的变化率。当离心机做匀速运动，即 $\mathrm{d}\omega/\mathrm{d}t=0$ 时，所研究动点的全加速度 a 纯为径向加速度，这就是离心模拟加速度 a_n。可见，应尽可能提高离心机控制系统的调速稳速精度，以满足 $\mathrm{d}\omega/\mathrm{d}t=0$。

现主要分析由径向加速度分布所引起的误差。离心模型上任意点的径向加速度为：

$$a = \sqrt{g^2 + (\omega^2 R)^2} \tag{3-53}$$

式中，R 为离心模型上研究点的转动半径。

当 R 和 ω 值较大时，式(3-53)可近似地表示为：

$$a = \omega^2 R \tag{3-54}$$

由式(3-54)可看出，当离心机旋转角速度 ω 为一定值，即离心机做匀速运动时，径向加速度 a 正比于转动半径 R。由于模型底部和顶部不在一个转动半径上(图 3-1)，故会产生一加速度梯度误差：

$$\frac{\Delta a}{a} = \frac{\Delta R}{R} \tag{3-55}$$

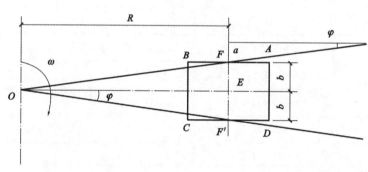

图 3-1　离心力场加速度辐射图

由式(3-55)可看出，对于一定的模型高度，转动半径值 R 越大，其梯度误差越小，故在规划设计离心机时，其转动半径应根据所研究问题的最大模型高度、试验精度要求以及离心机最大设计加速度综合考虑确定。若模型高度 $H_\mathrm{M}=\Delta R=1.0$ m，转动半径 $R=4.5$ m，则模型顶部与底部加速度相差 22.2%。若以模型中心点进行比较，其与顶部和底部的加速度均相差 11.1%。但由于在模型上部和下部应力传递过程中有抵消部分误差的作用，上述加速度误差并不会引起如此大的应力和变形误差。同时，将试验加速度 $a=ng$ 置于模型的不同位置，其试验误差也是不同的，其间定有误差最小的最佳位置。现以半无限地基的离心模型为例加以说明。离心模型地基的自重应力可表示为：

$$\sigma_\mathrm{M} = \rho\omega^2\left(R_t + \frac{x_\mathrm{M}}{2}\right)x_\mathrm{M} \tag{3-56}$$

式中，R_t 为模型顶面至离心机旋转中心的距离；x_M 为模型顶面至研究点的深度。

若将试验加速度 $a=ng$ 置于 (R_t+x_M) 处，即 $a=ng=\omega^2(R+x_\mathrm{M})$，则原型地基的自重应力可表示为：

$$\sigma_\mathrm{P} = \rho g x = \rho n g x_\mathrm{M} = \rho\omega^2(R_t + x_{\mathrm{M}v})x_\mathrm{M} \tag{3-57}$$

由此，离心模型地基自重应力的绝对误差累积值可表示为：

$$\begin{aligned}
S &= \int_0^{H_\mathrm{M}} (\sigma_\mathrm{P} - \sigma_\mathrm{M})\mathrm{d}x \\
&= \int_0^{H_\mathrm{M}} \rho\omega^2\left[(R_t + x_{\mathrm{M}v}) - \left(R_t + \frac{x_\mathrm{M}}{2}\right)x_\mathrm{M}\right]\mathrm{d}x \\
&= \rho\omega^2\left(\frac{x_{\mathrm{M}v}H_\mathrm{M}^2}{2} - \frac{H_\mathrm{M}^3}{6}\right)
\end{aligned} \tag{3-58}$$

若令 $S=0$，并从式(3-58)中解出 $x_{\mathrm{M}v}$，则有

$$x_{\mathrm{M}v} = \frac{1}{3}H_{\mathrm{M}} \qquad (3\text{-}59)$$

由此可知,若将试验加速度 $a=ng$ 置于模型的 $H_{\mathrm{M}}/3$ 处,可获得固有误差最小的试验结果。

离心模型地基与原型地基自重应力的相对误差可表示为:

$$\delta = \frac{\sigma_{\mathrm{M}} - \sigma_{\mathrm{P}}}{\sigma_{\mathrm{P}}} = \frac{R_t + \dfrac{x_{\mathrm{M}}}{2}}{R_t + x_{\mathrm{M}v}} - 1 \qquad (3\text{-}60)$$

若 $R_t=3.5$ m, $H_{\mathrm{M}}=1.0$ m,且分别令 $x_{\mathrm{M}v}=H_{\mathrm{M}}/2$、$x_{\mathrm{M}v}=H_{\mathrm{M}}/3$,则利用式(3-60)计算出不同模型高度处的地基自重应力相对误差如表 3-3 所示。

表 3-3　　　　　　　　　　　　　　　模型地基自重应力相对误差

$a=ng$ 位置	不同模型高度处的地基自重应力相对误差/%				
	$x_{\mathrm{M}}=0$	$x_{\mathrm{M}}=\frac{1}{3}H_{\mathrm{M}}$	$x_{\mathrm{M}}=\frac{1}{2}H_{\mathrm{M}}$	$x_{\mathrm{M}}=\frac{2}{3}H_{\mathrm{M}}$	$x_{\mathrm{M}}=H_{\mathrm{M}}$
$x_{\mathrm{M}v}=\frac{1}{3}H_{\mathrm{M}}$	-8.70	-4.35	-2.17	0	4.35
$x_{\mathrm{M}v}=\frac{1}{2}H_{\mathrm{M}}$	-12.50	-8.33	-6.25	-4.17	0

由表 3-3 可看出,试验加速度 $a=ng$ 的设定位置应因所研究问题的不同而异。若研究地基的变形状态或应力分布,宜将试验加速度 $a=ng$ 设定在模型高度的 1/3 处;而若重点研究地下构筑物的变形问题,则宜将试验加速度 $a=ng$ 设定在模型高度的 1/2 处。

在转臂与吊篮旋转平面上,由离心机生成的加速度呈辐射状分布(图 3-1),所以模型 A、B、C、D 各点加速度方向均不相同。若模型上任意点 E 的转动半径为 R',在半宽 b 上的相应点为 F,该点加速度有一偏角 φ,则产生一侧向加速度以 a_T'。若 E 点的加速度为 a_R',则侧向加速度 a_T' 与其之比可表示为:

$$\frac{a_T'}{a_R'} = \tan\varphi = \frac{b}{R'} \qquad (3\text{-}61)$$

由式(3-61)可看出,侧向加速度所占比重随着模型半宽 b 的增大而加大。若 $R'=4.0$ m, $b=0.75$ m(如果 LXJ-4-450 土工离心机试验吊篮采用一般摆动方式),其所占比重可达 18.5%。若 $a_{g'}=300g$,则侧向加速度 $a_T'=56.25g$,这对模型试验,尤其对边坡稳定试验是一个影响不小的附加因素。因此,为减小该项试验的误差,在设计离心机试验吊篮摆动方向时,宜使模型的长度方向垂直于离心机的旋转平面,而宽度方向则沿旋转平面的切线方向布置。当然,模型的高度方向必须沿离心机旋转的径向布置,以使模型中生成与原型相同的自重应力。LXJ-4-450 土工离心机试验吊篮的摆动方式就是按上述原则设计的。

(2)模型土体变形所引起的误差

绕定点作匀速旋转运动的离心机上的模型土体变形问题,属典型旋转坐标系或牵连运动问题。设离心机转臂 OA[图 3-2(a)]在其旋转平面内以匀角速度 ω 绕定轴 O 转动,模型上动点 M 作径向变速运动。在瞬时 t,转臂位于位置 I,动点位于 M 点,其相应牵连速度和相对速度分别为 v_e 和 v_r。在瞬时 $(t+\Delta t)$,转臂转动到位置 II,模型上动点也沿径向由 M 点运动到 M' 点,其相应牵连速度(离心机转动速度)和相对速度分别为 v_e' 和 v_r'。作相对速度矢量三角形[图 3-2(b)],作出 v_r'、v_r 和 Δv_r,并从 v_r' 矢量上截取等于 v_r 的一段长度,将增量 Δv_r 分解为 $\Delta v_r'$ 和 $\Delta v_r''$,即

$$\Delta v_r = \Delta v_r' + \Delta v_r''$$

同样作牵连速度矢量三角形[图 3-2(c)],作出 v_e、v_e' 和 Δv_e,并将 Δv_e 分解为 $\Delta v_e'$ 和 $\Delta v_e''$,即

$$\Delta v_e = \Delta v_e' + \Delta v_e''$$

根据加速度的定义,模型上动点 M 在瞬时 t 相对静系的加速度,即绝对加速度为:

$$a_a = \lim_{\Delta t \to 0} \frac{v_a' - v_a}{\Delta x}$$

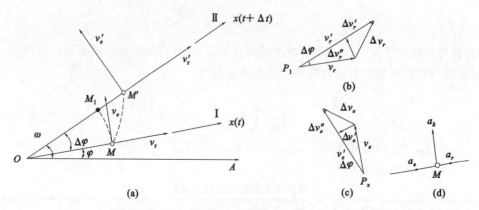

图 3-2　离心机牵连运动及模型动点加速度合成图

$$= \lim_{\Delta t \to 0} \frac{(v'_e + v'_r) - (v_e + v_r)}{\Delta t}$$

$$= \lim_{\Delta t \to 0} \frac{v_r}{\Delta t} + \lim_{\Delta t \to 0} \frac{v_e}{\Delta t}$$

$$= \lim_{\Delta t \to 0} \frac{v'_r}{\Delta t} + \lim_{\Delta t \to 0} \frac{v''_r}{\Delta t} + \lim_{\Delta t \to 0} \frac{v'_e}{\Delta t} + \lim_{\Delta t \to 0} \frac{v''_e}{\Delta t} a_r \qquad (3-62)$$

若令：

$$a_r = \lim_{\Delta t \to 0} \frac{v'_r}{\Delta t}$$

$$a_e = \lim_{\Delta t \to 0} \frac{v'_e}{\Delta t}$$

$$a_k = \lim_{\Delta t \to 0} \frac{v''_r}{\Delta t} + \lim_{\Delta t \to 0} \frac{v'_e}{\Delta t}$$

则式(3-62)可表示为：

$$a_a = a_r + a_e + a_k \qquad (3-63)$$

现在对式(3-63)中各加速度项的物理意义及其大小、方向说明如下[图 3-2(d)]：

a_r 为模型动点相对加速度，它对应于动点相对速度 v_r 随时间变化的变化率，也即在固连于转臂的动参考系上所观察到的相对速度 v_r 的变化率，其方向总是沿着动点相对运动的轨迹。a_r 的大小为：

$$\lim_{\Delta t \to 0} \left| \frac{v_r}{\Delta t} \right| = \left| \frac{\mathrm{d} v_r}{\mathrm{d} t} \right|$$

a_e 为瞬时 t 动参考系上与动点重合之点加速度，即动点牵连加速度，其大小为：

$$\lim_{\Delta t \to 0} \left| \frac{v'_e}{\Delta t} \right| = \lim_{\Delta t \to 0} \left| v_e \frac{\Delta \varphi}{\Delta t} \right| = | OM | \omega^2 = R \omega^2$$

当 $\Delta t \to 0$ 时，则有 $\Delta \varphi \to 0$，所以 a_e 的极限方向垂直于 v_e，其方向指向旋转定点 O。

a_k 为科里奥利加速度(coriolis acceleration)，简称科氏加速度，它由两部分组成：

① 相应于因动系转动所引起的相对速度 v_r 方向的变化率，其大小为：

$$\lim_{\Delta t \to 0} \left| \frac{v''_r}{\Delta t} \right| = \lim_{\Delta t \to 0} \left| v_r \frac{\Delta \varphi}{\Delta t} \right| = | \omega v_r |$$

当 $\Delta t \to 0$ 时，$\Delta \varphi \to 0$，故其极限方向垂直于 v_r。

② 相应于因动点有相对运动而引起的牵连速度 v_e 的变化率，方向与 v_e 相同，即垂直于 v_r，其大小为：

$$\lim_{\Delta t \to 0} \left| \frac{\Delta v''_e}{\Delta t} \right| = \lim_{\Delta t \to 0} \left| \frac{v'_e - v_e}{\Delta t} \right| = \lim_{\Delta t \to 0} \left| \frac{v'_e - v_e}{\Delta t} \right| \lim_{\Delta t \to 0} \left| \frac{OM'\omega - OM\omega}{\Delta t} \right| = \lim_{\Delta t \to 0} \left| \frac{\omega M_1 M'}{\Delta t} \right| = [\omega v_r]$$

由于上述科氏加速度所属两个部分的大小和方向均相同，故可表示为：

$$a_k = 2\omega v_r \qquad (3-64)$$

由上述分析可知，模型变形所引起的固有误差是相对加速度 a_r 和科氏加速度 a_k 共同作用的结果，它们在一定程度上改变了通过离心机旋转施加于模型上的试验加速度,即 a_a 的大小和方向。在土工离心模型试验中,一般模型土体变形缓慢,不会引起较大的模型变形而致误差。但当进行破坏性试验时,此种误差不容忽视,必须事先作出分析评估,以免造成试验结果的失真度超出允许范围。

3.3 离心模拟设备与离心模拟技术的应用 ▶▶▶

3.3.1 离心模拟设备

（1）离心机的发展

虽然离心机在岩土工程舞台上露面已有一个多世纪的历史,但直到 20 世纪 60—70 年代英国剑桥大学的 Schofield 和 Roscoe 对离心模拟的比尺效应、模拟误差和土颗粒粒径效应等众多难题做了系统研究分析并扫清技术障碍后,现代离心机试验才逐渐在西欧各国、澳大利亚、加拿大、美国、日本等国发展起来。21 世纪初,全球有离心机约 250 台,其中日本约 45 台,美国约 32 台。就全球土工离心机总体发展趋势而言,前期主要集中于高离心加速度（200g～400g）、低容量（10g·t～50g·t）、小半径（0.5～2.5 m）土工离心机设备的发展,但随着对径向力场、粒径效应和边界效应等离心模拟试验固有误差认识的加深,目前主要集中于中离心加速度（100g～200g）、大容量（150g·t～400g·t）、中半径（4～6 m）土工离心机设备的发展。全球现有容量 800g·t 以上土工离心机约 5 台,分布于美国的加州大学（1080g·t）、桑迪亚国家实验室（800g·t）和陆军工程试验站（1256g·t）,日本竹中技术研究所（1000g·t）,瑞士苏黎世联邦理工大学（880g·t）。

我国土工离心机建设与试验技术发展相对较晚,直到 20 世纪 80 年代初土工离心模拟试验技术才真正被引入岩土工程和水利工程领域。我国首台土工离心机于 1982 年由长江科学院建成,容量 150g·t,最大离心加速度 300g,有效旋转半径 3.0 m。20 世纪 90 年代前后,中国水利水电科学研究院和南京水利科学研究院才相继建成新的大型离心机。截至目前,我国已建成土工离心机有 20 余台（含香港和台湾）,如表 3-4 所示,这些离心机的容量在 50g·t～500g·t 不等。其中香港科技大学土工离心机实验室拥有的容量为 400g·t 的世界先进的离心机于 2001 年正式开始运行,它装备有世界首台双向液压振动台和先进的四轴机器人,以及世界领先的数据采集和控制系统。2010 年,成都理工大学与中国工程物理研究院（中物院）总体工程研究所联合研制的 500g·t 大型离心机更标志着我国的离心机技术的发展已进入一个新的阶段。

表 3-4　　　　　　　　　　国内主要岩土离心机系统及其技术参数

单位	旋转半径/m	最大加速度	有效荷载/kg	最大容量	建成年份
长江科学院	3.0	300g	500	150g·t	1982 年
南京水利科学研究院	2.9	200g	100	20g·t	1982 年
河海大学	2.4	250g	100	25g·t	1982 年
上海铁道学院	1.55	200g	100	20g·t	1987 年
南京水利科学研究院	2.0	250g	200	50g·t	1989 年
中国水利水电科学研究院	5.0	300g	1500	450g·t	1991 年
南京水利科学研究院	5.0	200g	2000	400g·t	1992 年
清华大学	2.0	250g	200	50g·t	1992 年
四川大学（原成都科技大学）	2.0	250g	100	25g·t	1992 年

续表

单位	旋转半径/m	最大加速度	有效荷载/kg	最大容量	建成年份
台湾"国立中央"大学	3.0	200g	1000	100$g \cdot t$	1995 年
香港科技大学	4.2	150g	4000	400$g \cdot t$	2001 年
西南交通大学	2.7	200g	500	100$g \cdot t$	2002 年
长安大学	2.7	200g	300	60$g \cdot t$	2004 年
重庆交通大学(交通学院)	2.7	200g	300	60$g \cdot t$	2006 年
同济大学	3.0	200g	750	150$g \cdot t$	2006 年
长沙理工大学	3.5	150g	1000	150$g \cdot t$	2007 年
浙江大学	4.5	150g	2700	400$g \cdot t$	2010 年
长江科学院	3.7	200g	1000	200$g \cdot t$	2010 年
成都理工大学	5.0	250g	2000	500$g \cdot t$	2010 年
南京水利科学研究院	2.7	200g	300	60$g \cdot t$	2011 年
国家地震局工程力学所	5.5	100g	3000	300$g \cdot t$	2012 年

广大学者和工程技术人员在模拟理论方面也进行了深入的研究,对诸如径向加速度以及离心力分布不均匀引起的误差、模型变形引起的误差、模型试验中的粒径效应和边界效应以及离心模拟试验的相似性问题,从基本控制方程、能量方程和量纲分析等方面进行了研究探讨与论证分析。

以上所述的研究成果,有的已经在工程中起到了良好的作用,有的使工程设计计算方法有所改进,有的使土力学的理论有了进一步的认识。所有这些均说明离心模拟技术在土力学和岩土工程中有重要的作用和良好的应用前景。

(2)离心机的主要组成

图 3-3 为四川大学研制的 25$g \cdot t$ 离心机的示意图,它由主机、施动控制系统、数据采集与处理系统和摄影系统四大部分组成。

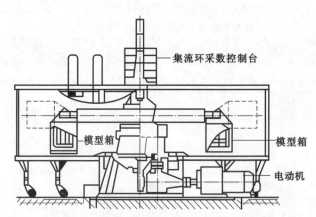

图 3-3   四川大学研制的 25$g \cdot t$ 离心机示意图

主机是离心机的主体部分,有安装在主轴上由主轴带动的转臂,转臂两侧对称,在两转臂臂端固定有铰接的模型箱。

施动控制系统驱使主机主轴转动,使模型箱内的模型承受离心力。它由电动机、齿轮箱、变速箱等构成。

数据采集与处理系统由用于量测信号、数据采集与传输的集流环,与相应的数据处理器及控制台等构成。

摄影系统主要用于拍照、摄像。

该离心机的有效半径为 1.5 m,最大加速度为 250g,离心机工作范围为 10g～250g,模型箱尺寸为 595 mm×400 mm×400 mm,离心机启动到 250g 的启动历时不超过 10 min,最大有效荷载为 100 kg,该机有效容量为 25g·t,放大前有 30 个通道,其中 24 个通道为差动式放大器,6 个通道为电涡流传感器放大器,该机属小型离心机。

图 3-4 为南京水利科学研究院 1992 年研制的 400g·t 离心机,该机有效半径为 5 m,最大加速度为 200g,最大负荷为 2000 kg,配有数据采集系统、图像数字化处理系统及多种实验辅助设备,该机属大型土工离心机。

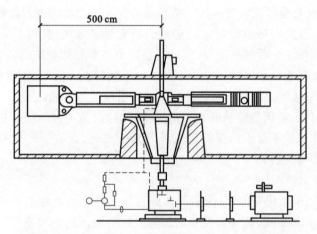

图 3-4　南京水利科学研究院研制的 400g·t 离心机示意图

图 3-5 为河海大学力学系研制的离心机,该机转臂半径为 2.40 m,最大加速度为 250g,最大负荷为 100 kg,相应转速为 315 r/min,模型箱长 850 mm、宽 170 mm、高 340 mm,可以自由装卸,滑环 24 个,功率为 40 kW,设有数据采集系统、高速摄影系统和闭路电视,以便拍摄照片和观察模型的变化。

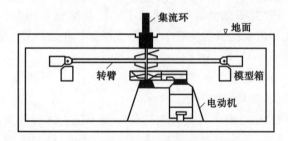

图 3-5　河海大学力学系研制的离心机示意图

3.3.2　离心模拟技术在工程领域中的应用

离心模拟试验在岩土工程领域的应用相当广泛,传统上主要涉及土石坝、地下支挡结构、软土地基、土工合成材料加筋挡墙、隧道以及岩石边坡稳定等诸多方面的研究。随着岩土工程的进一步发展和土工离心模拟试验模拟技术的进步,离心模型的应用扩展到了岩土工程的许多新领域,如在环境岩土工程中的应用、在地震工程中的应用以及对动态施工过程的模拟等。在这些方面,离心模型的应用日益广泛和深入,其技术水平也越来越高,现就有关情况作如下简要介绍:

(1) 高土石坝的离心模拟试验

高土石坝离心模拟试验是一项难度较大的试验,由于坝的尺寸较大,而且坝体和坝基往往存在多种类型的材料,针对如何模拟这些非土材料的问题也开展了大量研究。

① 水利水电科学研究院和长江科学院合作进行了小浪底土坝试验。该坝高 150 m,覆盖层深 70 m,是一个大型土坝。试验主要研究的是坝体斜墙的稳定性和基础覆盖层中混凝土防渗墙的受力状态,该项试验规模很大,模型本身重达 300 kg 以上,离心加速度高达 250g 以上,当时在国内外尚没有如此规模离心模拟

试验的报道。

② 长江科学院对三峡工程二期深水围堰堰体和防渗墙的应力和应变特性进行了研究,尤其对 60 m 水深水中抛填风化材料的密度进行试验所获得的重要成果对围堰工程的设计极有意义。

③ 成都勘测设计院和成都科技大学分别对瀑布沟土坝(坝高 235 m)进行了模拟试验,主要研究应力-应变性状及水位变动或骤降时坝体的变形特性,还进行了拟静力法模拟地震荷载试验,对在离心机上进行的动态模拟试验做了尝试。

(2) 边坡的离心模拟试验

离心模拟试验还广泛应用于边坡的研究中,并且取得了可喜的研究成果。

① 同济大学利用土工离心模拟试验对上海某放坡式开挖基坑边坡的变形特性和稳定性进行研究,揭示了基坑边坡变形的时间效应及其对边坡稳定性的影响。研究结果表明,能够长期稳定的边坡,其变形速率呈现出加速、接近匀速、衰减等 3 个明显的阶段,能瞬时稳定但不能长期稳定的边坡,其失稳一般发生在边坡位移速率增大的阶段。另外离心模拟试验研究了土钉加固边坡的变形情况、作用机理及应力分布规律等。

② 长江科学院对三峡库区最大土石滑坡之一的黄蜡石滑坡的稳定性进行了试验研究。由于滑坡较大,难以对全滑坡进行模拟。因此,根据滑坡的地貌和地层特征,选取最关键的部分进行了研究,这样的模拟在现阶段具有定性的意义。在试验中对水的影响做了单因素的研究,其成果非常直观,对滑坡原因的分析和治理措施的选择均有实际参考价值。

(3) 挡土墙的离心模拟试验

① 南京水利科学院在挡土墙研究方面,为了深入研究加筋挡土墙的加筋机理,进行了加筋挡土墙的离心模拟试验,对加筋挡墙的破坏形式、破坏面及不同加筋参数对墙体的影响进行了研究,试验结果揭示了加筋挡土墙的主要破坏形式、破坏机理以及设计参数对墙的影响。

② 杜建成等采用离心模拟试验对金沙江流域广泛分布的昔格达组地基上的挡土墙进行了研究,试验模型采用现场原状土,根据工程的布置、基岩分布及填土特征确定 15 种工况分别试验,试验模型比尺 $n=1:120\sim1:160$,裂隙加速度为 $120g\sim160g$。试验结果表明,该地基上挡土墙的失稳形式主要为墙底滑动,而墙高的变化对其无显著影响,且较宽横截面的格仓式挡土墙比较窄横截面的挡土墙稳定,墙背填土破裂面的形成主要与挡土墙的宽高比和填土的密实度有关,这些成果对挡土墙的设计起到了指导作用。

(4) 隧洞的离心模拟试验

由于离心模拟试验能在较小的模型上重现原型应力场和应变场,且模型与原型变形相似,破坏机理相同,因此是一种研究地下隧洞问题较理想的方法。

① 清华大学与长江科学院合作对南水北调穿黄隧洞衬砌土压力进行了离心试验研究。穿越黄河砂土地基的输水隧洞,采用盾构法施工,试验中对穿黄隧洞开挖稳定问题和土结构相互作用问题进行了分析研究。试验结果表明,由于强烈的成拱效应,隧洞周围的砂土能够在远小于原位上覆土压力的支护压力下保持稳定。当隧洞衬砌与周围土体产生初始间隙(盾尾间隙)时,土体向间隙产生位移并与衬砌结构发生相互作用,因此最后作用在衬砌结构上的土压力远小于原位土压力。

② 清华大学与长江科学院合作对隧洞拱冠以上的地层位移与隧洞内支护压力的关系及临界支护压力进行了研究。研究结果表明,在砂土中开挖隧洞,由于砂土抗剪强度的作用,隧洞拱冠以上的砂土在远小于原位上覆土压力的支护压力下仅产生一定位移而不致塌落。因此,允许地表面发生少许沉降,隧洞内支护压力相比原位上覆土压力可以有较大幅度的降低。

通过离心模拟试验了解地下构筑物的性状及构筑物与土之间的相互作用规律,从而推出更加合理的设计方案和施工方法,可以节约大量工程成本,在安全性上也更有保证。

(5) 地基的离心模拟试验

① 长安大学和浙江大学合作以杭甬高速公路的软土路基为工程背景,采用离心模拟试验比较系统而有针对性地研究了软土地基在砂井排水固结或土工织物加筋垫层等不同方法处置后的变形性状,所得的试验结果既有针对性又有普遍性,对软土路基的设计与施工有一定的指导作用。

② 河海大学在软土地基中以土工织物加固地基进行离心模拟试验,发现具有一定抗拉强度的土工织物

对于加固软土地基具有独特的优点。在土体拉伸变形方向设置一定强度的土工织物形成的加筋土复合体，其力学性能不仅与土体、土工织物的性能有关，还取决于土和土工织物的界面特性。试验表明，土工织物与砂岩之间的界面特性，对改善软土地基的变形性能有良好的效果，能够明显地提高地基的抗拉变形能力，减少地基沉降和隆起，并使沉降趋于均匀，特别是土工织物的侧限作用，使水平位移减小更多。因此，土工织物既减少了地基变形，又增强了堤体的稳定性。

(6) 离心模拟试验在地下开采中的应用

离心模拟试验在地下开采中也起到了重要的作用，在模拟研究的过程中通常在分析有关地质资料的基础上，对地质采矿条件进行概化，根据概化结果，按照相似原理，确定模型的断面尺寸，并在模型的关键层位布置孔隙压力传感器和位移传感器，监测模型开采后的位移。

在开挖模型材料方面，采用有代表性的用黏土和砂配制成的与原型一致的模型，岩石材料采用现场岩样，风化带和煤层因难以用原型材料制作而采用相似材料，结构面用泥浆胶结，准确模拟结构面的密实度、分布和方向，采用灵活的乳胶带模拟待采煤层。模型土由黏土块精心构造而成，保证了不排水剪切强度可以随着深度的变化而连续变化。

中国矿业大学利用离心模拟试验对煤矿开采进行了研究，探讨了煤层开采引起的岩层移动的规律，并应用离心模拟技术研究了土体在沉陷过程中的变形机理，建立了提高厚松散含水层中煤矿开采上限的工程地质模型，成功地应用于煤矿安全生产，为进一步发展煤矿工程地质与开采方法的系统研究奠定了基础。

在盐岩矿体开采方面，美国利用离心模拟试验研究了盐岩开采引起的岩层移动的特征，证明地表突然形成的环形塌陷坑是盐岩开采后上覆顶板垮落至松散层所致。

(7) 离心模拟试验在环境岩土工程中的应用

在环境岩土工程中，由于污染物对地下水和土地资源有着显著的影响，了解其迁移机制，将有助于设计污染治理措施和进行环境质量评价。与现场试验相比，利用离心模拟试验研究污染物在防渗层和非饱和土层中的迁移变化规律，不仅可以大大缩短研究时间，还可以模拟各种复杂的情况，为理论分析结果提供试验验证，从而为环境岩土工程的研究开辟了一条新的途径。例如，长春科技大学等使用离心模拟试验研究有机污染物的包气迁移问题，发现了有机污染物在包气带运移和滞留的特征。另外，香港科技大学和清华大学也对环境岩土工程的离心模拟试验进行了大量研究。

(8) 离心模拟试验在地震工程中的应用

利用离心模拟试验研究地震动力问题最先是由英国剑桥大学在 20 世纪 70 年代末进行的。近年来，由于地震灾害频繁发生，土动力问题的研究越来越受到重视。由于地震发生的随机性和难以预测性，获取有较高研究价值的现场资料显得十分困难，于是土工动力离心模拟试验得到了迅速发展。由于动力离心模拟试验在再现地震响应、观测土的动力特性及评价地震液化等方面具有较大的优越性，它已成为模拟地震对土体和结构物产生的影响的重要手段。国内外学者的一系列研究结果表明，离心模拟技术是研究地层地震效应的有效方法，所得结论对进一步开展地震反应和液化机理研究有着重要的借鉴作用。

(9) 模拟动态施工过程

动态模拟技术是土工离心模拟试验的一大技术难题。为了更真实地反映实际工程的运行状况，要求离心模拟试验能在离心机高速运转的条件下进行，而不是在开机前或中途停机情况下进行，这方面已取得了进展，如利用土工离心模拟试验模拟隧洞开挖的过程。日本曾用大量的离心模拟试验模拟了在干砂中用盾构进行的隧洞的施工过程，在离心加速度为 $25g$ 的情况下，同时测量盾构推进过程中的衬砌压力、横截面和纵向的地表沉降以及隧洞周围的土压力。试验数据与现场测定数据的对比，表明了模拟盾构施工过程的离心模拟试验的成功。

同济大学利用土工离心模拟试验来模拟基坑开挖施工过程，并研究了不同施工参数及加固方式对软土基坑开挖周边土体沉降的影响。通过试验和现场实测数据的比较及试验各模型的分析对比，得到了一些对指导施工有用的结论。

利用动态离心模拟技术研究岩土工程动力问题是一个很有发展前景的研究领域，它能提供比静态离心模拟试验丰富得多的有用信息，值得大力推广。

3.4　浅埋倾斜层状岩体偏压隧道离心模拟试验　>>>

3.4.1　工程概况

本离心模拟试验以重庆南涪高速公路鸭江隧道为工程背景。重庆南涪高速公路是连接涪陵、南川的高速公路通道，全长约 55.85 km。沿线地形起伏大。地层主要是倾斜层状岩体，岩层倾角较大。鸭江隧道设计为双洞隧道，设计隧道建筑限界为宽 10.25 m、高 5.0 m。隧道进出口均为重庆市武隆县鸭江镇所辖，其右洞长 1058.4 m，左洞长 1056.8 m，属于长隧道。隧道大体沿构造线方向布设，与岩层走向近似平行，呈弧形穿越马脑壳山。

隧道进口位于马脑壳山南侧下河坝沟北侧斜坡—北东向坡脊东南侧，地形北高南低，地面高程 320～360 m，坡向 180°～200°，坡脚 20°～41°。进口段地形总体向东南倾斜，自然斜坡坡度 28°～40°，局部为陡坎。斜坡基岩裸露，基岩为侏罗系中统新田沟组深灰、灰黄色页岩与青灰、浅灰黄色细砂岩不等厚互层，页岩为极软岩，砂岩为较软岩。岩层产状 293°∠41°，层理发育，层间结合一般至较差。隧道左线洞轴线与斜坡走向交角 70°，与岩层走向交角 4°，强风化层厚 3.2～3.5 m，中风化岩体较完整，薄至中厚层状。右线进洞口正穿一冲沟，斜坡坡向 300°，坡脚 26°～35°。右洞轴线与斜坡走向交角 60°，与岩层走向交角近似 0°，强风化层厚 3.2～3.5 m，中风化岩体较完整，薄至中厚层状。

隧道出口位于马脑壳山北侧杨家沟西南侧斜坡陡缓交界处，地形西南高东北低，地面高程 290～320 m，坡向 20°，坡脚 16°～36°。隧址区内地形最高标高点位于马脑壳山顶，标高 568 m；最低标高点位于隧道进口外侧坡脚里程沟村，标高 248 m。隧道穿过地带相对高差达 320 m，隧道最大埋深 200 m。隧道出洞口前斜坡覆盖层较薄，下伏基岩为侏罗系中统新田沟组杂色泥岩夹黄灰色中至细粒砂岩，岩层产状 320°∠26°，层理较发育，层间结合一般至较差，强风化层厚 2.8～4.6 m。形成的仰坡为单斜岩层的顺向坡，产状为 320°∠26°，岩体中发育 2 组构造裂隙，其产状为：① 80°～90°∠53°～69°；② 170°∠71°，与岩层近似平行相交。隧道进出口现状稳定，无滑坡、泥石流等不良地质现象。

3.4.2　试验方法及过程

本试验采用中国工程物理研究院结构力学研究所研制的土工离心机，其型号为 TLJ-60，能够模拟边坡、隧道、大坝、矿井等土工结构物在重力场作用下的变形特性和应力状态。该离心机的有效半径为 2.0 m。最大载荷为 600 kg 时最大加速度为 100g，最大载荷为 300 kg 时最大加速度为 200g。最大容量为 60g·t，加速度范围为 10g～200g，启动时间为 15 min，加速度稳定度为 1%F.S.。离心机试验设备如图 3-6 所示。

3.4.2.1　试验目的和内容

本离心模拟试验设置两组，两组试验的相似材料、岩层厚度、加载方式等均相同。本试验的目的在于模拟浅埋倾斜层状岩体隧道的破坏过程，得出顺层和逆层条件下偏压隧道的破坏模式，为对层状岩体偏压隧道的围岩压力理论分析奠定试验基础。

试验内容主要有以下两个方面。

(1) 浅埋顺层层状岩体偏压隧道的破坏试验

此试验中隧道地表倾斜，倾角 30°，岩层倾角 30°，拱顶覆土厚度 12 m。岩层倾向与地表倾向一致，即顺层岩层，如图 3-7(a)所示。

(2) 浅埋逆层层状岩体偏压隧道的破坏试验

此试验中隧道地表倾斜，倾角 30°，岩层倾角 30°，拱顶覆土厚度 12 m。岩层倾向与地表倾向相反，即逆层岩层，如图 3-7(b)所示。

(a)

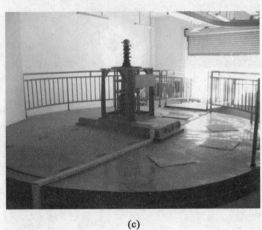

(b)　(c)

图 3-6　离心机试验设备组成
(a) 土工离心机挂篮;(b) 土工离心机控制台;(c) 土工离心机模型室

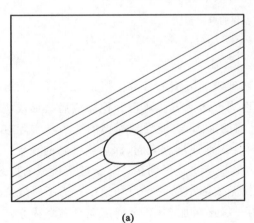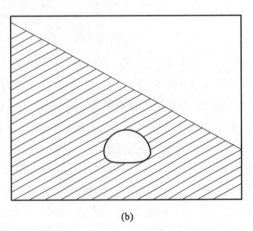

(a)　(b)

图 3-7　试验模型示意图
(a) 顺层岩层;(b) 逆层岩层

3.4.2.2　物理模型的制作

离心机配套模型箱净空尺寸为 60 cm×35 cm×50 cm,根据模型箱尺寸确定模型的宽度和隧道轴线方向尺寸。隧道模型开挖跨度 12 cm,开挖高度 8.88 cm,顺层模型和逆层模型的隧道拱顶处覆土厚度均为 12 cm。隧道待开挖部分采用硬质 PVC 材料板预先制作而成,并在填筑相似材料过程中预先埋置。当相似材料填筑完成后,将待开挖部分取出,即表示隧道开挖成型。在离心模型材料填筑之前,在模型箱上按照各岩层厚度和几何尺寸画出各层的轮廓线。然后,在模型箱内侧涂抹黄油和透明塑料薄膜,以减小模型箱和模型之间的摩擦力。预先计算各岩层的体积以及需要填筑的相似材料的质量,当填筑至预定块时将相应质量的填料均匀置于模型箱中,然后将材料均匀夯实至预定刻度线。这样可以保证各块体的质量和密度与设定的相似材料的质量和密度一致。当填料至隧道开挖线位置时,安放隧道模型,然后继续填筑相似材料,直至离心模型完成。细砂采用筛选过的普通河砂,除去其中的大颗粒。在进行结构面模拟时,在烘干的河砂中添加适量水,使其含水量为10%。然后在岩层界面处,按照结构面厚度为 1 mm 均匀铺撒相应质量的含水量为 10% 的河砂于已夯实岩层界面处,再继续进行岩层相似材料的填筑。从试验结果看,此方法能够有效地模拟结构面。模型制作过程如图 3-8 所示。

图 3-8 模型制作过程的典型步骤

(a) 模型箱画线;(b) 填筑材料;(c) 填筑完成;(d) 取出隧道模型

3.4.2.3 加载方案及过程

隧道物理模型试验主要通过从顶部边界施加荷载达到破坏隧道的目的。但是对于浅埋的偏压隧道而言,顶部加载的方式具有很大的局限性。一般来说,浅埋隧道的地表在隧道开挖完成后会形成沉降槽。顶部加载的方式不能有效地模拟沉降槽,甚至会破坏沉降槽的形态,进而导致模型的受力与实际有很大的差别。而对于浅埋偏压隧道而言,在隧道开挖后,地表位移会引起浅埋侧隆起、深埋侧沉降的现象。从顶部加载的方式与实际受力情况更加不相符。用离心机能够有效地解决这一问题。对于隧道模型的加载,只需调整离心机的转速即可。不同的离心机转速对应了物理模型实际承受的重力加速度。为了对隧道的破坏过程进行详细的记录,离心机施加的重力加速度以 10g 为一级逐级加载,直至隧道完全破坏为止。每一级荷载量施加到位后连续稳定运行 180 s,在此期间对隧道的围岩应力进行采集。稳定运行完成后,调整离心机转速至零,然后对围岩的位移情况进行测量。测量完成后重新加载至下一级荷载,如此往复,直至隧道被破坏。加载曲线如图 3-9 所示。

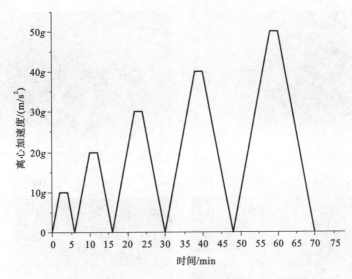

图 3-9　加载曲线示意图

3.4.3　试验结果分析

在试验过程中,对每个荷载等级加载后对应的模型破坏情况进行拍照记录。根据试验结果,浅埋顺层层状岩体中隧道的破坏过程可以分为以下几个主要阶段。

第一阶段:对于顺层岩层条件下的隧道模型,当离心机施加给模型的重力加速度在 $0 \sim 20g$ 范围时,卸荷后模型无明显的位移和破坏,如图 3-10(a)所示。说明在此范围荷载作用下,围岩基本处于弹性受力状态,或者围岩出现了极小的塑性受力状态,以弹性受力为主。

第二阶段:当离心机施加给模型的重力加速度增加至 $30g$ 时,卸荷后模型仍无明显的位移和破坏。但结合仅有的未破坏的应力测试发现,此阶段的围岩应力出现大幅度增加,表明围岩的应力状态有了较为明显的改变。由于模型较小导致围岩的位移量较小,且弹性变形在卸荷后会消失,塑性变形部分的量就更小,所以无法用肉眼观察到明显的围岩变形。但在此阶段,围岩可能已经出现的了较大范围的塑性应力。

第三阶段:当离心机施加给模型的重力加速度增加至 $40g$ 时,深埋侧边墙底部开始出现掉渣现象。岩土体的破坏是由于塑性变形过大,这表明深埋侧边墙底部由于出现过大的塑性变形而被破坏,如图 3-10(b)所示。在这个阶段,隧道开始进入大面积破坏。同时,边墙底部的率先破坏表明了此位置为整个隧道围岩中最不利的位置,需要在施工中加强监测和采取特殊的工程措施以保证隧道整体的安全。

第四阶段:继续增加离心机施加给模型的重力加速度至 $50g$,在隧道模型的右侧边墙底部,塑性破坏面积向边墙中部扩大,破坏程度更大。在隧道左侧拱脚至右侧拱腰范围出现大面积的崩塌区域,其中拱顶偏左侧位置出现的破坏最严重,崩塌深度最大,如图 3-10(c)所示。值得关注的是,当重力加速度达到 $50g$ 时,隧道轴线右侧的地表产生沿隧道纵向的裂缝。裂缝出现位置距离隧道模型右边界约 14 cm,裂缝深度约 7 cm,裂缝形态为竖直方向。

第五阶段:模型全面破坏阶段。继续增加离心机施加给模型的重力加速度至 $60g$,隧道顶部出现整体塌落,隧道完全破坏,如图 3-10(d)所示。在此阶段,隧道形成贯穿地表的破裂面,隧道顶部出现整体的坍塌。对于偏压隧道的破坏而言,并非纯粹的隧道围岩的坍塌,还包括边坡的破坏。图 3-10(d)中最右侧的裂缝,是在隧道围岩不断坍塌的过程中逐渐发展起来的。究其原因,隧道围岩的坍塌减小了边坡体的水平方向的约束,导致边坡体在侧压力作用下出现张拉破坏。

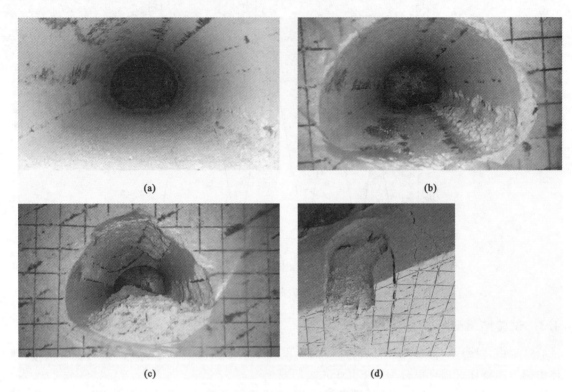

(a)   (b)

(c)   (d)

图 3-10　不同加速度下隧道破坏情况

(a) 重力加速度 0～30g 时；(b) 重力加速度 40g 时；(c) 重力加速度 50g 时；(d) 重力加速度 60g 时

本章小结

　　离心模拟技术是岩土力学和岩土工程领域中的一项新技术，它借助离心机产生的重力场，使模型的应力水平与原型相同，从而达到用模型表现原型的目的。

　　(1) 离心模拟试验的特点：① 模型中可以使用与原型相同或相似的材料。② 初次破坏后能保持荷载的连续性。③ 能够模拟复杂的地质结构条件、边界条件，可获得综合影响的结果。④ 能够正确模拟岩土体及结构物的应力场，直观地再现岩土体与结构物的相互作用性状。⑤ 能够在较短时间内模拟岩土体在各种条件下移动、变形和破坏的全过程。⑥ 离心模拟试验也可以模拟动力过程。

　　(2) 离心模型试验的基本原理是将由原型材料按一定比尺制成的模型，置于由离心机生成的高离心力场中，通过加大模型土体或岩体的自重体积力，使模型(M)的应力状态与水平达到与原型(P)相同的应力状态与水平，并显示与原型相似的变形和破坏过程。

　　(3) 离心机主要由主机、施动控制系统、数据采集与处理系统和摄影系统四大部分组成。

　　离心模拟试验在岩土工程领域的应用相当广泛，主要涉及土石坝、支挡结构、软土地基、隧道以及边坡稳定等诸多方面。

独立思考

3-1 简述离心模拟法的优越性以及试验存在的问题。

3-2 离心模拟相似性应满足哪几大基本方程？相似常数满足什么关系式时才能使模型与原型保持相似？离心模拟有哪些固有误差？

3-3 离心机由哪几大部分组成？列举几个离心机在工程领域上的应用实例。

4

岩体原位测试

4.1 概　　述 >>>

　　岩体原位测试是在现场制备试件模拟工程作用对岩体施加外荷载,进而求取岩体力学参数的试验方法,是岩土工程勘察的重要手段之一。岩体原位测试的最大优点是对岩体扰动小,能尽可能地保持岩体的天然结构和环境状态,使测出的岩体力学参数直观、准确;其缺点是试验设备笨重、操作复杂、工期长、费用高。另外,与工程岩体相比,原位测试的试体尺寸还是小得多,所测参数也只能代表一定范围内的岩体力学性质。因此,要取得整个工程岩体的力学参数,必须用统计方法求得一定数量试件的试验数据。

　　岩体既不同于普通的材料,也不同于岩块,它是在漫长的地质历史中形成的,由岩块和结构面网格组成,具有一定的结构并赋存于一定的天然应力和地下水等地质环境中的地质体。因此,岩体的力学性质与岩块的力学性质相比具有变形大、强度低的特点,并且受岩体中结构面、天然应力及地下水等因素影响很大。岩体也常具有非均质、非连续及各向异性的力学属性。所以,岩体原位测试应在查明岩体工程地质条件的基础上有计划地进行,并与岩土工程勘察阶段相适应。

　　岩体原位测试一般应遵循以下程序。

　　(1)试验方案制订和试验大纲编写

　　试验方案制订和试验大纲编写是岩体原位测试工作中最重要的一环。其基本原则是尽量使试验条件符合工程岩体的实际情况。因此,应在充分了解岩体工程地质特征及工程设计要求的基础上,根据国家有关规范、规程和标准制订试验方案和编写试验大纲。试验大纲应对岩体力学试验项目、组数、试验点布置、试件数量、尺寸、制备要求及试验内容、步骤和资料整理方法做出具体规定,以作为整个试验工作中贯彻执行的技术规程。

　　(2)试验实施及过程

　　试验过程包括试验准备、试验及原始资料检查、校核等工作。这是岩体原位测试最繁重和最重要的工作。整个试验应遵循试验大纲中规定的内容、要求和步骤逐项进行,并取得最基本的原始数据和资料。

　　(3)试验资料整理与综合分析

　　试验所取得的各种原始数据需经数理统计、回归分析等方法进行处理,并且综合各方面数据提出岩体力学计算参数的建议值,提交试验报告。

4.2 岩体变形试验 >>>

　　岩体变形试验,通常是指在一定的荷载作用下,为研究岩体的变形规律,测定工程设计中所需要的岩体变形特征指标(如岩体变形模量、岩体弹性模量、泊松比及变形系数)而进行的岩体现场试验。

　　目前,国内外所采用的试验方法不尽相同,有些同种试验方法的具体实施也略有不同。但是总的来说,加荷的概念和理论上的考虑是一致的。国际岩石力学学会测试方法委员会曾在制定的"测定现场岩体变形性的建议方法"中推荐了三种方法:用承压板测定岩体变形性(表面加荷),在现场孔底用承压板法对岩体进行变形性测定,在现场用径向液压枕测定岩体变形性。在我国测定岩体变形性的试验方法较多,常采用承压板法、狭缝法、单(双)轴压缩法、钻孔径向加压法、径向液压枕法、水压法等六项现场变形试验。其中,承压板法使用最普遍,积累的经验和资料也较多;狭缝法和单(双)轴压缩法在有些单位和某些场合采用;钻孔变形测试法具有设备轻便、操作简便、不受地下水条件的影响、能了解岩体深部的变形特征、可结合钻孔进行大范围试验的特点;当设计大尺寸的和重要的有压隧洞时,一般采用径向液压枕法或水压法,不过这两种方法花费人力、物力较多,试验周期也较长,因此,非确有必要,不轻易采用,即使采用,最好也是在施工设计阶段进行。

2013年制定的《工程岩体试验方法标准》(GB/T 50266—2013)推荐测定岩体变形性使用承压板法和钻孔径向加压法。所以本节重点介绍这两种方法。

4.2.1 承压板法试验

承压板法试验按承压板性质,可分为刚性承压板法和柔性承压板法。各类岩体均可采用刚性承压板法试验,完整和较完整岩体也可采用柔性承压板法试验。我国多采用刚性承压板法。该方法的优点是简便、直观,能较好地模拟建筑物基础的受力状态和变形特征。本书只对刚性承压板法进行介绍。

4.2.1.1 基本原理与方法

刚性承压板法是通过刚性承压板(其弹性模量大于岩体一个数量级以上)对半无限空间岩体表面施加压力并量测各级压力下岩体的变形,按弹性理论公式计算岩体变形参数的方法。该方法视岩体为均质、连续、各向同性的半无限弹性体,根据布辛涅斯克公式,刚性承压板下测点的垂直变形(W)可表示为:

$$E = \frac{I_0(1-\mu^2)pD}{W} \tag{4-1}$$

式中,E 为岩体弹性(变形)模量,MPa,以总变形 W_0 代入式中计算的为变形模量 E_0,以弹性变形 W_e 代入式中计算的为弹性模量 E;W 为岩体的变形,cm;I_0 为刚性承压板的形状系数,圆形承压板取 0.785,方形承压板取 0.886;μ 为岩体泊松比;p 为按承压板面积计算的压力,MPa;D 为承压板直径或边长,cm。

根据式(4-1)可以量测出某级压力下岩体表面任一点的变形量,即可求出岩体的变形模量 E。刚性承压板法试验一般在试验平洞中进行,也可在勘探平洞或井巷中进行。在进行露天试验时,其反力装置可利用地锚法或压重法,但必须注意试验时的环境温度变化对试验结果的影响。

4.2.1.2 试验准备工作

(1)试验前的地质描述

地质描述是整个试验工作的重要组成部分,它将为试验结果的整理、分析和计算指标的选择提供可靠的依据,并为综合评价岩体工程地质性质提供依据。试点地质描述一般包括以下内容:

① 试验地段开挖和试点制备方法及出现的情况。

② 试点编号、位置、尺寸。

③ 试验洞编号、位置、高程、方位、深度、洞断面形状和尺寸。

④ 岩石名称、结构及主要矿物成分、颜色。

⑤ 层理、片理、劈理、节理裂隙、断层等各类软弱结构面的产状及其与受力方向的关系以及宽度、延伸情况、连续性、密度等;结构面的成因、类型、力学属性、粗糙程度,充填物的性质、成分、厚度、颗粒组成、泥化情况、软化情况,岩脉穿插情况及其与围岩的接触关系。

⑥ 岩体的风化程度、风化特点及其抗风化的能力。

⑦ 水文地质条件:地下水的类型、化学成分、活动规律、露出位置、渗水量等。

⑧ 岩爆、试验洞变形等初始应力现象。

⑨ 试验地段地质展示图、试验地段地质纵横剖面图、试点地质素描图和试点中心钻孔柱状图。

⑩ 其他内容,如试验洞施工开挖的方式和日期、混凝土浇筑情况及标号。

(2)试验仪器和设备

① 加压系统。

a.液压千斤顶(刚性承压板法):1~2台,用于施加压力,其出力应根据岩体的坚硬程度、最大压力和承压板面积等因素而定。

b.环形液压枕(柔性承压板法或中心孔法):2个,用于施加压力,在柔性承压板法中兼作承压板,其设计压力一般为 10~20 MPa。

c.油压泵:1～2台,供液压千斤顶施压用。

d.高压胶管及快速接头等:供油路用。

e.压力表:精度为 1 级,量程为 20 MPa、30 MPa、40 MPa、50 MPa、60 MPa 的压力表各一个,根据试验时液压千斤顶或液压枕出力的需要选用。

② 传力系统。

a.承压板:做传递压力之用。为计算方便,一般采用圆形承压板。特殊情况下,可采用方形或矩形承压板,但应分别采用相应的计算公式计算,并在试验记录中加以说明。采用刚性承压板或柔性承压板,可按岩体强度和设备拥有情况选用,坚硬完整岩体宜用柔性承压板,半坚硬和软弱岩体宜用刚性承压板。刚性承压板须有足够的刚度,采用直径(d)为 50.5 cm 的圆形钢板即可。当刚度不够时,可采用叠置钢垫板或传力箱的方式提高承压板的刚度。

b.垫板:2～3 cm 厚、直径不等的圆形或长度不等的方形钢板若干块,作为辅助承压板,用来传递压力。

c.传力柱:做传递压力之用。必须具有足够的刚度和强度,其长度根据试验洞尺寸确定。

d.环形钢板和环形传力箱:做传递压力之用。

e.反力装置。

③ 测量系统。

a.测表支架:两根具有足够刚度和长度以满足边界条件的钢质支架,用于固定磁性表架。

b.位移测表:百分表、千分表或电感千分表,8～12 只,用于测量岩体变形。

c.百(千)分表表腿:不同长度备若干只,用于加长测表表腿。

d.磁性表座:8～12 套,用于固定测表。

e.钻孔轴向位移计:1 只,柔性承压板法或中心孔法中用于测量岩体变形。

f.温度计:1 只,精度为 0.1 ℃,测量试验洞温度。

g.测量标点:铜质或不锈钢质,用于支撑测表表头。标点表面应平整、光滑。

(3)试点制备

① 试点受压方向宜与工程岩体实际受力方向一致。

② 试点面积应大于承压板,各向异性的岩体,也可按要求的受力方向制备试点。承压板的直径或边长不宜小于 30 cm。

③ 试点的边界条件应满足下列要求:试点中心至洞壁的距离不小于承压板直径或边长的 2.0 倍,两试点中心之间的距离应大于承压板直径或边长的 4.0 倍,试点中心至洞口或掌子面的距离应大于承压板直径或边长的 2.5 倍,试点中心至临空面的距离应大于承压板直径或边长的 6.0 倍,试点表面以下 3.0 倍承压板直径或边长范围内的岩体性质宜相同。

④ 试点范围内受扰动的岩体应尽可能清除干净并凿平。清除的深度视岩体受扰的程度而定。

⑤ 安放承压板处的岩石表面宜加凿磨平,岩面的起伏差不宜大于承压板直径或边长的 1%。当岩体破碎而达不到要求时,应尽可能加凿磨平或用砂浆填平。承压板外 1.5 倍承压板直径或边长范围内的岩体表面应平整、无松动岩块和碎石。

⑥ 试点的反力部位,应能承受足够的反力。试点的顶板(当试点位于底板时)或后座(当试点位于洞壁时)的范围,一般以 30 cm×30 cm 为宜,在该范围内的岩面应凿平,以方便浇筑砂浆为准。

⑦ 对于采用钻孔轴向位移计进行深部岩体变形测量的试点,应在试点中心钻孔,钻孔应与试点岩面垂直,钻孔直径应与钻孔轴向位移计直径一致,孔深应不小于承压板直径或边长的 6.0 倍。

⑧ 冲洗试点表面,对试点进行编号,必要时进行素描或拍照。

4.2.1.3　试验仪器和设备的安装

(1)加压系统和传力系统的安装

刚性承压板法加压系统和传力系统安装前,应先清洗试点表面,再铺垫一层加有速凝剂(如 1%～2% 的氯化钙和适量的水玻璃)的高标号水泥浆。放上承压板后,宜用手锤轻击承压板面,将部分水泥浆挤出,使承压板与岩面间的水泥浆尽可能薄些,水泥浆厚度应小于承压板直径或边长的1%,其后整个试验过程中不得移动刚性承压板。

在承压板上依次安装千斤顶、钢垫板、传力柱、钢垫板,传力柱必须位于承压板的中心处,且与承压板垂直。在钢垫板和岩面之间填注高标号水泥砂浆或安装反力装置。整个系统各部件中心应保持在同一轴线上,轴线应与加压方向一致(图4-1)。然后启动液压系统,使传力系统各部分紧密结合,经养护后,开始试验。为缩短混凝土的养护期,可在混凝土中加适量的速凝剂。一般采用氯化钙、氯化钠等速凝剂。

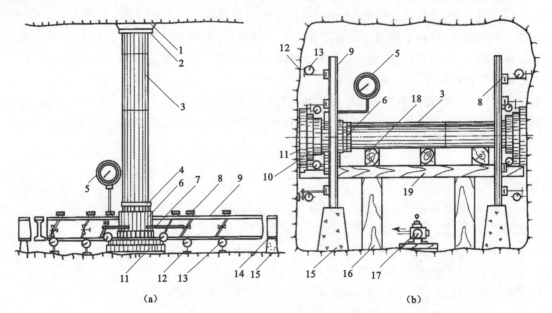

图 4-1 刚性承压板法试验安装示意图

(a) 铅直方向加压;(b) 水平方向加压

1—砂浆顶板;2—垫板;3—传力柱;4—圆垫板;5—标准压力表;6—液压千斤顶;7—高压管(接油泵);
8—磁性表架;9—工字钢梁;10—钢板;11—刚性承压板;12—标点;13—千分表;14—滚轴;
15—混凝土支墩;16—木柱;17—油泵(接千斤顶);18—木垫;19—木梁

承压板试验在露天或无法利用洞室顶板作为反力部位时,反力装置可采用地锚法或堆载法,但必须注意试验时的环境温度变化,以免影响试验结果。

(2) 变形测量系统及加载装置安装

① 承压板两侧各放置一根简支测表支架,测表支架应满足刚度要求。支架的支点必须设在距离承压板中心2.0倍直径以外,可将浇筑在岩面上的混凝土墩作为支点,防止支架在试验过程中产生沉陷。

② 刚性承压板法试验应在承压板上对称布置4个测表。根据需要,在承压板外,沿洞轴线方向埋设若干测表,各测表之间距离不超过承压板半径。有条件时,还可以沿垂直洞轴线方向在承压板两侧的对称轴上布置测表。对均质完整岩体,板外测点可按平行和垂直于洞轴线来布置;对有明显结构面的岩体,可按平行和垂直于主要结构面走向来布置。

③ 安装测表时,测表表腿与承压板或岩面垂直。表腿应伸缩自如,避免被夹紧或松动。采用大量程测表,初始读数应调到适当位置,尽量避免或减少在测试过程中调表。测表安放在适当位置,便于看表读数。磁性表架支杆悬臂应尽量缩短,以保证支杆有足够的刚度。

④ 根据液压千斤顶的率定曲线、标准压力表刻度、活塞及承压板面积、加载数据表计算出施加压力与测表读数的关系。

4.2.1.4 试验步骤

(1) 试验压力确定

① 测量系统的初始稳定读数观测。

加压前应对测表进行初始稳定读数观测,每隔10 min测读各测表1次,连续3次读数不变,方可开始加压试验,并将此读数作为各测表的初始读数值。钻孔轴向位移计各测点及板外测表观测,可在表面测表稳定不变后进行初始读数。

　　② 加压方式和变形稳定标准。

　　根据岩体情况以及建筑物实际工作状态确定加压方式,一般试验采用逐级一次循环法[图 4-2(a)],必要时可采用逐级多次循环法[图 4-2(b)]。当采用逐级一次循环法加压时,每一循环压力应退至零,使岩体充分回弹。

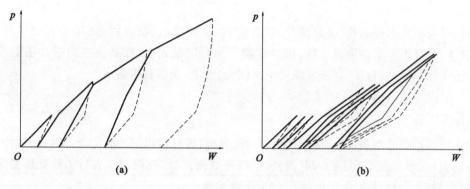

图 4-2　加压方式示意图

(a) 逐级一次循环法;(b) 逐级多次循环法

　　每级压力加压后应立即读数,以后每隔 10 min 读数 1 次,当刚性承压板上所有测表或柔性承压板中心岩面上的测表相邻两次读数差与同级压力下第一次变形读数和前一级压力下最后一次变形读数差之比小于 5% 时,可认为变形稳定,并进行退压(图 4-3)。退压后的稳定标准与加压时的稳定标准相同。

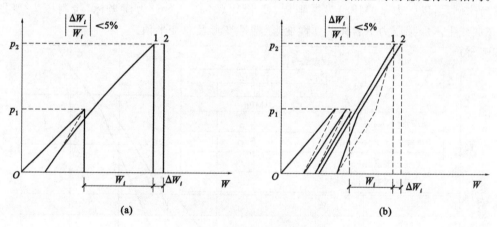

图 4-3　退压方式示意图

(a) 逐级一次循环法;(b) 逐级多次循环法

　　在加压、退压过程中,均应测读一次相应过程压力下测表读数。中心孔中各测点及板外测表可在读取稳定读数后进行一次读数。

　　试验期间,应控制试验环境的变化,露天场地进行试验时宜搭建专门试验棚,温度变化幅度不宜大于1 ℃。每 30 min 记录一次洞室温度。鉴于温度影响一旦发生,则难以从试验结果中消除,故应采取措施预防。一般情况下,试点宜远离洞口(大于 30 m),否则应设置保温门。同时应尽可能地减少照明灯数量、瓦数,并固定其位置,不允许生火,且尽可能地避免试验人员变动。

　　试验期间,当测表被碰到或将走完全量程时,应在变形稳定后及时调表;对不动或不灵敏的测表,应在变形稳定后进行更换。在调表时,应记录与所调表在同一支架上的所有测表调表前后的读数。调表后,要进行稳定读数,待稳定之后方可继续试验。

　　(2) 卸荷

　　每次循环的卸荷,也应分级,且记录相应的压力、变形值,以便作出卸荷曲线。

　　试验过程中,最好边读数,边卸荷,边点绘承压板上具有代表性的单表的压力-应变关系曲线,以便发现问题,及时纠正处理。

退压时应注意除最高级变形稳定后将压力退到零外,其他各级较低压力在退压过程中应保留一小的接触压力(0.05~0.1 MPa)以保证安全操作,避免传力柱倾倒、顶板滑塌等。试验完毕,及时小心拆卸试验装置,拆卸步骤与安装步骤相反。

有时,为进一步查明试点岩体地质情况,正确解释试验结果,当试验结束后,可在试点旁挖一坑槽,进行简要的地质描述。

(3)试验记录

变形试验记录应包括工程名称、试点编号、试点位置、试验方法、试点描述、压力表和千斤顶编号、测表布置、承压板尺寸、各级压力下的测表读数、试验日期。填写记录表时,在备注栏内应注明温度变化、碰表、调表、换表、液压千斤顶漏油、补压、非正常原因中止试验、停电、交接班等情况。

4.2.1.5 试验结果整理

(1)数据整理

参照试验现场试点绘的单表压力-变形曲线,检查、分析、核对和纠正试验记录,调(换)表中读数的差错。查明并去掉不动表,变形不连续的表[如调(换)表前没有观测读数,或调(换)表后未等变形稳定就加(卸)荷载等],以及读数明显不合理且原因不明、无法校正读数的表。

变形值的计算:调(换)表前一律与初始读数进行相减计算,调(换)表后的变形值用调(换)表后的稳定值作为初始读数进行计算。两次计算所得值之和为总变形值,以此消除调(换)表过程中读数的变化。

最后,用板上有效表(不包括不动表、不连续表和明显不合理表)计算变形的算术平均值。

(2)曲线绘制

选取适当比例尺,以压力 p(MPa)为纵坐标、变形 W($\times10^{-4}$ cm)为横坐标,绘制压力-变形关系曲线(图4-4)。在曲线上求取某压力下岩体的弹性变形、塑性变形及总变形值。

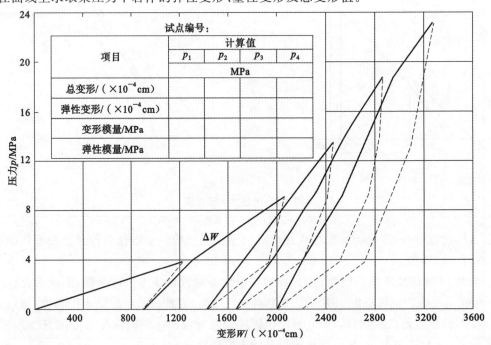

图4-4 压力-变形关系曲线

4.2.2 钻孔径向加压法

4.2.2.1 基本原理和适用范围

钻孔径向加压法,是运用钻孔膨胀计或钻孔弹模计求得岩体深部变形特性的一种试验方法。在进行试验时,先在岩体中钻孔,并将孔壁修整光滑,然后将膨胀计放入孔内,如图4-5所示。通过它的橡皮外套对孔壁加压,同时测出各级压力下孔壁的径向变形,利用厚壁圆筒的理论计算岩体的变形常数。这一方法自 20 世纪 60 年代起发展很快,主要原因在于它具有以下优点:对岩体扰动小;无须专门开挖试洞,费用较少;设备简单、轻便,可以装拆供多次使用和进行大面积范围测定,适用于软岩和中坚硬岩体的变形测量;特别是可以在岩体的深部和有地下水的地方进行试验。但是也存在一些缺点,例如钻孔直径较小,一般只有几厘米至几十厘米,因此压力作用在岩体上的影响范围较小,测试结果的代表性差。

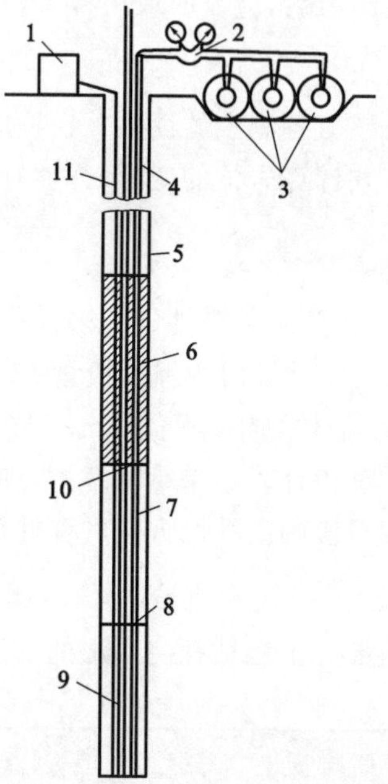

4.2.2.2 试点的选定与检查

① 根据工程设计的要求选定钻孔的位置和测试深度。

② 试验孔应铅直(孔倾斜角度不超过 5°),为防止橡皮外套再加压时被刺破,孔壁要平直光滑,孔径根据仪器要求确定。有塌孔的位置不能放入钻孔膨胀计。

③ 在受压范围内,岩性应均一、完整。若有条件,可用钻孔照相机或钻孔电视拍照或拍摄。钻孔直径 4 倍范围内的岩性应相同。

④ 两试点加压段边缘之间的距离应不小于 1.0 倍加压段的长度,加压段边缘距孔口的距离应不小于 1.0 倍加压段的长度,加压段边缘距孔底的距离应不小于 1/2 加压段的长度。

图 4-5 岩石钻孔膨胀计法变形试验装置图
1—测量站;2—调压器;3—压缩空气瓶;4—高压管;
5—钻孔;6—混凝土塞;7—薄壁钢圆筒;8—传感器;
9—胶结用的管子;10—压盖;11—电缆

4.2.2.3 地质描述应包括的内容

岩石名称、结构及主要矿物成分,岩体结构面的类型、产状、宽度、充填物性质,地下水位、含水层与隔水层分布,钻孔平面布置图和钻孔柱状图,钻孔钻进过程中的详细情况描述。

4.2.2.4 主要仪器和设备

① 旋转式钻机 1 台,包括起吊设备、足够长的钻杆及金刚石钻头、扫孔器和定向杆等。

② 液压泵及高压软管。

③ 钻孔膨胀计或钻孔弹模计。

④ 压力表。

⑤ 模拟管。

⑥ 校正仪。

4.2.2.5 加压与测试

试验最大压力应根据需要而定,可为预定压力的 1.2～1.5 倍。压力可分为 5～10 级,按最大压力等分施加。加压方式宜采用逐级一次循环法或大循环法。

变形稳定标准如下。

① 当采用逐级一次循环法时,加压后立即读数,以后每隔 3～5 min 读数 1 次,当相邻两次读数差与同级压力下第一次变形读数和前一级压力下最后一次变形读数差之比小于 5%时,可认为变形稳定,即可进行退压。

② 当采用大循环法时,相邻两循环的读数差与第一次循环的变形稳定读数之比小于 5%时,可认为变形稳定,即可进行退压。但大循环次数不应少于 3 次。

③ 退压后的稳定标准与加压时的稳定标准相同。

在每一循环过程中退压时,压力应退至初始压力。最后一次循环在退至初始压力后,应进行稳定值读数,然后将全部压力退至零,并保持一段时间,再移动探头。

试验结束后,应及时取出探头,对橡皮囊上的勒痕进行描述,以确定孔壁岩体掉块和开裂的位置及方向。

4.2.2.6 试验结果整理

首先核对各测表的读数并换算成位移,然后剔除有错误或不合理的数值。

按下式计算岩体的变形(弹性)模量:

$$E = p(1+\mu)\frac{d}{\Delta d} \tag{4-2}$$

式中,E 为岩体弹性(变形)模量,MPa,以总变形量 Δd_t 代入式中计算时为变形模量 E_0,以弹性变形量 Δd_e 代入式中计算时为弹性模量 E;p 为计算压力,为试验压力与初始压力之差,MPa;d 为实测钻孔直径,cm;Δd 为岩体径向变形值,cm。

最后利用计算结果绘制各测点的压力与变形模量关系曲线、压力与弹性模量关系曲线以及与钻孔岩芯柱状图相对应的沿孔深方向的弹性模量、变形模量分布图。

4.2.2.7 国内部分工程的测试结果

国内部分工程钻孔变形法的结果见表 4-1。

表 4-1 国内部分工程钻孔径向加压法的结果

岩石名称	岩性	最大压力/MPa	孔径/mm	变形模量/MPa	弹性模量/MPa	工程名称
正长岩	—	15	67	3.51~12.8	12.6~13.8	二滩
花岗岩	中粗粒、高岭土化	—	—	1.5	6	广州
云白岩	弱风化、裂隙发育	3	137	21.6~28.0	23.1~52.7	鲁布格
玄武岩	绿泥石化	15	67	6.65~10	8~10.7	二滩
	微晶、隐晶	15	67	60.6	80.5	
黏土岩	紫红色、钙质、卸荷带	—	70	1.13	3.23	小浪底
砂岩	紫红色、钙质、卸荷带	—	70	3.75	6.7	

4.3 岩体强度试验 ▶▶▶

4.3.1 概述

岩体强度是指岩体抵抗外力破坏的能力。和岩块一样,岩体也有抗压强度、抗拉强度和剪切强度之分。对于裂隙岩体来说,其抗拉强度很小,工程设计上一般不允许岩体中有拉应力。通常所讲的岩体强度是指岩体的抗剪强度,即岩体抵抗剪切破坏的能力。也就是说,岩体在任一法向应力作用下,剪切破坏时所能抵抗的最大剪应力值,称作该剪切面在此法向应力下的抗剪强度。

目前,岩体强度试验通常包括以下四种类型。

(1)岩体直剪试验

岩体直剪试验是为测定在外力作用下岩体本身的抗剪强度和变形所进行的试验。当验算坝基、坝肩、岩质边坡及地下洞室围岩等岩体本身可能发生的剪切失稳时,可采用本试验方法。

工程实践中,常把岩体抗剪强度试验分为抗剪断试验、摩擦试验(又称抗剪试验)和抗切试验(法向应力为0)三种。根据库仑方程可得到相应的抗剪断强度、摩擦强度和抗切强度。

目前,有多种方法可在现场测定岩体的抗剪强度,如直剪试验、三轴试验、扭转试验和拔锚试验等。国内外最为通用的方法是直剪试验。

(2)岩体载荷试验

岩体载荷试验是为确定地基破坏时的极限荷载所做的试验。它可以为工程设计提供岩体地基的允许承载力数据。通常只有半坚硬及软弱岩体才做此项试验。

该试验原理及方法与土体荷载试验基本相同,一般与岩体变形试验结合在一起进行。

(3)岩体结构面直剪试验

岩体结构面直剪试验是测定岩体沿结构面的抗剪强度和变形的试验,是评价坝基、坝肩、岩质边坡及洞室围岩可能沿结构面产生滑动失稳时所采用的试验方法。岩体中结构面的抗剪强度是指在外力作用下结构面抵抗剪切的能力。

(4)混凝土与岩体接触面直剪试验

混凝土与岩体接触面直剪试验是为测定现场混凝土与岩体之间(胶结面)的抗剪强度和变形特征所进行的试验。当评价建筑物沿基岩接触面可能发生的剪切破坏,校核其抗滑稳定性时,可采用此项试验。它与岩体直剪试验一样,沿胶结面进行剪断的试验,称为抗剪断试验;剪断以后,沿剪断面继续进行剪切的试验,称为摩擦试验;试体上不施加垂直荷载的抗剪断试验,称为抗切试验。

岩体抗剪强度试验在现场可以有各种不同的布置方案,但剪切荷载施加的方式只有两种,其可分为平推法试验和斜推法试验(图4-6)。平行于剪切面施加荷载为平推法,与剪切面成一定角度施加剪切荷载为斜推法。

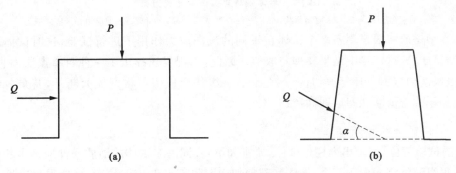

图 4-6 岩体抗剪试验加荷方式

(a)平推法;(b)斜推法

关于两种试验方法的采用,因其各有优缺点,目前尚无定论。在国外,有的采用平推法(如法国、俄罗斯),有的采用斜推法(如葡萄牙),实验方法尚未统一。国际岩石力学学会发布的"现场岩石抗剪强度试验建议方法",也同时提出这两种方案。大量试验资料表明,这两种试验方法的最终结果无明显差别,在国内两种试验方法同时被各规范所采用。

上述几种直剪试验,由于剪切对象不同,其试点的选取、试体的规格和制备要求、试验数据读取的时间间隔存在差异。而其试验的原理、设备、步骤及试验结果的分析方法基本一致。本章选取岩体直剪试验和三轴试验进行阐述。

4.3.2 直剪试验

4.3.2.1 基本原理与方法

直剪试验应根据工程需要,选择有代表性的试验地段,确定试验位置。一般情况下,该试验是在试验平洞中进行的,但也可以在井巷、露天场地的试坑或较平的岩体表面进行,这时需要安装加荷系统的反力装置。图4-7为常见的直剪试验布置方案,当剪切面水平或近水平时,采用图 4-7(a)~(d)所示方案,其中图4-7(a)、(b)、(c)所示为平推法,

岩体直剪
试验视频

58　地下结构试验与测试技术

图 4-7(d)所示为斜推法；当剪切面较陡峭时，采用图 4-7(e)、(f)所示方案。图 4-7(a)所示方案施加剪切荷载时有一力矩 Pe_1 存在，使剪切面的剪应力及法向应力分布不均匀。图 4-7(b)所示方案使得法向荷载产生偏心力矩 Pe_2 与剪切荷载产生的力矩平衡，改善了剪切面上的应力分布，但法向荷载的偏心力矩较难控制。图 4-7(c)所示方案剪切面上的应力分布均匀，但试体的加工有一定难度。图 4-7(d)所示方案为法向荷载与斜向荷载均通过剪切面的中心，α 一般为 15°左右，但在试验过程中为保持剪切面上的法向应力不变，需同步降低由于斜向荷载增加而产生的那一部分法向荷载。图 4-7(e)所示方案适用于剪切面上法向应力较大的情况。图 4-7(f)所示方案适用于剪切面上法向应力较小的情况。

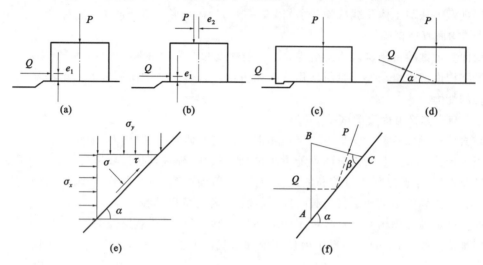

图 4-7　岩体现场直剪试验布置方案

P—垂直(法向)荷载；Q—剪切荷载；e_1，e_2—偏心距；σ_x，σ_y—均布荷载；τ—剪应力；σ—法向应力

　　另外，岩体直剪试验一般需制备多个试体在不同的法向应力作用下进行试验，这时试体之间的地质差异将导致试验结果十分离散，影响结果整理与取值。因此，工程界还提出了一种叫单点法的直剪试验，即利用一个试体在多级法向应力下反复剪切；但除在最后一级法向应力下将试体剪断外，其余各级均不剪断试体，只将剪应力加至临近剪断状态后即卸荷。

4.3.2.2　试体制备与地质描述

　　① 在选定的试验部位，切割出方柱形试体，要求如下：a. 同一组试体的地质条件应基本相同且尽可能不受开挖的扰动；每组试体宜不少于 5 个；试体底部剪切面面积不小于 2500 cm²，试体最小边长不小于 50 cm，试体高度应大于推力方向试体边长的 1/2，试体之间净距应大于试体推力方向的边长。b. 试体各面需凿平整；对裂隙岩体、软弱岩体或结构面试体，应设置钢筋混凝土保护罩，罩底预留 0.5～2 cm 的剪切缝。c. 对斜推法试体，在施加剪应力的一面应用混凝土浇筑成斜面，也可在试体剪力方面放置一块夹角为 15°的楔形钢垫板。

　　② 地质描述内容与要求如下：a. 试验及开挖、试体制备的方法及其情况。b. 岩石类型、结构构造及主要矿物成分。c. 岩体结构面类型、产状、宽度、延伸性、密度及充填性质等。d. 试验段岩体风化程度及地下水情况。e. 试验段工程地质图及平面布置图、剪切面素描图。f. 试体素描图。

4.2.2.3　试验仪器设备及安装调试

（1）试验设备

　　① 试体制备设备：手风钻(或切石机)、模具、人工开挖工具各 1 套，切石机、模具应符合试体尺寸要求。

　　② 加载设备：液压千斤顶(或液压枕)2 套以上，出力容量根据试验要求确定，行程不小于 70 mm。液压泵(手动或电动)附压力表、高压管路、测力计等，与液压千斤顶(或液压钢枕)配套使用。

　　③ 传力设备：传力柱(木、钢或混凝土制品)、钢垫块(板)、高压胶管、滚轴排。传力柱应具有足够的刚度。在进行露天或基坑试验时还须使用岩锚、钢索、螺夹或钢梁等。

　　④ 测量设备：百分表(量程不小于 50 mm)、千分表(量程不小于 2～5 mm，不少于 6 只)、对应数量的磁性表座和万能表架、测量标点、量表支架(不少于 2 只)。支杆长度应超过试验影响范围。

（2）试验设备的安装

安装荷载系统时,首先检查所有仪器设备,确认可靠后方可使用。标出垂直及剪切荷载安装位置后,先安装法向荷载系统,再安装切向荷载系统。试验系统如图4-8所示。

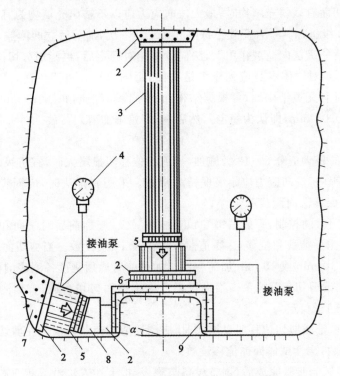

图4-8　岩体本身抗剪强度试验安装示意图
1—砂浆顶板;2—钢垫板;3—传力柱;4—压力表;5—液压千斤顶;
6—滚轴排;7—混凝土后座;8—斜垫板;9—钢筋混凝土保护套

① 法向荷载系统安装。

在试体顶部铺设一层水泥砂浆(也可是橡皮板或细砂),放上钢垫板,钢垫板应平行预定剪切面。然后,在钢垫板上依次安放滚轴排、钢垫板、液压千斤顶(或液压枕)、钢垫板、传力柱、顶部钢垫板,在顶部钢垫板和岩面之间浇筑混凝土或砂浆,或安装反力装置。法向荷载系统应具有足够的强度和刚度。当剪切面倾斜或荷载系统超过一定高度时,应对法向荷载系统进行支撑,整个法向荷载系统的所有部件应保持在加载方向的同一轴线上,垂直预定剪切面。安装完毕后,启动液压千斤顶,施加接触压力使整个法向荷载系统接触紧密。液压千斤顶活塞应预留足够的行程。另外,在露天场地或无法利用洞室顶板作为反力支撑时,可采用地锚作为反力装置。当法向荷载较小时,也可采用压重法。

② 剪切荷载系统安装。

在试体剪切荷载受力面用水泥浆粘贴一块条形钢垫板,钢垫板底部与剪切面之间应预留约1 cm的间隙,在条形钢垫板后依次安放传力块、液压千斤顶、钢垫板,斜推法还应加装滚轴排。在钢垫板和反力座之间浇筑混凝土或砂浆。当试体推力面与剪切面垂直且采用斜推法时,在钢垫板后依次安装斜垫块、液压千斤顶、钢垫板,液压千斤顶应严格定位。平推法推力中心线应平行预定剪切面,且着力点与剪切面的距离不应大于剪切方向试体边长的5%;斜推法推力中心线应通过剪切面中心,与剪切面夹角宜为12°～20°。

③ 测量系统安装。

测量支架的支点应在基岩变形影响范围以外,支架应具有足够的刚度。在支架上依次安装测量表架和测表。在试体两侧的对称部位分别安装测量切向和法向位移(绝对位移)的测表,每侧法向、切向位移测表均不得少于2只。

4.3.2.4　试验步骤

试验开始前,根据对液压千斤顶(或液压枕)作的率定曲线和试体剪切面面积计算施加的荷载和压力表读数。检查各测表的工作状态,测读初始读数。

(1) 施加垂直荷载

① 在每个试体上分别施加不同的垂直荷载,其值为最大法向荷载的等分值,最大垂直应力以不小于设计法向应力为宜。当剪切面有软弱充填物时,最大法向应力应以不挤出充填物为宜。

② 每个试体分 1~3 级施加其垂直荷载。每隔 5 min 加一次,加荷后立即读数,5 min 后再读一次,即可施加下一级荷载。在最后一级法向荷载作用下,法向位移相对稳定后,再施加剪切荷载。

③ 法向位移稳定标准:对岩体本身或无充填结构面,每隔 5 min 测读一次,连续两次读数之差不超过 0.01 mm,即认为稳定;对有充填结构面,可根据结构面的厚度和性质,每隔 10 min 或 15 min 测读一次,连续两次读数之差不超过 0.05 mm,即认为稳定。然后,可开始施加剪切荷载。

(2) 施加剪切荷载

① 剪切荷载按预估的最大值分 8~12 级施加,当剪切位移明显增大时,宜将级差适当减小。

② 施加剪切荷载过程中,法向应力应始终保持为常数。采用斜推法时,应同步降低因施加剪切荷载而产生的法向分量的增量,保持法向荷载不变。

③ 施加剪切荷载采用时间控制,一般是每 5 min 加载一级,施加前后对法向和切向位移测表各测读一次。接近剪断时,应加密测读荷载和位移,达峰值前不得少于 10 组读数。当剪切面为有充填结构面时,应根据剪切位移的大小,每隔 10 min 或 15 min 加荷一次。加荷前后均须测读各测表的读数。

④ 试体被剪断时,测读剪切荷载峰值。根据需要可继续施加剪切荷载,直到测出大致相等的剪切荷载值为止(表现为剪切荷载趋于稳定)。

⑤ 当剪切荷载无法稳定或剪切位移明显增大时,应测读剪切荷载峰值。在剪切荷载缓慢降至零的过程中,法向应力应保持为常数,测读试体回弹位移读数。

⑥ 根据需要,在上述试验步骤完成后,调整设备与测表,按上述方法沿剪断面进行抗剪(摩擦)试验。剪切荷载可将抗剪断试验的终点稳定值作为最大值进行分级。

试验过程中,对加载设备和测表使用情况,试体发出的响声,混凝土和岩体出现的松动、掉块和裂缝开裂等现象,均应作详细描述和记录。

试验结束后,翻转试体,测量实际剪切面面积,详细记录剪切面的破坏情况、破坏方式,擦痕的分布、方向及长度。应描述岩体、混凝土内局部被剪断的部位和大小,剪切面上碎屑物质的性质和分布。对结构面中的充填物,应详细描述其组成成分、性质、厚度等,测定剪切面的起伏差,绘制沿剪切方向断面高度的变化曲线,绘制剪切面素描图并作剪切面等高线图。

(3) 试验记录

试验记录应包括工程名称、试验段位置和编号及试体布置、试体编号、试验方法、试体和剪切面描述、剪切面面积、千斤顶和压力表编号、测表布置和编号、各法向载荷下各级剪切载荷时的法向位移及剪切位移。

4.3.2.5 试验结果整理

(1) 平推法试验公式

平推法试验按下列公式计算各法向载荷下的法向应力和剪切应力:

$$\sigma = \frac{P}{A} \tag{4-3}$$

$$\tau = \frac{Q}{A} \tag{4-4}$$

式中,σ,τ 为作用于剪切面上的法向应力和剪切应力,MPa;A 为剪切面面积,mm²;P 为作用在剪切面上的总法向荷载,N;Q 为作用在剪切面上百分总剪切荷载,N。

(2) 斜推法试验公式

斜推法试验按下列公式计算法向应力和剪切应力:

$$\sigma = \frac{P}{A} + \frac{Q}{A}\sin\alpha \tag{4-5}$$

$$\tau = \frac{Q}{A}\sin\alpha \tag{4-6}$$

式中,α 为斜向荷载施力方向与剪切面的夹角;其余符号意义同前。

（3）曲线绘制

① 根据同一组直剪试验的结果,以剪应力为纵轴、剪切位移为横轴,绘制每一试验的剪切力与剪切位移的关系曲线,然后从曲线上选取剪切力的峰值和残余值。

② 剪应力也可按其与剪切位移关系曲线的线性比例极限、屈服点、屈服强度或剪切过程中垂直和侧向位移定出的剪胀点和剪胀强度加以确定。需要时,可绘制垂直压应力、剪应力与垂直位移的关系曲线。

③ 利用每一试体的法向应力及其对应剪应力的峰值、残余值,绘制法向应力与抗剪断峰值及抗剪峰值关系曲线,按库仑表达式确定相应的抗剪强度参数。

4.3.3 三轴试验

4.3.3.1 基本原理

岩体现场三轴试验是岩体在三个互相正交的压应力即轴向压应力(σ_1)和两个侧向压应力(σ_2,σ_3)作用下,测定其强度和变形性质的试验。$\sigma_2 = \sigma_3$ 情况下的三轴试验称为常规(等侧压)三轴试验,$\sigma_2 \neq \sigma_3$ 情况下的三轴试验称为真三轴试验。

岩体现场三轴试验的目的是为工程(建筑物地基、地下洞室和岩质边坡)设计提供参数,并为研究岩体力学性质和破坏机理提供资料。岩体现场真三轴试验除为工程设计提供参数外,还为研究中间主应力(σ_2)对岩体强度的影响提供资料。

因此,为了确定围压和轴向压力的大小和加荷方式,试验前应了解岩体的天然应力状态及工程荷载情况。

4.3.3.2 试体制备与地质描述

（1）试体制备:在选定的试验部位,切割出立方体或方柱形试体,一面与岩体连接,试体的最小边长不小于 30 cm,每组 5 个试体。同一组试体的地质条件应基本相同且尽可能不受开挖影响。

（2）地质描述:同直剪试验。

4.3.3.3 仪器设备与安装

（1）仪器设备

① 加压系统:液压千斤顶 100～200 t,5～8 台;液压枕,4～5 台,加压面积应与试体受压面积相适应,出力 10～20 MPa;手摇式或电动式油泵,最大压力应与施压相匹配;压力表若干个;高压油管及快速接头;稳压装置。

② 传力系统:包括传力柱、传力架及钢垫板,其数量和尺寸应能满足试验的要求。

③ 量测系统:包括测表支架、磁性表座和百分表等。

④ 其他:包括沥青油毛毡、毛毡及黄油等润滑系统和安装工具等。

（2）试验设备安装调试

① 围压设备安装:在各侧面对应部位设置反力台;在试体外表、毛毡和沥青油毛毡上抹一层黄油,然后将毛毡、沥青油毛毡、承压板、液压千斤顶(或液压枕)、传力架及钢垫板依次安装上去;在垫板与反力台间浇筑水泥砂浆。

② 轴压设备安装:同承压板法。

③ 量测系统安装:将测表支架固定在混凝土上,固定支架的支点应位于量测反力台以外 100～200 mm 处。在支架上安装磁性表座和百分表。

4.3.3.4 试验步骤

仪器设备安装调试完毕,并经一定时间的养护后可开始试验,其步骤如下。

（1）施加围压

按预定的围压对试体施加围压。围压试验时,试体的围压宜一次同步加完。加压后测记试件轴向和侧向稳定变形值。

（2）施加轴压

① 试体在围压下变形稳定后，立即施加轴向压力直至试体破坏；轴向压力的加载速度按应力控制；加载方式可采用一次连续加载法和逐级一次循环加载法。

② 在施加轴压过程中，应同时测记不同轴向应力下的轴向和侧向变形值。

③ 当后一次加载后试体的变形相比前一次明显增加时，应予以稳压，每隔 1 min 读一次，连续 5 次累积变形达 0.5～1 mm 时，即认为试体已经破坏，可终止试验。

④ 试验结束后应对破坏后的试体进行素描与照相。

4.3.3.5 结果整理

结果整理基本同室内三轴试验，内容包括以下几点：

① 在 τ-ε 坐标系中绘制极限应力圆包络线，并求出岩体的剪切强度参数 c、φ 值。

② 绘制 $(\sigma_1 - \sigma_2)$-ε（应变）曲线，求出岩体的变形模量 E_0 与泊松比 μ。

4.4 岩体应力测试 ＞＞＞

4.4.1 概述

工程岩体中存在着天然应力场，它是极其复杂的，它的大小和方向随着所在的位置（边界条件）和时间（地质历史）的不同而变化。在工程设计时，岩体中初始应力的大小及其分布状态，是不可缺少的重要资料之一。目前，这种应力场还不能从理论上计算求得。为了较为准确地了解岩体的天然应力，最有效的方法就是用仪器进行原位测试，即通过测量由于应力变化而引起的诸如位移、应变或电阻、电感、波速等可测物理量的变化值，基于某种假设反算出应力值。因此，目前国内外使用的所有应力测量方法，均是通过钻孔、地下开挖或在岩体出露面上刻槽引起岩体中应力的扰动，然后用各种探头测量由于应力扰动而产生的各种物理变化值。最常用的应力测量方法有水压致裂法、应力恢复法和应力解除法（包括孔壁应变法、孔径变形法和孔底应变法）。

其中，水压致裂法和应力解除法的研究较成熟，应用也最广。而应力恢复法常用于量测受洞壁表面开挖扰动的次生应力场，其原理为在选定的测试点安装测量元件，然后在岩体中开挖一个扁槽埋设液压枕或液压千斤顶，对其加压使测量元件的读数恢复到掘槽前的值，则液压枕或液压千斤顶的压力读数便是该方向的岩体应力。其优点是可以不考虑岩体的应力-应变关系而直接得出岩体的应力。其局限性在于：第一，扁千斤顶法只是一种一维应力测量方法，一个扁槽的测量只能确定测点处垂直于扁千斤顶方向的应力分量，为了确定该测点的几个应力分量，就必须在该点沿不同方向切割几个扁槽，这是不可能实现的，因为扁槽的相互重叠会造成不同方向测量结果的相互干扰，使之变得毫无意义；第二，如果应力恢复时，岩体的应力-应变关系与应力解除前并不完全相同，也必然影响测量的精度。

水压致裂法和应力解除法基本原理介绍如下。

4.4.2 水压致裂法

4.2.2.1 基本原理及适用范围

水压致裂法测试是采用两个长约 1 m 串接起来可膨胀的橡胶封隔器阻塞钻孔，形成一封闭的加压段（长约 1 m），对加压段加压直至孔壁岩体产生张拉破裂，根据破裂压力等压力参数按弹性理论公式计算岩体应力参数。该方法对岩体作了下列假定：岩石是均质的各向同性线弹性体；当岩石为多孔介质时，注入的流体根据达西定律在岩体空隙中流动；钻孔方向是其中一个主应力方向，垂直应力一般是根据上覆岩层的重量来估算的,其他两个主应力的方向一般是通过观测和测量由水压力导致钻孔壁破裂(水压致裂)面的方位获得的。如果钻孔方向偏离主应力方向的角度甚大(大于±15°),那么由这种方法得出的结果误差就会很大。水压致裂法不受地下水条件的限制,在完整和较完整的岩体中均可使用,能确定深孔内(几千米以上)的岩体应力。

4.4.2.2 试验仪器设备

图 4-9 为双回路水压致裂应力测量系统示意图。

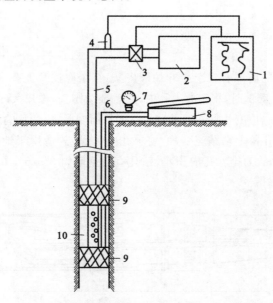

图 4-9 双回路水压致裂应力测量系统示意图
1—记录仪;2—高压泵;3—流量计;4—压力计;5—高压管路;
6—高压胶管;7—压力表;8—泵;9—橡皮封隔器;10—压裂段

该系统主要仪器设备有满足孔深要求的钻机、与堵孔的封隔器相适应的钻头、可膨胀的橡皮封隔器、装有定向装置的印模器、在所加压力范围内具有恒定液流能力的高压水泵系统、流量计和压力计等测量设备及记录仪。

4.4.2.3 测试步骤

在选定测试部位打一钻孔,清洗钻孔,并对岩芯及地下水状况进行地质描述,特别要注意节理、裂隙的发育情况。根据工程要求确定试段大概的深度,再根据取出的岩芯、钻孔电视成像仪或声波探测器检验孔壁情况,选定测试段的长度与深度,接着将两个长约 1 m 的可膨胀的橡皮封隔器(事先应进行预压试验)串联组装好并放入孔内至预定深度,随后向橡皮封隔器施加压力使其膨胀,形成一个封隔孔段(长约 1 m),记录测段的长度和深度。由地表向管路泵注入高压水,对试验段加压,同时记录水压力。由于水压力随时间而增加,钻孔孔壁的环向压应力会逐渐降低,并在某些点出现拉应力,随着泵内水压力的不断升高,钻孔孔壁的拉应力也逐渐增大。当钻孔中水压力引起的孔壁拉应力达到孔壁岩石抗拉强度时,就在孔壁形成拉裂隙。这时水压力将突然下降,对应的压力称为破裂压力(p_{c1}),记录下 p_{c1} 值。拉裂隙一经形成,孔内水压力就要降低,然后达到某一稳定的压力 p_s,称为瞬时关闭压力,记录下 p_s 值。然后,停泵降低水压,孔壁拉裂隙将闭合;若继续泵入高压水流,则拉裂隙将再次张开,此时孔内的压力称为裂缝重新张开压力(p_{c2}),停止泵压,并记录下 p_{c2} 值。可以根据试验情况确定进行几个循环。

上述过程结束后,取出橡皮封隔器,放入橡胶印模器,或用井下钻孔电视成像仪来记录加压段岩体裂缝的长度和方向。

4.4.3 孔壁应变法

4.4.3.1 基本原理及适用范围

孔壁应变法测试采用孔壁应变计,即在钻孔孔壁粘贴电阻应变片,量测套钻解除后钻孔孔壁的岩石应变,按弹性理论建立的应变和应力之间的关系式,求出岩体内该点的空间应力参数。完整和较完整岩体可采用浅孔孔壁应变法测试,测试深度不宜大于 30 m。

4.4.3.2 主要的仪器设备

(1) 测量仪表和安装设备

主要仪器设备有孔壁应变计,静态电阻应变仪(附预调平衡箱),安装杆及安装器,孔壁、孔端擦洗器及烘干器,水平及垂直定向装置,围岩率定器,稳压电源设备(0.5~1.0 kV·A)。

孔壁应变计应根据工程的要求、使用环境及测试方法选用。目前国内广泛使用的应变计有浅孔孔壁应变计(钻孔三叉应变计)和空心包体式孔壁应变计。

① 钻孔三叉应变计。

钻孔三叉应变计(图 4-10)的前部有三个张开的橡皮叉,每个橡皮叉上有一组应变丛。每个应变丛由3~4个电阻应变片组成(图 4-11)。测试时,将它放入孔内,然后推动楔头,橡皮叉便均匀张开,使带有胶水的应变丛粘贴在孔壁上。当套孔解除时,应变片便随着孔壁岩石变形而变形,应变片的应变可由应变仪测出。

钻孔三叉应变计因直接在孔壁上粘贴应变片,要求孔壁干燥,故适用于地下水位以上完整、较完整细粒结构的岩体,孔深不宜超过 20 m,为排除孔内积水,钻孔宜向上倾斜3°~5°。

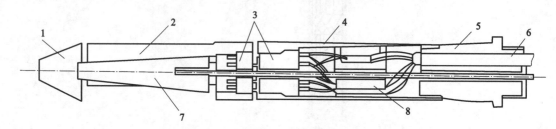

图 4-10　钻孔三叉应变计结构示意图

1—导向块;2—橡皮叉;3—芯插头与插座;4—金属壳;5—橡皮塞;6—电缆;7—楔头;8—补偿室

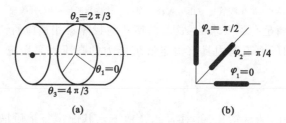

图 4-11　钻孔三叉应变计应变丛布置示意图

(a) 应变丛位置;(b) 应变片位置

② 空心包体式孔壁应变计。

空心包体式孔壁应变计由嵌入环氧树脂筒中的三组应变丛组成。每个应变丛有 4 个应变片,其位置分布见图 4-12。应变计有一个环氧树脂浇筑的外层,能使电阻应变片嵌在筒壁内,其外层厚约 0.5 mm(图 4-13),环氧树脂圆筒内有一足够大的内腔,用来装黏结剂。另有一个环氧树脂出胶,使用时将筒内灌满黏结剂,然后将栓塞插入内腔约 15 mm 深处,用铅丝将其固定。栓塞的另一端有一木质导向头,以使应变计顺利地安装在所需要的位置上。将应变计送入钻孔中预定位置后,用力推动安装杆,可使铅丝切断,继续推进可使黏结剂经出胶小孔流出,进入应变计和钻孔孔壁之间的间隙。经过一定时间,黏结剂固化,即可进行套钻解除。这种应变计适用于完整、较完整的岩体。

深孔水下孔壁应变计,由于采用了特殊的水下黏结剂及粘贴工艺,可在水下孔壁上粘贴电阻片,适用于有水的完整、较完整的岩体。目前该方法国外测试深度已达 500 m,国内在长江三峡工程中测试深度达到 304 m。

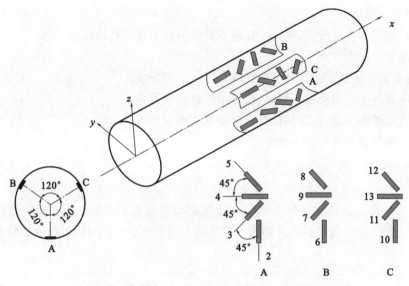

图 4-12 空心包体式三向应变计应变丛位置分布示意图

（A、B、C 为三组应变丛）

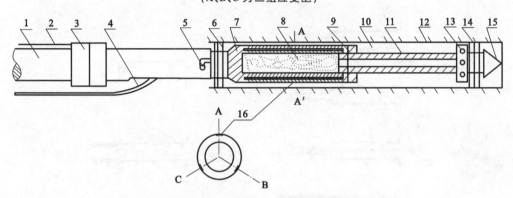

图 4-13 空心包体式三向应变计结构示意图

1—安装杆；2—定向器导线；3—定向器；4—读数电缆；5—定向销；6—密封圈；7—环氧树脂筒；8—空腔（内装黏结剂）；
9—固定销；10—应变计与孔壁之间的空隙；11—栓塞；12—岩石钻孔；13—出胶小孔；14—接头；15—导向头；16—应变丛

（2）钻孔设备

坑道钻机及配套的岩芯管、钻杆等器材；与应变计型号配套的金刚石钻头（$\phi 36$ mm 或 $\phi 46$ mm）、合金钻头、扩孔器若干个；用于解除岩芯的套钻解除钻头（$\phi 130$ mm）若干个，钻头要求平直光滑；孔底磨平钻头（$\phi 130$ mm）、锥形钻头（$\phi 130$ mm）各若干个。

4.4.3.3 现场准备工作

（1）测点的选取

为了测量岩体的初始应力，应把测点所在测段设在岩性均一、完整的岩体内。测点的深度应超过开挖洞室所形成的重分布应力区。从理论上讲，在地应力为静水压力状态的岩体中开挖圆形洞室，重分布应力区应为洞室直径的 3 倍。但实践证明，岩体内存在各种裂隙、结构面，影响了应力在其中的传递，所以测试范围一般超出洞室直径的 2 倍即可。同一测段内，有效测点不应少于 2 个。

（2）地质描述

岩体现场试验的地质描述是整个试验工作的一个重要组成部分，它将为试验结果的整理分析和计算指标的选择提供可靠的依据。因此，地质人员及试验人员必须给予其足够的重视。地质描述一般包括下列内容：

① 钻孔钻进过程中的情况。

② 岩石的名称、结构、构造及主要矿物成分。

③ 岩体结构面的类型、产状、宽度、充填物性质。

④ 测区的岩体应力现象。

⑤ 区域地质图、测区工程地质图、测点工程地质纵横剖面图和钻孔柱状图。

(3) 钻孔前的准备工作

① 坑道钻机的安装应平稳,便于操作,钻杆仰角以 3°～5° 为宜。

② 接通电源,布置照明。为使电压稳定,仪器须配备稳压设备。

③ 接通水源,若用循环水钻进,在钻机附近应设置水箱或水池。

④ 设置工作台,应尽量避免外界电磁场的干扰。

4.4.3.4 试验步骤

(1) 试验孔钻进

用套钻解除钻头开孔。若孔口表面不平,可用水泥浆填平或人工凿平。钻至预定深度,取出岩芯,仔细观察节理、裂隙发育情况,进行地质描述。钻孔一般要求上倾 2°～5°,以便排水、排渣。钻孔应力解除套钻岩芯程序见图 4-14。

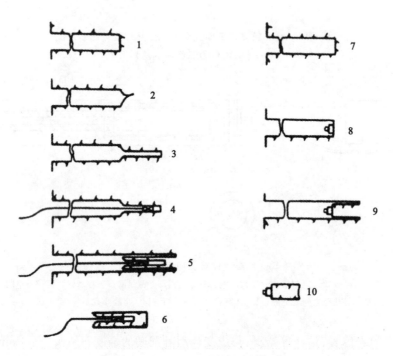

图 4-14　钻孔应力解除套钻岩芯程序图

1,7—孔底磨平;2—钻锥形孔;3—钻测量孔;4—埋设元件;5,9—套钻解除;6,10—取出岩芯;8—粘贴元件

(2) 孔底磨平

检查孔底有无残留岩芯,如有且长度在 10 cm 以上,应设法取出。用针状合金磨平钻头对孔底进行粗磨。用金刚石或砂轮磨平钻头再对孔底进行细磨。随后用锥形钻头打喇叭口。

(3) 中心测孔钻进

测孔用小孔径钻头钻进,要求测孔与解除孔同轴,两孔孔轴允许偏差以小于 2 mm 为宜,深度 50 cm 左右。用卡簧或管卡人工扭断岩芯,取出后进行详细的地质描述。测孔孔壁要平滑,无明显的螺纹状痕迹。钻进速度应均匀,全孔要求一个钻头连续钻进至终孔,孔壁达不到要求时,须采用金刚石扩孔器扩孔。当岩芯破碎时,应重复操作,直至找到完整岩芯。

(4) 清洗测孔

先用清水冲洗测孔孔壁和大孔孔底岩面,随后用高压风吹干(或用电阻丝式烘烤器烘干,注意温度不宜太高)。用纱布包扎脱脂棉,缠绕在安装杆上,浸以丙酮,来回擦洗,直到脱脂棉上看不出有污垢物为止。

(5) 安装孔壁应变计

安装孔壁应变计前必须做好各项准备工作,检查应变计是否合格。在测孔孔壁表面、应变计表面均匀涂一层黏结剂(环氧树脂),厚度适宜。将应变计装在安装器上,准确地送进测孔内,就位定向。如果是钻孔三叉应变计,则推进安装杆,使楔形块前进,此时橡皮叉张开,使贴有环氧树脂胶的应变丛紧贴在孔壁上。如果是空心包体式孔壁应变计,则推动安装杆,使空腔内黏结剂从出胶小孔流出,进入应变计和孔壁之间的间隙,从而使应变计固结在测孔里,待胶液固化后,测量元件的绝缘值要求不小于 50 MΩ。取出安装器,测出测点方位角和孔深并做好记录。

(6) 初始读数

仪器进洞后应用箱子或塑料布密封,防止泥水浸入。在仪器周围,可用灯泡或红外线灯烘烤。检查仪器的工作状态和钻机运行情况,将电缆从钻头钻杆中引出,拉紧电缆,拧紧止水螺帽。连接电阻应变仪,调平仪器,各挡调零。

向钻孔内冲水,每隔 10 min 读数一次,连续三次读数差不超过 ±5 $\mu\varepsilon$ 时,即可认为稳定,并将此读数作为初始值。

(7) 钻孔解除及应变测量

用套钻解除钻头时,在匀压匀速条件下,应进行连续套钻解除,可每钻进 2 cm 读数一次,也可每钻进 2 cm 停钻后读数一次。在套钻解除过程中,当发现异常情况时,应及时停钻检查,进行处理并记录。

套钻解除深度应超过孔底应力集中影响区范围。当解除至一定深度后,应变计读数趋于稳定,可终止钻进。最终解除深度,即应变计中应变丛位置至解除孔孔底稳定,应取小于解除岩芯外径的 2.0 倍。

随后继续往解除孔冲水。最后一级每隔 5~10 min 读数一次,连续三次读数差不超过 ±5 $\mu\varepsilon$ 时,可认为稳定,应取最后一次读数作为最终读数。

测量系统的绝缘值,将所有观测值记录于表中;并将试验过程中的有关异常现象详细记录在备注栏内。

最后退出钻具,提取岩芯,仔细检查岩芯节理、裂隙发育情况,并进行描述。应力测量过程见图 4-14。

(8) 进行岩芯围压试验

利用围压率定器在现场对套钻解除后的岩芯进行围压试验。一方面进一步检验实测值的准确性,另一方面现场测定岩石的弹性模量和泊松比。

为保证测试结果的可靠性,须在同一钻孔中同一测段附近连续进行数次测试,并保证至少两个有效测点。

同一测区其他测段的工作,可按上述步骤重复进行。

4.4.4 孔径变形法

4.4.4.1 基本原理及适用范围

孔径变形法测试包括压磁应力计测试和孔径变形计测试两种方法。它是在钻孔预定孔深处安放压磁应力计或四分向环式钻孔变形计,量测套钻解除钻孔孔径的变形,经换算成孔径应变后,按弹性理论建立应变与应力之间的关系式,计算出岩体中内该点的平面应力参数。要求测试深度不大于 30 m。

当需要测求岩体内某点的空间应力状态时,推荐采用前交会法,结果符合实际情况。当条件限制时,也可采用后交会法,但需说明。

4.4.4.2 主要仪器设备

测量仪表及安装设备包括孔径变形计、电阻应变仪或压磁应力计(包括加力装置)、安装杆、孔壁孔端擦洗器及烘干器、水平及垂直定向装置、围压率定器以及稳压电源设备。

① 孔径变形计。

四分向环式钻孔变形计是孔径变形测试的一种元件。孔径变形的测量元件可以归纳为电阻片、钢弦、电感元件三类。目前,国内以电阻片作为测量元件,应用较为广泛,它的元件内部安装了四个预先粘贴好电阻片的弹性钢环(图 4-15),每个钢环外顶着一对触头。当触头受力后钢环变形,通过电阻应变仪测量钢环的应变,并将它换算成钻孔的直径变化;然后根据钻孔孔径的变化与岩体弹性模量计算垂直于孔轴平面上的岩体应力。

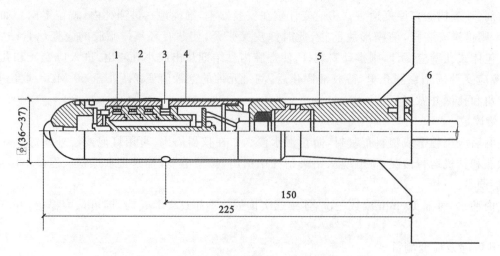

图 4-15 四分向环式钻孔变形计示意图
1—钢环传感器;2—传感器支架;3—触头;4—外壳;5—锥形卡紧器;6—电缆

② 压磁应力计。

压磁应力计主要由两个互成60°的元件组成(图 4-16)。元件是根据压磁原理设计的,其感应部位是一个铁镍合金心轴的自感线圈。如果沿着心轴施加的压力发生变化,则心轴的磁导率和自感线圈的电感量(或阻抗、电压降)也随之改变。通过压磁应力计测量元件产生的信号,反映了元件承受压力的大小。在使用时,将互成120°的三个应力计送入孔内,通过加力装置拉紧应力计滑楔,使应力计承受一定的应力。通过套孔解除,测孔的孔径会发生变化,从而使孔内的应力计承受的压力随之变化,变化值可由应力仪测出。

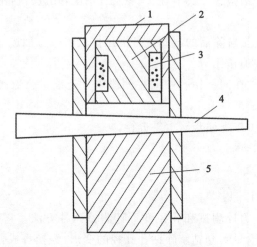

图 4-16 压磁应力计示意图
1—铁心盒;2—铁镍合金心轴;3—线圈;4—滑楔;5—支撑

4.4.4.3 现场准备工作

同孔壁应变法。

4.4.4.4 仪器安装

钻好并冲洗测试孔直至回水不含岩粉为止。随后,连接孔径变形计与应变仪(或压磁应力计和压磁应力仪),装上定位器,用安装杆送入测试孔内。孔径变形计应变钢环的预压缩量宜为 0.2~0.6 mm。在将孔径变形计送入测试孔的过程中,应观测仪器读数变化情况。将孔径变形计送至预定位置后,适当锤击安装杆端部,使孔径变形计锥体楔入测试孔内,与孔口牢固接触。退出安装杆,从仪器端卸下孔径变形计电缆,从钻具中引出,重新接通电阻应变仪,进行调试并读数。记录定向器读数,测出测点方位角及深度。

4.4.4.5 试验过程及岩芯围压试验

同孔壁应变法。在整个试验过程中,应做好测试记录。孔径变形法测试记录应包括工程名称、钻孔编号、钻孔位置、孔口标高、测点编号、测点位置、测试方法、地质描述、相应于解除深度的各电阻片应变值、孔径变形计触头布置、钻孔轴向方位角和倾角、测孔直径、各元件率定系数和围压试验资料。

4.4.5　孔底应变法

4.4.5.1　基本原理及适用范围

孔底应变法测试是指采用孔底应变计,即在钻孔孔底平面粘贴电阻应变片,测量套钻解除后钻孔孔底岩面应变变化,并根据弹性理论的经验公式求出岩体内该点的平面应力参数,适用于各向同性岩体的应力测试。此法要求解除岩芯较短,深度仅须大于4/5岩芯直径即可,因此在较软弱或完整性较差的岩体内有时也可使用。采用平面孔底应变计测量岩体三向应力,需要钻三个共面交会孔,三孔的布置应是两倾斜孔与中间垂直孔形成(45°±5°)的夹角。若使用半球形三向孔底应变计测量岩体三向应力,则只须在一个钻孔中进行测量,但此法目前应用尚不普遍。

4.4.5.2　主要仪器

(1) 测量仪表及安装设备

测量仪表及安装设备包括孔底应变计、电阻应变仪、预调平衡箱、安装杆、安装器、孔壁孔端擦洗器及烘干器、水平及垂直定向装置、围压率定器和稳压电源设备。

孔底应变计有一个硬塑料外壳,借助厚 0.5 mm 的有机玻璃片或赛璐珞片(或薄橡胶),在其端面贴上一组电阻应变丛。外壳另一端用黏结剂(环氧树脂)粘贴在孔底表面中央 1/3 面积内(图 4-17)。这样,当孔底岩面由于套钻解除发生变形时,应变计也将随之变化。孔底应变法是借助粘贴在钻孔底面上的电阻应变片测量套钻解除前后孔底岩体的应变变化,利用弹性理论的经验公式及岩石的弹性模量来计算应力的。目前有一种新型的孔底应变计,为半球形(图 4-18),内贴有 16 个电阻应变片,其中 8 个为径向片,8 个为横向片。通过套钻解除测定孔底半球面上相应方向的应变,便可计算出该点岩体的三向应力。

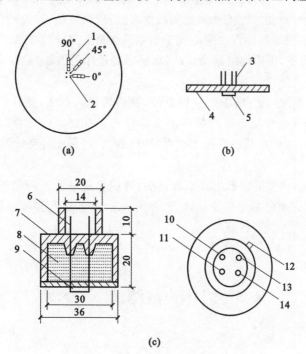

图 4-17　孔底应变计示意图

(a) 电阻片粘贴示意图;(b) 接线头示意图;(c) 孔底应变元件示意图

1—电阻片;2—穿线孔;3—接线头;4—电阻片;5—有机玻璃或赛璐珞;6—插针;

7—塑料外壳;8—硅橡胶;9—电阻片;10—0°电阻片插针;11—45°电阻片插针;

12—键槽;13—90°电阻片插针;14—公用插针

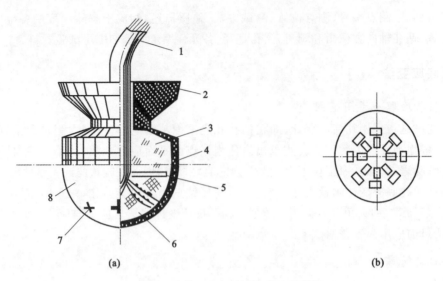

图 4-18 半球形三向孔底应变计示意图

(a) 结构图；(b) 电阻片布置图

1—电缆；2—橡皮封；3—环氧填料；4—壳体；5—绝缘体；6—硅橡胶填料；7—电阻片；8—橡胶球壳

（2）钻孔设备

钻孔设备包括坑道钻机及配套的岩芯管、钻杆等器材，$\phi 76$ mm 金刚石钻头、$\phi 76$ mm 孔底磨平钻头及细磨钻头（对于半球形三向孔底应变计，则用半球形磨平钻头）若干个。

4.4.5.3 试验步骤

① 根据测试要求，选择适当场地，并将钻机安装牢固。

② 测试须在钻孔无水状态下进行。为排除钻孔孔内积水，钻孔宜向上倾斜 $3°\sim 5°$。用 $\phi 76$ mm 钻头钻至预定深度后，取出岩芯，进行描述。当不能满足测试要求时，应继续钻进，直到合适部位。

进行岩体初始应力状态测试时，测点深度应大于洞室断面最大尺寸的 2 倍。

③ 用粗磨钻头将孔底磨平，再用细磨钻头精磨（套钻岩芯程序见图 4-14）。

④ 清洗孔底，并进行干燥处理。

⑤ 仪器的安装：用绷带包脱脂棉，蘸上环氧树脂胶，并将其送入孔底，使孔底涂上一层环氧树脂胶。然后将底面涂有环氧树脂胶的应变计用带有安装器的安装杆送到孔底。应注意，当接近孔底时，必须调整到水平位置，然后用力将应变计压贴在孔底平面 1/3 直径范围内。待粘贴应变计的环氧树脂胶凝固后，即可测记应变计的初始值。

⑥ 套钻解除与应变测试：将安装器取出并下入钻头，开机钻进解除。当钻进 $10\sim 20$ cm 时，停止钻进，取出装有应变计的岩芯。测记解除后的应变计读数，并给岩芯编号，进行弹性模量试验。

⑦ 记录测试段孔深、钻孔方位及其倾角。

4.5 岩体声波测试 ▷▷▷

4.5.1 概述

岩体声波测试是利用电脉冲、电火花、锤击等方式激发声波，测试声波在岩体中的传播时间，据此计算声波在岩体中的传播速度及岩体的动弹性参数。岩体声波测试与传统的静载测试相比具有轻便简易，快速经济，测试精度易于控制和提高等特点。因此，岩体声波测试技术是工程地质定量化研究的强力手段，具有广阔的发展前景，对岩体工程的勘测设计和施工，具有十分重要的意义。

国内外对声波测试技术相当重视,认为它是工程地质学与岩体力学间的纽带,是不可缺少的测试手段之一。声波测试技术应用于岩体测试大概是从 20 世纪 60 年代开始的,后来得到了快速发展。我国早在 1959 年即有科研单位进行声波研究。原水利电力部北京水电科学研究院土工所试制了我国第一台岩石超声波测试仪。20 世纪 70 年代初,声波测试技术逐步用于岩体测试,各种型号的声波仪相继研制成功。如 1970 年河北省水文地质四队研制的 SYC-1A 型岩石声波参数测定仪;湖南省湘潭无线电厂生产的 SYC-1 型至 SYC-4 型岩石声波参数测定仪、SSJ-l 型声波测井仪;长春地质学院研制的 CYJ-1 型数字式超声波岩石强度检测仪、CDS-085 型复杂岩体数字存储声波仪;原水利电力部成都勘测设计院科学研究所同中铁西南科学研究院有限公司、西南交通大学合作研制的岩体声波探测仪,以电火花为发射源,测试距离较长,在玄武岩钻孔中穿透距离可达 70 m。新型仪器的出现,推动了声波测试新技术的发展,同时拓宽了声波测试在岩体中的应用领域。近年来,国内不少单位在声发射、声频谱、数字处理技术等方面取得了可喜的研究成果,并已用于生产。

4.5.2　仪器及使用

4.5.2.1　声波仪简介

声波仪是用来测试声波传播速度及频谱的一种电子装置,大都由声波接收机、声波发射机和声波换能器(声波探头)三大部分构成,如图 4-19 所示。

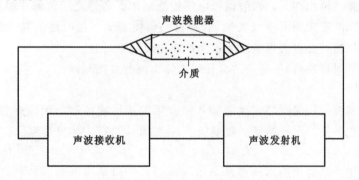

图 4-19　声波仪方框示意图

(1)声波换能器

声波换能器是一种转换能量形式的装置(图 4-20),它可以将声能与电能互相转换。组成这种装置(下称探头)的主要元件是一种天然的(或人工的)晶体或陶瓷,称为压电晶体。压电晶体具有一种独特的压电效应。将一定频率的电脉冲加到压电晶体片上,晶体片就会在其法向或径向发生机械振动,这种振动在介质中传播即是声波。这种振动与电脉冲是可逆的,若使压电晶体发生振动,则在它的表面会产生一定频率的电脉冲。根据这种材料的特性,人们将它制成声波换能器。接收探头将声波转换为电脉冲信号送进声波接收机,并由显示系统显示出来,而声波发射机发射的电脉冲经发射探头转化为声波入射到介质中。

根据测试对象和工作方式的不同,声波换能器可划分为高频换能器、夹心式换能器、弯曲式换能器、增压式换能器、圆柱式换能器、单孔测井换能器、斜入射式换能器等多种类型。

① 高频换能器。

高频换能器是用于岩石试件声学测试、频率大于 100 kHz 的换能器。

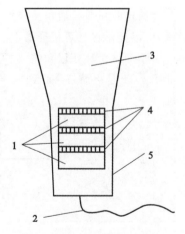

图 4-20　声波换能器结构图
1—压片钢;2—电缆;3—铝质头;
4—压电晶片;5—外壳

这种换能器采用锆钛酸铅厚度振动型压电陶瓷片制成,外壳为金属材料。在压电陶瓷片的前面装有保护膜,后面充填吸声材料,使由压电陶瓷片进入吸声材料的超声波能很快耗散掉而不致返回压电陶瓷片。

② 夹心式换能器。

夹心式换能器是由最早的朗芝万型换能器经过改进而制成的喇叭型换能器发展而来的。这种换能器由厚度振动型的压电陶瓷片用前后两块金属盖板以螺栓紧固而成。

前盖板采用轻金属(如铝金属)制成,后盖板则采用重金属(如钢材)制成。在使用时,前盖板经耦合剂与岩体紧密接触,而后盖板则暴露在由保护罩构成的空气腔中。空气与钢材的声阻抗率相差很大,因此后盖板与空气交界处彼此处于严重失配状态。所以,可以认为它是单向辐射式换能器。用螺栓夹紧压电陶瓷片,使其承受一定的预应力,这样就提高了整个换能器的机械强度和稳定性。

③ 弯曲式换能器。

弯曲式换能器只使用一片压电陶瓷片,并用导电环氧树脂胶将其与换能器外壳很薄的底部紧密黏合,因此其机电耦合系数较大。它的特点是灵敏度高、体积小、结构简单,但机械强度差,不能承受大的功率,因而在岩体声学测试中主要用作接收换能器。

④ 增压式换能器。

增压式换能器是产生柱面波或接收柱面波的孔中专用换能器,多用于洞室围岩松动圈的测试。

该换能器由于结构和加工都比较复杂,所能承受的功率又比较小,目前已逐渐被圆柱式换能器取代。

⑤ 圆柱式换能器。

圆柱式换能器是一种柱状换能器,与增压式换能器最大的区别在于它不使用圆形压电陶瓷片而使用圆柱形压电陶瓷管。这种换能器由四只锆钛酸铅压电陶瓷管制成。各管之间由橡皮衬垫隔开,管内充以高压绝缘油或吸声材料。前端配有半圆形金属端帽,后端有一金属套筒。接收用的换能器,筒内可以安装低噪声前置放大器。整个换能器外部以透声橡胶加以保护或用玻璃钢封壁。

这种圆柱式换能器的对称性很好,特别适合孔间岩体声波的衰减测试。

⑥ 单孔测井换能器。

单孔测井换能器是将发射用的圆柱式换能器和接收用的圆柱式换能器用隔声管组装在一起的组合式换能器。根据需要可做成一发二收或两发两收换能器,在钻孔中进行岩体声学测试。

⑦ 斜入射式换能器。

斜入射式换能器使用的是常用的厚度振动型压电陶瓷片。但是压电陶瓷片所激发出的纵波先经过一块由有机玻璃制造的波形转换楔形板,再进入岩石。这样就使纵波全反射,进入岩石的仅有横波了。

(2) 声波接收机

声波接收机是接收声波换能器所收到岩体(石)声波的机器。从声波换能器上接收来的信号经放大、整形后,可以显示在计算机屏幕上。根据波的初至点与起始信号之间的长度,可以确定波在介质中传播的时间。由于测试距离是已知的,故可得到传播速度。

图 4-21 是声波仪接收到的声波波形。

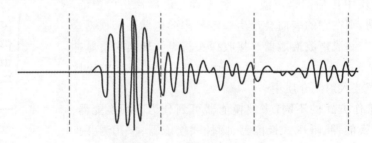

图 4-21　声波仪接收到的声波波形

(3) 声波发射机

声波发射机内部的主要部件是振荡器。振荡器产生一定频率的电脉冲,经放大后由声波换能器转换为声波。一般来讲,振荡器的频率是可调的,可以取得各种频率的声波来满足探测的需要。

4.5.2.2 声波仪使用常识

(1) 声波探头的选取原则

声波是有一定频率和波长的。在同种介质中,若波速恒定,则频率和波长成反比。因此,频率愈高,声波的波长愈小,在比较致密完整的岩石介质中进行声波测试,应选用频率比较高的声波探头,以使其有较高的分辨率。

在岩体中进行声波测试时,因岩体中有各种大小的结构面,相对比较松散,故应选用频率低、波长大的声波进行探测,以使其有足够的穿透率。

声波探头功率要足够大。一般来说,频率大于 100 kHz 的探头称为高频探头,用于岩石声波测试;频率低于 50 kHz 的探头称为低频探头,用于岩体声波测试。做测试时,发射探头和接收探头的频率要一致。

另外,目前生产的发射探头和接收探头可以互换使用,比较方便。

(2) 仪器使用常识

声波仪在开机前应检查连线是否正确,探头是否接好。当检查无误时,便可打开仪器。声波仪应在电压比较稳定的地区工作,如电压漂移太大,应使用稳压装置。在无线路供电时,可使用蓄电池。仪器使用完毕后,要将作为发射用的换能器放电,以延长其使用寿命。

(3) 其他

① t_0 值的测定。

t_0 是声波测试系统的固有延迟,由声波仪、声波换能器、耦合介质和电缆等的延时造成。其值除主要取决于声波仪、声波换能器等,还与读数的方式及标准有关。为使 t_0 在测试过程中维持一固定值,要求固定仪器、声波换能器、导线采用同种黏合方法,并在 t_0 值与岩石(体)声波测定时采用统一的方法。这样做在扣除 t_0 后才能除去系统延迟及某些人为读数的误差。

测定 t_0 值的方法有多种,如时距法、标准块法、长短棒法及对测法。究竟采用哪种方法更合适,目前尚无定论。国际岩石力学学会(ISRM)建议采用时距法,美国材料与试验协会(ASTM)建议采用对测法或时距法,国内有些单位对 t_0 值测定方法进行研究后建议采用标准块法。实践证明,只要 t_0 值测定与试件测试在相同条件下进行,采用哪种方法都可以。最简单的方法是把两个声波探头对接在一起直接测量的对测法。

② 耦合剂。

在进行声波测试时,声波换能器与被测试件能否达到良好的声耦合,是一个很关键的问题。这不仅要求耦合介质应有很好的声波传导能力,而且要求其声阻抗性能接近被测岩石。

国内进行纵波测试时,一般用黄油、凡士林做耦合介质。而进行横波测试时,就不能使用这些介质。早期的横波测试采用水杨酸苯酯耦合,在用火熔化瞬间将声波换能器与被测试件固结在一起。这种方法重复性差,不能调整位置,且介质有毒,故采用较少。后来采用金属铂做耦合材料,试验结果表明,采用多层银铂或铝铂对纵波有抑制作用。银铂比铝铂耦合效果好,采用多层(16 层)银铂时效果最佳。

声波换能器与被测试件耦合的好坏,直接影响声波测试的准确性。耦合介质的厚度对声波测试也有影响。所以试件测试时,耦合材料的厚度、耦合方法(加压或不加压)等均应尽量一致,才可能避免耦合剂对声波测试的影响。

4.5.3 洞室围岩松动圈的声波测试

4.5.3.1 目的和意义

在岩体中开挖洞室改变了岩体的边界条件,破坏了岩体的相对平衡状态,使岩体中的天然应力场发生变化,在洞室围岩中形成新的重分布应力场。这时,当新应力大于围岩的强度时,围岩即产生塑性破坏,这部分岩体就会产生松动,使洞室的衬砌承受围岩压力。目前,围岩压力的计算大都根据弹塑性理论公式,但因为其理论前提和岩体介质的实际状态有显著差异,加之岩体的结构和构造相当复杂以及试验本身所取得的计算参数往往存在较大的误差等,所以应用弹塑性理论公式计算的围岩压力和实测结果常常相差很大。应用声波法可直接测定岩体松动圈范围,从而可为围岩压力的计算和衬砌类型及其设计方案提供可靠资料。硐体围岩松动圈的声波测试是工程地质测试中较有成效的测试方法之一。

4.5.3.2 基本原理

岩体与其他介质一样,当弹性波通过岩体时要发生几何衰减和物理衰减。声波在岩体中传播时,会因不同力学性质的结构面而发生散射、折射和热损耗,使弹性波能量不断衰减,造成波速降低。弹性波的速度和岩体的声学特征有关,它取决于岩石或岩体的动弹性模量 E_d、动泊松比 μ_d 及密度 ρ。岩体中纵波速度 v_p 可表示为

$$v_p = \sqrt{\frac{E_d(1-\mu_d)}{\rho(1+\mu_d)(1-2\mu_d)}} \tag{4-7}$$

洞室围岩处在不同的应力状态之中,在应力的作用下其动弹性模量 E_d、动泊松比 μ_d 及密度 ρ 的值都会发生变化,这将导致岩体中纵波的变化。洞室围岩处于高应力作用区时,其波速相对较大;而在应力松弛的低应力区时,其波速相对较低。对洞室围岩进行的声波测试,就是根据这个原理。最后,结合工程地质条件对测得的岩体纵波波速进行分析,确定围岩是否松动,松动范围如何。

4.5.3.3 主要仪器设备

主要仪器设备包括以下几个部分:

① 声波仪 1 台。

② 增压式或圆柱式声波换能器、声波接收机和声波发射机各 1 个。

③ 标有长度刻度的测量杆若干米。

④ 注水设备。

⑤ 止水设备。

4.5.3.4 试验准备

① 首先选择岩性、岩体结构、岩体工程地质性质及风化状况有代表性的不同洞段,然后在洞的横剖面方向打一组 $\phi 40$ mm 的钻孔,钻孔应分布在边墙、顶拱和拱角等部位。每个测点可打 2～3 个测孔(若岩性均匀、完整,打 2 个测孔;若岩性及结构面具方向性,打 3 个测孔)。

3 个测孔一般以直角三角形分布,以便测试不同方向上的波速。为方便计算,测孔尽量平行。测孔孔距可视岩体完整情况确定,完整岩体的测孔孔距可为 1～2 m,破碎岩体的测孔孔距可为 0.5～1.0 m。每个测量剖面一般可打 10～15 个测孔,当跨度较大(例如大于 10 m)时可适当增加测孔数量。

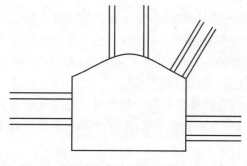

图 4-22 松动圈声波测试测控布置示意图

测孔深度应根据洞室围岩的岩性、完整程度、地应力、洞室断面等因素确定,一般应深入岩体的天然应力区内一段距离,如图 4-22 所示。

② 向试孔内注水,注满试孔为止。

4.5.3.5 试验步骤

① 测量钻孔孔口之间的距离,钻孔注水,作为探头与岩体间的耦合剂。

② 根据岩体地质情况和岩性,确定采用的声波换能器频率。

③ 开机预热。

④ 设置仪器参数,如激发方式、通道号、采样频率、延迟时间等。

⑤ 设置测试参数,如钻孔深度、孔口、孔底坐标、起始测试深度、移动间隔等。

⑥ 零时校正。

⑦ 把接收换能器和发射换能器置于测孔孔底,并使两测孔两换能器处于同样深度。

⑧ 读出起始信号到初至波的时标读数,即两探头之间岩体的纵波传播时间。

⑨ 依次把两换能器同时外挪,直到测完整个测孔为止。

⑩ 数据存盘,对下一个钻孔进行测量。

4.6　隧道锚岩体原位试验　>>>

4.6.1　工程概况

重庆几江长江大桥主桥为主跨 600 m 的双索面悬索桥,双向六车道,设计时速为 50 km/h。桥跨布置为 50 m+600 m+65 m 三跨连续方案,主跨加劲梁采用扁平型钢箱梁,桥塔采用门式框架结构,塔柱为钢筋混凝土空心结构,横系梁为预应力空心薄壁结构,塔基采用承台加桩基础,南岸采用重力式锚碇,北岸采用隧道式锚碇,边跨采用 Y 形桥墩加桩基础。北岸隧道锚碇锚塞体设计为前小后大的楔形,纵向长度为60 m,与水平线的倾角为 35°,最大埋深约为 68 m,锚体中心间距为 26.7 m。横断面顶部采用圆弧形,侧壁和底部采用直线形,前锚面尺寸为 10 m×10 m,顶部圆弧半径为 5 m,后锚面尺寸为 14 m×14 m,顶部圆弧半径为 7 m。标准组合下,单根主缆拉力为 $1.08×10^5$ kN。锚碇地区基岩为侏罗系上统遂宁组泥岩,局部夹砂岩,中等风化程度。

北岸隧道锚方案成立与否,以及如何科学、合理地优化隧道锚方案,关键在于隧道锚软弱围岩(泥岩)的剪切强度和长期强度(流变)如何准确取值,以及隧道锚在高拉拔荷载作用下的长时变形特征。目前,在软岩中修建隧道锚可供借鉴的实际工程经验较少。

鉴于高拉拔荷载作用下的软岩隧道锚碇设计及施工在国内外开展得很少,无成熟经验可供借鉴,为了验证设计方案的可靠性,并为其他类似工程提供研究资料,在重庆几江长江大桥工程北岸现场开展了隧道锚碇区现场岩体、泥岩软弱结构面、混凝土胶结面剪切试验和流变试验,以及锚碇拉拔现场缩尺模型试验研究,为设计方案与设计优化提供依据。

4.6.2　试验项目及测试

4.6.2.1　试验场地选择

本试验场地选择在实体锚西南侧的山体中,距实体锚直线距离 50~80 m。试验区与实体锚之间位置关系见图 4-23。

图 4-23　试验区与实体锚之间的位置关系示意图

　　根据方案评审专家意见进行了地质条件论证,认为试验区的地质条件与实体锚区的地质条件基本一致。为进一步探明试验区地层岩性状况,项目组对该区域开展了较为详细的地质钻探工作,共布置钻孔3个,依次编号为ZK45、ZK46和ZK47,孔深分别为42.3 m、42.1 m和67.8 m。从钻孔揭露的岩芯性质来看,实体锚区地层为泥岩和砂岩互层,共分7层,包括4层泥岩和3层砂岩。为保证试验结果能真实地反映实体锚区岩石力学性质,室内岩石力学性质试验样取自实体锚区和试验区47个钻孔钻取的岩芯,分为泥岩和砂岩两类,几乎囊括了不同地层深度钻取的岩芯;原位岩石力学性质试验亦分为泥岩和砂岩两类,试验点则分别布置在前期开挖的1#试验洞和2#试验洞中。其中,1#试验平洞位于地层的第3层风化泥岩(即第2层地层)中,2#试验平洞则位于第3层微风化砂岩(即第6层地层)中,详见图4-24。

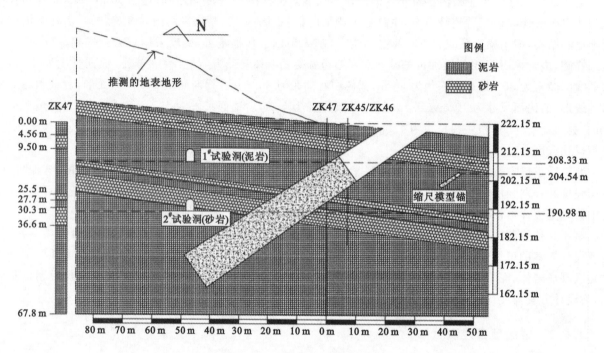

图 4-24　试验区地层与实体锚区地层之间的关系图

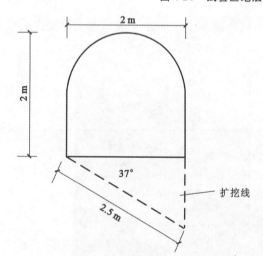

图 4-25　试验平洞断面形状及尺寸

4.6.2.2　试验平洞及试点布置

　　试验平洞由1条主洞和3条支洞组成。采用爆破方法开挖,开挖完成后对平洞进行了地质描述。主洞方向基本垂直于坡面,开挖约20 m后,分别在13 m和20 m位置向东开挖1—1#和1—3#支洞,长度分别为25 m和20 m;再在约18 m位置向西开挖1—2#支洞,长度为8 m,平洞断面尺寸为2 m×2 m,所有平洞开挖完成后,再在1—1#和1—2#支洞部分洞段的底板扩挖,使底板形成37°斜面。

　　试验平洞断面形状及尺寸见图4-25。

　　本工程原位岩石力学试验项目见表4-2。本节以岩体变形试验和岩体直剪试验为例,分别介绍其测试方法。

表 4-2　　　　　　　　　　　　　　　　原位岩体力学性质试验项目表

项目名称	测点数量
岩体变形试验	砂岩天然状态1组,泥岩铅直向和斜面各1组天然状态和1组泡水状态
岩体直剪试验	泥岩天然状态和泡水状态各1组,都为斜面

续表

项目名称	测点数量
混凝土/基岩接触面直剪试验	砂岩天然状态斜面1组,泥岩斜面天然状态和泡水状态各1组
结构面大型直剪试验	砂岩与泥岩接触面天然状态直剪试验1组,泥岩中的夹层天然状态 直剪试验1组
结构面中型直剪试验	结构面天然状态1组,结构面泡水状态1组
钻孔超声波测试	其中变形试点152 m,平洞约140 m
承压板法流变试验	铅直方向和55°方向各1点

4.6.2.3　岩体变形试验

分别对砂岩和泥岩开展刚性承压板法变形试验,以泥岩为重点,并考虑实体锚的受力条件,进行两个方向的承压板变形特性试验以及水对泥岩变形特性影响试验。

在选定的试验段根据地质情况确定试点位置,人工清除松动或者爆破扰动岩体,试点处2 m半径范围内大致平整,人工凿制成ϕ70 cm的平面或斜面,用砂轮磨成ϕ60 cm的圆面,用水清洗并擦干后,进行地质描述和照相。用添加少量早强剂的纯水泥浆粘贴承压板,第二天安装传力系统和测量系统。

试验采用刚性承压板法,承压板面积2000 cm²,用千分表(1/‰mm)或百分表(1/‰mm)测量岩体的变形,用精度为0.4级的标准压力表测量试验压力。试验最大压力为1.5~2.5 MPa,分5级施加压力。采用逐级一次循环法加压,加压、卸压后立即读数一次,此后每隔10 min读数一次,当所有测表的相邻两次读数差与同级荷载下第一次变形读数和前一级压力下最后一次变形读数差之比小于5%时,认为变形相对稳定,施加(退)下级荷载。

4.6.2.4　岩体直剪试验

在选定的部位或在混凝土与基岩直剪试验完成后,人工制备成48 cm×48 cm×40 cm的试体,用50 cm×50 cm×40 cm的钢模套在试体上,并用砂浆充填密实,养护2~3 d后安装法向和剪切向加荷系统及测量系统。

试验采用平推法,剪应力方向平行于锚体受力方向。法向应力范围为0~1.5 MPa,分3级施加,加荷前后每5 min测读一次变形读数,读数相对稳定后施加剪应力。

按预估最大剪切载荷的10%施加剪切载荷,当加荷后引起的剪切变形超过前级变形值的1.5倍时,剪切载荷减半施加,直至试体破坏,加压后稳定5 min测读一次剪切位移和法向位移。

试体剪断后,在同等法向应力下,按上述程序进行抗剪试验。在整个施加剪应力过程中保持法向应力不变。试验结束后对剪切面进行描述并照相,确定有效剪切面积。

4.6.3　试验结果分析

4.6.3.1　岩体变形特性

岩体变形现场试验统计结果见表4-3。试验表明,泥岩天然状态下的变形模量1.00~1.90 GPa,平均值1.48 GPa,弹性模量1.52~2.79 GPa,平均值2.16 GPa;泡水8 d后的变形模量0.56~1.31 GPa,平均值0.93 GPa,可见泡水8 d后岩体变形模量显著降低。砂岩天然状态下变形模量0.50~2.54 GPa,弹性模量1.51~4.27 GPa。

表4-3　　　　　　　　　　　隧道锚岩体变形试验统计结果

岩性	方向	状态	变形模量/GPa	弹性模量/GPa	简要说明
泥岩	铅直向加载	天然	$\frac{1.00\sim1.90}{1.48}$	$\frac{1.52\sim2.79}{2.16}$	较完整至完整,天然状态下有渗水
		泡水8 d	$\frac{0.56\sim1.31}{0.93}$	$\frac{1.05\sim2.29}{1.67}$	

续表

岩性	方向	状态	变形模量/GPa	弹性模量/GPa	简要说明
泥岩	55°方向加载	天然	$\dfrac{1.23\sim1.46}{1.40}$	$\dfrac{2.68\sim2.79}{2.74}$	较完整至完整,天然状态下有渗水
		泡水 8 d	$\dfrac{0.87\sim1.07}{0.97}$	$\dfrac{1.72\sim2.37}{2.05}$	
砂岩	铅直向加载	天然	0.50	1.51	根据声波反映,承压板下部有软弱夹层
		天然	$\dfrac{2.31\sim2.54}{2.42}$	$\dfrac{3.90\sim4.27}{4.08}$	较完整

4.6.3.2　岩体直剪试验

在 1# 平洞进行了一组天然状态下的直剪试验和一组泡水 8 d 的岩体直剪试验,剪切方向沿拉力方向。试验结果见表 4-4。

表 4-4　　岩体直剪试验结果

试验位置及岩性	试点编号	最大应力/MPa	抗剪断峰值强度		抗剪峰值强度		简要说明
			f'	c'/MPa	f	c/MPa	
1—3# 支洞泥岩	τntx	1.2	1.19	0.48	0.88	0.23	天然状态,剪切方向沿拉力方向
1—3# 支洞泥岩	τnpx	1.5	1.01	0.47	0.96	0.23	泡水 8 d,剪切方向沿拉力方向

天然状态下泥岩的 τ-σ 关系曲线规律性较好,抗剪断峰值强度参数 $f'=1.19$,$c'=0.48$ MPa;抗剪峰值强度参数 $f=0.88$,$c=0.23$ MPa;泥岩泡水 8 d 后抗剪断 τ-σ 关系较为离散,主要由岩体结构及软化程度影响所致,抗剪断峰值强度参数为 $f'=1.01$,$c'=0.47$ MPa;抗剪峰值强度参数 $f=0.96$,$c=0.23$ MPa。可见,天然状态与泡水状态下二者差别不大,主要原因是两组试点破坏的起伏差差异较大。

本章小结

(1)岩体原位测试是在现场制备试件模拟工程作用对岩体施加外荷载,进而求取岩体力学参数的试验方法,是岩土工程勘察的重要手段之一。岩体原位测试一般应遵循以下程序进行:① 试验方案制订和试验大纲编写;② 试验实施及过程;③ 试验资料整理与综合分析。

(2)岩体变形试验通常是指在一定的荷载作用下,为研究岩体的变形规律,测定工程设计中所需要的岩体变形特征指标(岩体变形模量、岩体弹性模量、泊松比及变形系数)而进行的岩体现场试验。采用承压板法和钻孔径向加压法进行测试。

(3)岩体强度是指岩体抵抗外力破坏的能力,和岩块一样,岩体也有抗压强度、抗拉强度和剪切强度之分。对于裂隙岩体来说,其抗拉强度很小,工程设计上一般不允许岩体中有拉应力。通常所讲的岩体强度是指岩体的抗剪强度,即岩体抵抗剪切破坏的能力。岩体强度试验主要包括:① 岩体直剪试验;② 岩体载荷试验;③ 岩体结构面直剪试验;④ 混凝土与岩体接触面直剪试验。

（4）目前，国内外使用的所有岩体应力测量方法均是在钻孔、地下开挖或岩体出露面上刻槽引起岩体中应力的扰动，然后用各种探头测量由于应力扰动而产生的各种物理变化值。最常用的岩体应力测量方法有水压致裂法、应力恢复法和应力解除法（包括孔壁应变法、孔径变形法和孔底应变法）。

独立思考

4-1　常用的岩体原位测试方法分别适用于什么范围？

4-2　常用的岩体变形试验有哪几种？分别得到哪些岩体参数？它们的原理是什么？有哪些试验要点？

4-3　常用的岩体强度试验有哪几种？分别得到哪些岩体参数？它们的原理是什么？有哪些试验要点？

4-4　常用的岩体应力试验有哪几种？分别得到哪些岩体参数？它们的原理是什么？有哪些试验要点？

4-5　声波探头的选取原则是什么？为什么要进行洞室围岩松动圈的声波测试？弹性波的波速有哪些影响因素？

5

山岭隧道施工监控量测

课前导读

▽ 知识点

　　山岭隧道监控量测的目的与意义，监控量测项目所使用的仪器及其原理与方法，测点位置及测试断面布置原则，监测频率及预警值，监测报告编制。

▽ 重点

　　地下洞室监控量测的主要内容及方法，测点布置位置及断面布置原则。

▽ 难点

　　地下洞室监测使用仪器的原理及预警值的确定，量测数据的处理及反馈。

5.1 概　　述 　》》》

山岭隧道施工过程中使用各种类型的仪表和工具,对围岩和支护、衬砌的力学行为以及它们之间的力学关系进行量测和观察,并对其稳定性进行评价,统称监控量测。它是保证工程质量的重要措施,也是判断围岩和衬砌是否稳定、保证施工安全、指导施工顺序、进行施工管理、提供设计信息的主要手段。

山岭隧道最早的设计理论来自苏联的普氏地压理论。普氏地压理论认为在山岩中开挖隧洞后,洞顶有一部分岩体将可能因松动而产生塌落,塌落之后形成拱形,隧洞才能稳定,这种拱形塌落体作用在衬砌上的荷载就是围岩压力,最后按结构上承受这些围岩的压力来设计结构,这种方法与地面结构的设计方法相仿,归类为荷载结构法。经过较长时间的实践,人们发现这种方法只适合于明挖回填法施工的地下洞室。随后,人们逐渐认识到了围岩对结构受力变形的约束作用,提出了假定抗力法和弹性地基梁法,这类方法对于覆盖层厚度不大的暗挖地下结构的设计计算是较为合适的。把地下洞室与围岩看作一个整体,按连续介质力学理论计算地下洞室及围岩的内力。随着岩体介质本构关系研究的进步与数值方法和计算机技术的发展,连续介质方法已能求解各种洞型、多种支护形式的弹性、弹塑性、黏弹性和黏弹塑性解,成为地下洞室计算中较为完整的理论。但由于岩体介质和地质条件的复杂性,计算所需的输入量(初始地应力、弹性模量、泊松比等)都有很大的不确定性,因而大大地限制了这类方法的实用性。

新奥法是新奥地利隧道施工方法的简称,原文是 New Austrian Tunneling Method,简称 NATM。它是来自奥地利的拉布西维兹(L. V. Rabcewicz)教授在长期从事隧道施工实践中从岩石力学的观点出发而提出的一种合理的施工方法,是采用喷锚技术、施工测试等与岩石力学理论构成一个体系而形成的一种新的工程施工方法。在新奥法施工过程中,密切监测围岩变形和应力等,通过调整支护措施来控制变形,来最大限度地发挥围岩本身的自承能力。新奥法施工过程中最容易得到而且最直接的监测结果是位移,而要控制的是隧洞的变形量,因而,人们开始研究用位移监测资料来确定合理的支护结构形式及其设置时间的收敛限制法设计理论。

在以上研究的基础上,近年来又发展出地下洞室信息化设计和信息化施工方法。它是在施工过程中布置监控测试系统,从现场围岩的开挖及支护过程中获得围岩稳定性及支护系统的工作状态信息,通过分析研究这些信息以间接地描述围岩稳定性和支护作用,并反馈于施工决策和支持系统,修正和确定新的开挖方案的支护参数,这个过程随每次开挖掘进和支护的循环进行一次。

图 5-1 是施工监控量测和信息化设计流程图,以施工监控量测、力学计算以及经验方法相结合,建立了地下洞室特有的设计施工程序。与地面工程不同,在地下洞室设计施工过程中,勘察、设计、施工等环节允许有交叉、反复。在初步地质调查的基础上,根据经验方法或通过力学计算进行预设计,初步选定支护参数。然后,还须在施工过程中根据监测所获得的关于围岩稳定性、支护系统力学及工作状态的信息,对施工过程和支护参数进行调整。施工实测表明,对于设计所做的这种调整和修改是十分必要和有效的。这种方法并不排斥以往的各种计算、模型试验及经验类比等设计方法,而是把它们最大限度地融入自己的决策支持系统中去,发挥各种方法特有的长处。

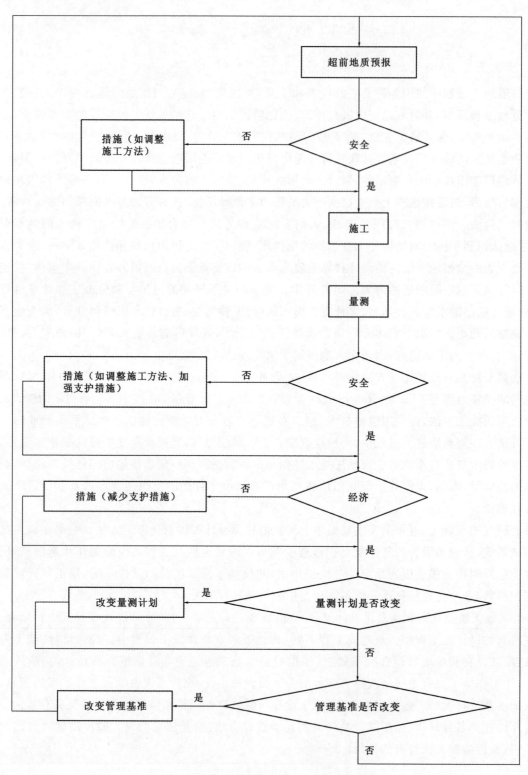

图 5-1 施工监控量测和信息化设计流程图

5.2 现场量测内容 ≫

隧道施工的监控量测旨在收集可反映施工过程中围岩动态的信息,据以判定隧道围岩的稳定状态,以及所定支护结构参数和施工的合理性。因此,量测项目可分为必测项目和选测项目两大类。

5.2.1 必测项目

必测项目是必须进行的常规量测项目,是为了在施工中确保围岩稳定、判断支护结构工作状态、指导设计施工的经常性量测。这类量测通常测试方法简单、费用少、可靠性高,但对监视围岩稳定和指导设计、施工有巨大的作用。必测项目是新奥法量测的重点,主要内容见表5-1。

表5-1　　　　　　　　　　　隧道施工的监控量测必测项目

序号	项目名称	方法及工具	测点布置	测试精度	量测间隔时间			
					1～15 d	16 d～1个月	1～3个月	大于3个月
1	洞内、外观察	现场观测,地质罗盘等	开挖及初期支护后进行	—	—			
2	周边位移	各种类型收敛计、全站仪或其他非接触量测仪器	每隔5～100 m一个断面,每一断面2～3对测点	0.5 mm(预留变形量不大于30 mm)	1～2次/d	1次/2 d	1～2次/周	1～3次/月
3	拱顶下沉	水准仪、钢钢尺、全站仪	每隔5～100 m一个断面	1 mm(预留变形量大于30 mm)	1～2次/d	1次/2 d	1～2次/周	1～3次/月
4	地表下沉	水准仪、钢钢尺、全站仪	洞口段、浅埋段($h\leq 2.5b$),布置不少于2个断面,每断面不少于3个测点	0.5 mm	当开挖面距量测断面前后小于2.5b时,为1～2次/d;当开挖面距量测断面前后小于5b时,为1次/(2～3)d;当开挖面距量测断面前后大于或等于5b时,为1次/(3～7)d			

注:b表示隧道开挖宽度,h表示隧道埋深。

5.2.2 选测项目

选测项目是对一些有特殊意义和具有代表性的区段进行补充测试,以求更深入地了解围岩的松动范围和稳定状态以及喷锚支护的效果,为未开挖区段的设计与施工积累现场资料。这类量测项目较多,测试较为麻烦,费用较高。因此,除了有特殊量测任务的地段外,一般根据需要选择其中一些必要的项目进行量测。量测项目见表5-2。

表5-2　　　　　　　　　　　隧道施工的监控量测选测项目

序号	项目名称	方法及工具	测点布置	测试精度	量测间隔时间			
					1～15 d	16 d～1个月	1～3个月	大于3个月
1	钢架内力及外力	支柱压力计或其他测力计	每一代表性地段1～2个断面,每一断面钢支撑3～7个测点,或外力2个测点	0.1 MPa	1～2次/d	1次/2 d	1～2次/周	1～3次/周

续表

序号	项目名称	方法及工具	测点布置	测试精度	量测间隔时间			
					1～15 d	16 d～1个月	1～3个月	大于3个月
2	围岩体内位移（洞内设点）	洞内钻孔安设单点、多点位移计	每一代表性地段1～2个断面，每一断面3～7个钻孔	0.1 mm	1～2次/d	1次/2 d	1～2次/周	1～3次/月
3	围岩体内位移（地表设点）	地面钻孔中安设各类位移计	每一代表性地段1～2个断面，每一断面3～5个钻孔	0.1 mm	同地表下沉要求			
4	围岩压力	各种类型岩土压力盒	每一代表性地段1～2个断面，每一断面3～7个测点	0.01 MPa	1～2次/d	1次/2 d	1～2次/周	1～3次/月
5	两层支护间压力	压力盒	每一代表性地段1～2个断面，每一断面3～7个测点	0.01 MPa	1～2次/d	1次/2 d	1～2次/周	1～3次/月
6	锚杆轴力	钢筋计、锚杆测力计	每一代表性地段1～2个断面，每一断面3～7根锚杆，每根锚杆2～4测点	0.01 MPa	1～2次/d	1次/2 d	1～2次/周	1～3次/月
7	支护、衬砌内应力	各类混凝土内应变计及表面应力解除法	每一代表性地段1～2个断面，每一断面3～7个测点	0.01 MPa	1～2次/d	1次/2 d	1～2次/周	1～3次/月
8	围岩弹性波速度	各种声波仪及配套探头	在有代表性的地段设置	—				
9	爆破震动	测振及配套传感器	邻近建(构)筑物	—	随爆破进行			
10	渗水压力、水流量	渗压计、流量计	—	0.01 MPa	—			
11	地表下沉	水准测量的方法，水准仪、钢钢尺等	有特殊要求段落	0.5 mm	当开挖面距量测断面前后小于2.5b时，为1～2次/d；当开挖面距量测断面前后小于5b时，为1次/(2～3)d；当开挖面距量测断面前后大于或等于5b时，为1次/(3～7)d			

注：b表示隧道开挖宽度。

5.2.3　洞内、外观察

在地下工程中,开挖前的地质勘探工作很难提供非常准确的地质资料,所以,在施工过程中对前进的开挖工作面附近围岩的岩石性质、状态应进行目测。对开挖后动态进行目测,对被覆后围岩动态进行目测,在新奥法量测项目中占有很重要的地位。

5.2.3.1　观察目的

对于围岩稳定性的监测,细致的目测观察是既省事而作用又很大的监测方法,它可以获得与围岩稳定状态有关的直观信息,应当予以足够的重视,所以目测观察是新奥法量测中的必测项目。隧道目测观察的目的是:

① 预测开挖面前方的地质条件。

② 为判断围岩、隧道的稳定性提供地质依据。

③ 根据喷层表面状态及锚杆的工作状态,分析支护结构的可靠程度。

5.2.3.2　目测观察内容和时间要求

(1) 开挖后没有支护的围岩目测观察内容

对开挖后没有支护的围岩进行目测观察,主要是为了解开挖工作面的工程地质和水文地质条件。

① 岩质种类和分布状态,界面位置的状态。

② 岩性特征:岩石的颜色、成分、结构、构造。

③ 地层时代归属及产状。

④ 节理性质、组数、间距、规模,节理裂隙的发育程度和方向性,断面状态特征,充填物的类型和产状等。

⑤ 断层的性质、产状、破碎带宽度、特征。

⑥ 地下水类型、涌水量、涌水位置、涌水压力、水的化学成分及湿度等。

⑦ 开挖工作面的稳定状态,顶板有无剥落现象。

对于目测观察到的有关情况和现象,应详细记录并绘制以下图册。

① 绘制隧道开挖工作面及两帮素描剖面图。要求每个监测断面绘制剖面图 1 张。

② 剖面图位置及间距。一般情况下剖面图的间距应随岩性、构造、水文地质条件的不同而不同。

a. V 级围岩剖面素描图间距为 10 m。

b. Ⅳ级围岩剖面素描图间距为 20 m。

c. Ⅲ级围岩剖面素描图间距为 40 m。

d. Ⅱ级围岩剖面素描图间距为 50～100 m。

③ 现场绘出草图,室内清绘成正规图件,装订成册。

(2) 开挖后已支护段的目测观察内容

① 初期支护完成后对喷层表面的观察以及裂缝状况的描述和记录。

② 有无锚杆被拉脱或垫板陷入围岩内部的现象。

③ 喷射混凝土是否产生裂隙或剥离,要特别注意喷射混凝土是否发生剪切破坏。

④ 有无锚杆和喷射混凝土施工质量问题。

⑤ 钢拱架有无被压屈现象。

⑥ 是否有底鼓现象。观察时,如果发现异常现象,要详细记录发现时间、距开挖工作面的距离以及附近测点的各项量测数据。

(3) 目测观察时间要求

每次隧道开挖工作面爆破后应立即观察情况及有关现象,按要求及时记录整理。

5.2.3.3　目测观察中围岩的破坏形态分析

(1) 危险性不大的破坏

构筑仰拱后,在拱肩部出现的剪切破坏,一般都进展缓慢,危险性不大,特别是当拱肩部的剪切破坏面上有锚杆穿过时,因锚杆的抵抗作用,更不会发生急剧破坏。

（2）危险性较大的破坏

在没有构筑仰拱的情况下,当隧道内空变位速度收敛很慢且内空变位量很大时,拱顶喷射混凝土因受弯曲压缩而产生裂隙的破坏常常进展急剧,时常伴有混凝土碎片飞散,是一种危险性较大的破坏。

（3）塌方征兆的破坏

拱顶喷射混凝土层出现对称的、可能向下滑落的剪切破坏的现象,或侧墙发生向内侧滑动的剪切破坏,并伴有底鼓现象时,都会产生塌方事故的破坏形态。

5.2.3.4 利用目测观察结果修改设计方案与指导施工

利用目测观察结果可以修改设计方案、指导施工,具体如下。

① 开挖后目测观察到的地质情况与开挖前勘测结果有很大不同时,则应根据目测观察的情况重新修改设计方案。变更后的围岩类别、地下水情况以及围岩稳定性状态等,由设计单位和监理组确认,报主管部门审批后,对原设计方案进行修改,以便选择可行的施工方法与合理地调整有关设计参数。

② 当发现开挖工作面自稳时间少于 1 h 的情况时,则可采取下列措施：

a.采用环形切割法进行开挖,先使核心部残留、支护后再开挖核心部。

b.采用分块开挖法。

c.对开挖工作面前方拱顶用斜锚杆支护后再开挖。

d.对开挖工作面做喷射混凝土防护后再开挖。

e.用水平超前木锚杆或玻璃纤维束锚杆对开挖工作面加固后再开挖。

f.对围岩进行注浆加固后再开挖。

③ 开挖后支护前,发现顶板存在剥落现象时,可采取下列措施：

a.开挖后尽快施作喷射混凝土层,缩短掘进作业时间。

b.对开挖工作面前方拱顶用斜锚杆进行预支护后再开挖。

c.缩短一次掘进长度。

d.采用分块开挖法。

e.增加钢拱架加强支护。

f.对围岩进行注浆加固后再开挖。

④ 开挖工作面有涌水时,可根据涌水量由小到大依次选取下列措施中的一项或几项：

a.增加喷射混凝土中的速凝剂含量,加快凝结速度。

b.使用编织金属网改善喷射混凝土的附着条件。

c.对岩面进行排水处理。

d.设置防水层。

e.打排水孔或设排水导坑。

f.对围岩进行注浆加固。

⑤ 发现有锚杆拉断或垫板陷入围岩壁面内的情况时,可采取下列措施：

a.加大锚杆长度。

b.使用有弹簧垫圈的垫板。

c.使用高强度锚杆。

⑥ 发现有喷射混凝土与岩面黏结不好的悬空现象时,可采取下列措施：

a.开挖后尽早进行喷射混凝土作业。

b.在喷射混凝土层中加设编织金属网。

c.增加喷射混凝土层厚度。

d.增长锚杆或增加锚杆数量。

⑦ 发现钢拱架有压屈现象时,可采取下列措施：

a.适当放松钢拱架的连接螺栓。

b.使用可缩性 U 形钢拱架。

c.喷射混凝土层留出伸缩缝。

d.加大锚杆长度。

⑧ 发现喷射混凝土层有剪切破坏时,可采取下列措施:

a.在喷射混凝土层增设金属网。

b.施作喷射混凝土时留出伸缩缝。

c.增加锚杆长度。

d.使用钢拱架或 U 形可缩性钢拱架。

⑨ 发现有底鼓现象或侧墙向内滑移现象时,可采取下列措施:

a.尽快施作喷射混凝土仰拱,使断面尽早闭合。

b.在仰拱部打设锚杆。

c.原设计方案采用全断面开挖时,可用台阶法开挖;原设计方案采用长台阶或短台阶开挖时,可缩短台阶长度或改用小台阶法开挖,以缩短支护结构形成闭合断面的时间。

上述这些根据目测观察结果修改设计方案的措施,可以根据破坏现象程度的不同,单独采用一项或同时采用几项,在确定采用某项措施前,有时还须参考其他一些量测结果,特别是参考内空变位量测结果进行综合分析后再做决定。对于新发现的破坏现象,必须排除因施工质量不符合要求所导致的结果,否则难以对破坏现象做出正确的判断。

5.2.4　周边位移及拱顶下沉量测

隧道新奥法施工,比较强调研究围岩变形,因为岩体变形是其应力形态变化的最直观反映,对于地下空间的稳定性能提供可靠的信息,也比较容易测得。

围岩的变形特征,除了可以作为进行围岩稳定性评价和支护结构设计的依据外,由于它本身包含岩性和岩体应力等信息,所以也是对隧道围岩进行分类的重要依据。围岩位移有绝对位移和相对位移之分。绝对位移是指隧道围岩或隧道顶、底板及侧端某一部位的实际移动值。其测量方法是在距实测点较远的地方设置一基点(该点坐标已知,且不再产生移动),然后定期用经纬仪和水准仪自基点向实测点进行量测,根据前后两次观测所得的标高及方位变化,即可确定隧道围岩的绝对位移量。但是,绝对位移量测需要花费较长的时间,并受现场施工条件限制,除非必需,一般不进行绝对位移的量测。同时,在一般情况下并不需要获得绝对位移,只需及时了解围岩相对位移的变化,相应地采取某些技术措施,便能确保生产安全,因此现场测试多测量相对位移。

隧道围岩周边各点趋向隧道中心的变形称为收敛。所谓隧道收敛位移量测,主要是指对隧道壁面两点间水平距离的变形量的量测,拱顶下沉以及底板隆起位移量的量测等。它是判断围岩动态的最主要的量测项目,特别是当围岩为垂直岩层时,内空收敛位移量测更具有非常重要的意义。这项量测设备简单、操作方便,对围岩动态监测所起的作用很大,在各个项目量测中,如果能找出内空收敛位移与其他量测项目之间的规律性,还可省掉一些其他项目的量测。

5.2.4.1　量测目的

① 周边位移及拱顶下沉是隧道围岩应力状态变化的最直观反映,量测周边位移及拱顶下沉可为判断隧道空间的稳定性提供可靠的信息。

② 根据变位速度判断隧道围岩的稳定程度,为二次衬砌提供合理的支护时机。

③ 指导现场设计与施工。

5.2.4.2　量测设备的选择

量测隧道周边位移的仪器多为收敛计或全站仪,其中收敛计是一种能量测两点间距离或距离变化的仪器,具有质量轻、体积小、精度高、性能稳定等优点。其主要由微轴承联结转向器、测力弹簧与测距装置三部分组成。目前,国内外生产的收敛计种类很多,常用的收敛计为机械式收敛计和数显式收敛计,应当根据隧道跨度的不同和各隧道所要求的量测精度的不同来选择。

为了使收敛计量测时准确、可靠,确保量测精度,使用时必须注意以下几点。

(1)悬挂仪器,调整张紧力

量测前先估计出两点间大致距离,将钢带尺固定在所需的长度上(拉出钢带尺,将定位孔固定在钢尺定位销内),并将螺旋测微器旋到最大读数位置(25 mm 处)上。将收敛计两端的微轴承联结转向器分别套在待测的两个圆柱形测点内,一只手托住收敛计,另一只手旋进螺旋测微器,使钢带尺渐渐处于张紧状态。此时,测力弹簧被压缩,测力弹簧导杆逐渐被拉出,当测力弹簧导杆上拉力刻度线与导套上窗口处刻度线重合时,两手离开收敛计,并使收敛计轻轻上下振动,振动停止时观察刻度线是否重合。若不重合,重复上述调整,直至仪器在悬垂状态下两条刻度线重合时为止。此时,张紧力已调整(10 m 量程收敛计张紧力为 50 kN,15~20 m 量程收敛计张紧力为 60 kN,30 m 量程收敛计张紧力为 70 kN)。

(2)读数

定位销处钢带尺读数称长度首数,螺旋测微器读数称长度尾数,长度首数与长度尾数之和即为两点间距离。

(3)收敛值

收敛值是指已知两测点间在某一时间段内距离的改变量。令 t_1 时刻观测值为 R_1,t_2 时刻观测值为 R_2,则收敛值 $\Delta u_2 = R_1 - R_2$,此值除以时间 $\Delta t = t_2 - t_1$,即为收敛速度。必须指出,若前后两次观测时的量测方法相同,即收敛计悬挂方向相同,钢带尺张紧力调整过程相间,则可以消除仪器悬挂、调整张力等所产生的误差,提高量测精度。

由于收敛计微读数是随隧道内空的缩小而减小的,计算第 i 次与上一次量测的收敛差值为:

$$\Delta u_i = R_{i-1} - R_i \tag{5-1}$$

第 n 次量测的总收敛值为:

$$u_n = \sum_{i=2}^{n} \Delta u_i \tag{5-2}$$

(4)钢带尺刻度误差消除

任何类型收敛计的钢带尺定位孔位都有误差,称为刻度误差。刻度误差是不可避免的,但可通过量测方法将其消除而不影响量测结果的精度,一般有以下两种情况:

① 换孔前后均能读数。钢带尺定位孔间距 20 mm,螺旋测微器量程 25 mm,当螺旋测微器读数值小于 5 mm 时,钢带尺需要换孔量测,换孔前量测一次,令螺旋测微器读数为 R',旋转螺旋测微器至 25 mm,钢带尺换孔,换孔后再测一次,令螺旋测微器读数为 R'',则孔位读数 $m = R'' - R' - \Delta A$(ΔA 为钢带尺定位孔间距,$\Delta A = 20$ mm)。

孔位误差求出后对换孔观测值进行修正,即可求得正确的观测值。

② 换孔前不能读数。当量测间隔时间内出现较大变形,换孔前不能读数时,则应按式(5-3)计算收敛值:

$$\Delta u_i = R_{i-1} - R_i + K\Delta A \quad (K \text{ 为换孔个数}) \tag{5-3}$$

(5)测值温度修正

由于钢尺受温度变化的影响会产生热胀冷缩,而每次观测环境温度不尽相同,即要对观测值进行温度修正,以消除变温引起的误差。一般以 20 ℃ 为标准,其修正值为:

$$R_i = L_i \alpha (20 - t_i) \tag{5-4}$$

$$R_{it} = R_i + R_t \tag{5-5}$$

式中,R_{it} 为第 i 次量测的真实读数,mm;R_i 为第 i 次量测的实测读数,mm;R_t 为因温度变化的读数的变化值,mm;L_i 为第 i 次量测时的钢尺挂孔长度;α 为钢尺线膨胀系数,其值 $\alpha = 12.6 \times 10^{-6} ℃^{-1}$;$t_i$ 为第 i 次量测时的环境温度,℃。

5.2.4.3 监测断面的设置

（1）量测断面间距及测点数量

根据围岩级别、隧道埋深、断面大小、开挖方法、支护形式等按表 5-3 确定量测断面间距，测点的布置形式如图 5-2 所示。

表 5-3 量测断面间距

围岩级别	断面间距/m
V～Ⅵ	5～10
Ⅳ	10～20
Ⅲ	20～50
Ⅰ～Ⅱ	50～100

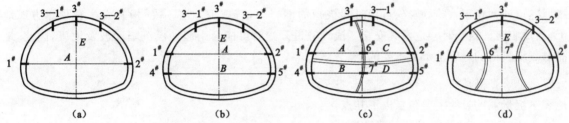

图 5-2 隧道周边位移和拱顶下沉量测测点布置

（a）全断面法测点布置示意图；（b）台阶法测点布置示意图；
（c）中隔壁法或交叉中隔壁法测点布置示意图；（d）双侧壁导洞法测点布置图

（2）量测频率

根据围岩变形规律，变形量在开挖后初期变形大，然后逐渐变缓，最后趋于稳定，根据《公路隧道施工技术规范》（JTG/T 3660—2020）规定，周边位移和拱顶下沉的量测频度除应符合表 5-2 规定外，尚应符合表 5-4 和表 5-5 的规定。

表 5-4 周边位移和拱顶下沉的量测频率（按位移速度）

位移速度/(mm/d)	量测频率
≥5	2～3 次/d
1～5	1 次/d
0.5～1	1 次/(2～3)d
0.2～0.5	1 次/3 d
<0.2	1 次/(3～7)d

表 5-5 周边位移和拱顶下沉的量测频率（按距开挖面距离）

量测断面距开挖面距离/m	量测频率
(0～1)b	2 次/d
(1～2)b	1 次/d
(2～5)b	1 次/(2～3)d
>5b	1 次/(3～7)d

注：b 为隧道开挖深度。

5.2.4.4　测桩埋设与测线布置

当采用全断面开挖时,在一般地段每个监测断面通常埋设测桩 1#、2#、3#、4#、5# 共 5 个,布置 AE 共 2 条测线,如图 5-2 所示。

若为台阶法开挖,可先埋设 1#、2#、3#、3—1#、3—2# 测桩,对 AE 2 条测线进行量测。当下台阶开挖到达相应的监测断面位置时,再埋设 4#、5# 测桩,对下部 B 线进行量测。

在特殊地段,根据具体情况,可另增设测线,如图 5-2(c)、(d)所示。

对埋设测桩的要求为:

① 1#、2#、3#、4# 及 5# 测桩应埋设在同一垂直平面内。

② 1# 和 2# 及 4# 和 5# 测桩分别在同一水平线上,3# 测桩应埋设在拱顶中央。

③ 1#、2# 测桩应埋设在起拱线附近,4#、5# 测桩应埋设在施工底面上 1.5 m 左右。

5.2.5　地表下沉量测

浅埋隧道通常位于软弱、破碎、自稳时间极短的围岩中,若施工方法不妥,极易发生冒顶塌方或地表有害下沉,当地表有建筑物时会危及其安全。浅埋隧道开挖时可能会引起地层沉陷而波及地表,因此,地表下沉量测对浅埋隧道的施工是十分重要的。

5.2.5.1　量测目的

地表下沉量测的目的主要包括以下几点:

① 掌握地表下沉的范围以及下沉量的大小。

② 掌握地表下沉量随工作面推进的变化规律。

③ 掌握地表下沉稳定的时间。

5.2.5.2　量测方法及测点布置

(1) 量测方法

一般用水准仪量测,其量测精度为±0.5 mm。

浅埋隧道地表沉降以及沉降的发展趋势是判断隧道围岩稳定性的一个重要标志。用水准仪在地面量测,简易可行,量测结果能反映浅埋隧道开挖过程中围岩变形的全过程。

如果需要了解地表下沉量,可在地表钻孔埋设单点或多点位移计进行量测。浅埋隧道地表下沉量测的重要性随埋深变浅而增加,如表 5-6 所示。

表 5-6　　　　　　　　　　地表沉降量测的重要性

埋深	重要性	量测与否	埋深	重要性	量测与否
$h>3b$	小	不必要	$b<h\leq2b$	重要	必须量测
$2b<h\leq3b$	一般	最好量测	$h\leq b$	非常重要	必须列为主要量测项目

注:b 为隧道开挖深度,h 为隧道埋深。

(2) 测点布置

地表下沉量测宜布置在周边位移量测基线和拱顶下沉量测测点所在的断面内,其纵向(隧道中线方向)间距可按表 5-7 选用。每个隧道至少布置两个纵向断面。

表 5-7　　　　　　　　　　地表下沉测点纵向间距

隧道埋深	测点间距/m	隧道埋深	测点间距/m
$h>2.5b$	视情况布设断面	$h\leq b$	5~10
$b<h\leq2.5b$	10~20		

注:b 为隧道开挖宽度,h 为隧道埋深。

由于浅埋隧道距地表较近,地质条件复杂,岩土性极差,施工时多采用台阶分部开挖,因此,纵向断面布置测点的超前距离为隧道距地表的深度 h 与上台阶高度 h_1 之和,即 $(h+h_1)$。于是整个纵向测定区间的长度为 $[(h+h_1)+(2\sim5)b+h']$(h' 为上台阶开挖超前下台阶的距离),如图 5-3 所示。如果采用全断面开挖,为了掌握地表下沉规律,应从工作面前方 $2b$ 处开始量测地表下沉。

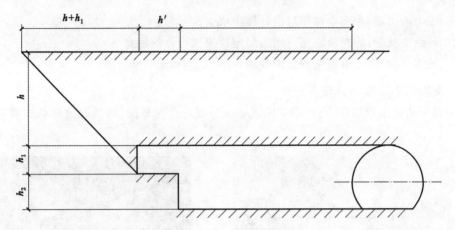

图 5-3　地表下沉测量测区间

地表下沉量测在横断面上量测范围应大于隧道开挖影响范围,两测点间的距离为 $2\sim5$ m。在隧道中线附近测点应布置得密些,远离隧道中线应稀疏些,如图 5-4 所示。

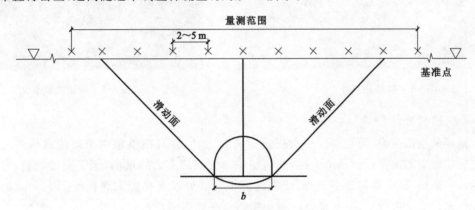

图 5-4　地表下沉横断面测点布置

5.2.5.3　量测频度

地表下沉量测在量测区间内,当开挖面与量测断面前后距离 $d\leqslant2.5b$ 时,每天量测 $1\sim2$ 次;当 $2.5b<d\leqslant5b$ 时,每 2 天量测 1 次;当 $d>5b$ 时,每周量测 1 次。

5.2.5.4　量测数据整理

根据每次的量测数据,经整理绘出以下曲线以便分析研究。

① 地表纵向下沉量-时间关系曲线。

② 地表横向下沉量-时间关系曲线。

从两曲线图中可以看出地表下沉量与时间的关系,以及最大下沉量所产生的部位等。如果地面有建筑物最大下沉量的控制标准,应根据地面结构的类型和质量要求而定,为 $1\sim2$ cm。在弯变点处的地表倾斜应小于结构的要求,一般应小于 1/300。

根据回归分析,如果地表下沉量超过上述标准,应采取措施。

5.2.6　钢架内力及外力量测

一般多采用钢架喷射混凝土作为初期支护的情形为:在自稳时间很短的 Ⅴ、Ⅵ 级围岩隧道施工时;在浅埋、偏压隧道早期围岩压力增长快,需要提高初期支护的强度和刚度时;在砂、卵石、土夹层大面积淋水地段以及为了抑制围岩大的变形需要增强支护抗力时。另外,当隧道施工需要施作超前支护时,需设置钢架作为超前锚杆或超前小钢管的支承构件。钢架作为施工中的重要受力构件,掌握其受力与工作状态对施工安全进行有着重要作用,所以施工过程中应重视对钢架的监控量测。

5.2.6.1 量测目的

① 了解钢架受力的大小,为钢架选型与设计提供依据。

② 根据钢架的受力状态,为判断隧道空间的稳定性提供可靠的信息。

③ 了解钢架的工作状态,评价钢架的支护效果。

5.2.6.2 量测设备与量测方法

钢拱架内力及外力采用钢筋应力计(图5-5)或表面应变计进行量测,然后通过振弦式频率仪(图5-6)进行数据的读取。

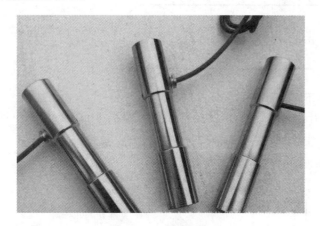
图 5-5 钢筋应力计

图 5-6 振弦式频率仪

5.2.6.3 钢筋应力计安设

为了测定钢架所受的应力,可在拱顶中央安设钢筋应力计,并且由拱顶中央向隧道两侧沿隧道壁按一定距离在相应的位置对称地安设钢筋应力计,进行相关部位钢架应力的量测,至于安设数量,可根据现场的具体情况确定。一般情况下,除拱顶中央外,应在两侧拱肩线处以及在施工底板线上1.5 m的侧墙的各对应位置上各设钢筋应力计进行量测,其他部位可根据需要在隧道两侧对称布置。

钢架可选用Ⅰ型钢(或钢轨)、H型钢、U型钢、钢管、钢筋格栅等轻型钢材制成,并根据围岩情况进行选用。目前,现场多用Ⅰ型钢(或钢轨)或主筋直径不小于22 mm的钢筋焊接的钢筋格栅钢架。为了使得钢筋应力计能与钢架一起受力,在布设点采用焊接方式将钢筋应力计焊接在钢架上。钢筋应力计的安设如图5-7所示。

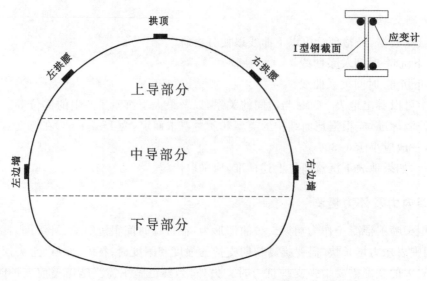
图 5-7 钢筋应力计的安设示意图

5.2.6.4　量测与量测数据分析

钢架受力的量测工作,应与围岩内空变形的量测工作同步进行,量测频度可参照围岩内变形的量测时间间隔进行。对整理出的资料应做以下分析:

① 根据同一时间内所测定的钢架受力与隧道围岩变形的大小,可以获得隧道围岩位移-钢架应力间的关系。

② 通过分析钢架受载与围岩变形关系,了解钢架的工作状态和对围岩的适应性,为设计合理的钢架提供依据。

③ 分析在整个观测过程中,隧道围岩变形与围岩压力的关系,确定在规定围岩条件下支护结构应具有的力学特性。

④ 隧道围岩级别低于Ⅳ级,开挖时常采用各种类型的钢架进行支护,由于围岩级别低、稳定性差,施工中多采用上下部分次开挖。当下部跳挖马口容易扰动架脚,造成上部拱架松动下落时,轻则支护作用受到影响,重则可能导致局部坍塌。特别是当倾斜岩层出现时,极易产生顺层滑坍,影响钢架作用的发挥。这时,如果上部拱架上设有钢架应力计,就能从其读数变化情况判断下部开挖对上部支护结构的影响。由此可根据量测结果,调整马口开挖宽度,保障下部开挖的安全。

5.2.7　围岩体内位移量测

5.2.7.1　量测的目的

为了探明支护系统上承受的荷载,进一步研究支护与围岩相互作用的关系,不仅需要量测支护空间产生的相对位移(或空间断面的变形),还需要对围岩深部岩体位移进行监测,因此围岩体内位移量测的目的为:

① 确定围岩位移随深度变化的关系。

② 找出围岩的移动范围,深入研究支架与围岩相互作用的关系。

③ 判断开挖后围岩的松动区、强度下降区以及弹性区的范围。

④ 判断锚杆长度是否适宜,以便确定合理的锚杆长度。

5.2.7.2　量测设备的选择

围岩体内位移量测的设备主要是位移计,它可量测隧道不同深度处围岩位移量,随着岩土工程的发展,位移计被广泛地应用于地下空间围岩稳定性的量测。

位移计按测试装置的工作原理可分为电测式位移计和机械式位移计。电测式位移计是把非电量的位移量通过传感器的机械运动转化为电量变化信号输出,再由导线传送给二次仪表,接收并显示。电测式位移计施测方便、操作安全、能够遥控、适应性强、灵敏度高,但受外界干扰较大,读数易受多种因素的综合影响,稳定性较差,且费用较高。目前较多采用机械式位移计测取位移量的数值。位移计按测点数量可分为单点位移计和多点位移计。单点位移计只能量测围岩内某一深度处的位移量;而多点位移计可在围岩内部不同深度埋设多个测点,同时量测围岩内不同深度处位移量。一般来说,在工程实践中多点位移计被广泛采用。

(1) 单点位移计的结构

单点位移计实际上是由端部固定于钻孔底部的一根锚杆加上孔口组成的测读装置,如图5-8所示。这种位移计包括三部分,即楔缝式内锚头、位移传递杆和孔口测读部分(包括定位器、测环和百分表)。位移计可以从地表埋入,也可以从洞内埋入,如图5-9所示。

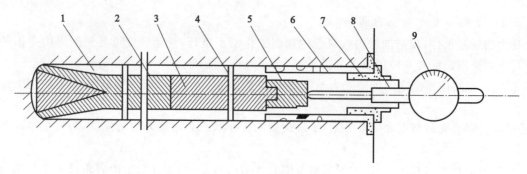

图 5-8　单点位移计装置

1—砂浆；2—锚杆体；3—连接杆；4—固定环；5—测头；6—外壳；7—定位器；8—测环；9—百分表

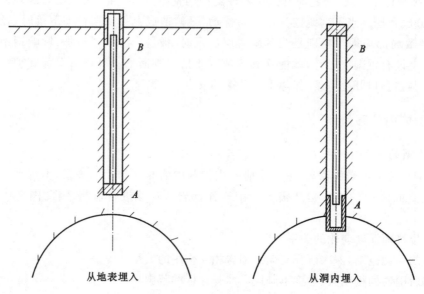

从地表埋入　　　　　　　　　　从洞内埋入

图 5-9　单点位移计测试

单点位移计安装在钻孔中,锚杆体可用直径 22 mm 的钢筋制作,锚固端用楔子与钻孔壁楔紧,有时为了锚固牢靠,可在孔底锚头处注入适量水泥砂浆。为了防止杆体偏斜,在钻孔内相隔一定距离设有固定环 4,使杆体位于钻孔中央。在端体自由端装有测头 5,可自由伸缩,测头平整光滑。定位器 7 固定于钻孔孔口的外壳 6 上,测量时将测环 8 插入定位器中,测环和定位器上都有刻痕,插入量测时,将两者的刻痕对准,测环上安装有百分表 9 以测取读数。为了防止测读装置锈蚀,影响量测的准确性,测头、定位器和测环用不锈钢制作。

用百分表所测得的读数 u 的差值 $\Delta u = u_1 - u_2$,即为 A、B 两点间沿钻孔方向上的相对位移,如图 5-9 所示。若 A、B 之中有一点的绝对值已知,则另一点的位移即可随之确定。如果从地表埋入位移计,在这种情况下,孔口点的绝对位移可以用水准测量方法获得,因此岩体中点的绝对位移也可随之确定。从隧道内部打钻孔埋入的单点位移计,量测所得的位移量是隧道壁面与单点位移计固定点之间的相对位移,若钻孔相当深,则可认为孔底位移为零,此时百分表测得的位移差值即为隧道围岩表面的绝对位移。

在同一量测断面内,若设置不同深度的单点位移计,可测得不同深度的岩层相对洞壁的位移量,据此可画出距洞壁不同深度的位移量的变化曲线。单点位移计通常多与多点位移计配合使用。

单点位移计结构简单,制作容易,测试精度高且钻孔直径小,受外界干扰小,容易保护,因而可紧跟爆破工作面安设。

(2) 多点位移计的工作原理与结构

多点位移计的工作原理是将隧道围岩内部不同深度处某些点的位移状态通过与之固定的某种传递介质(杆、弦)引至岩体外部,以便进行量测。

多点位移有多种形式,结构各异,现以马鞍山研究院研制的 SW-1 型四点杆式位移计为例说明其结构组成,该位移计由 1 个表面收敛点、3 个围岩位移点和 1 个孔口基准面板组成,如图 5-10 所示。

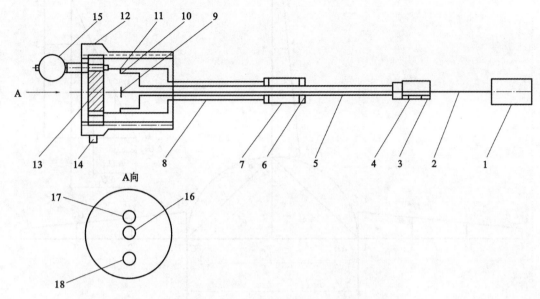

图 5-10 SW-l 型四点杆式位移计结构图

1—深度测点锚头;2—深度测点传递杆;3—中部测点挡圈;4—中部测点锚头;5—中部测点传递杆;
6—浅部测点挡圈;7—浅部测点锚头;8—浅部测点传递杆;9—深部测点端头;10—中部测点端头;11—浅部测点端头;
12—孔口套筒;13—基准面板;14—收敛测点;15—测量百分表;16—浅部点量测孔;17—中部点量测孔;18—深部点量测孔

每个位移点由锚头、位移传递杆和测量端头组成。基准面板上固定有 3 个位移测点的锥形测孔,基准面板固定在孔口套筒上,套筒固定在围岩孔口内,套筒外表面固定有 1 个圆柱形收敛测点。

该位移计锚头采用快硬水泥黏结形式,抗震性能好,同时适用于软弱破碎围岩和坚硬围岩锚固。

量测时以基准面板为表面基准,每次测量出围岩内部各测点到表面基准的距离,同一测点在不同时刻量测得到的距离差值即为该点在此时间内围岩表面与围岩内部测点之间的相对位移,测点相对位移用专用的百分表直接测得。隧道两帮的收敛变形使用 KM-l 型收敛计测量。因此,布置位移计时要求在隧道两帮相同位置成对埋设。收敛计量测位移计表面的收敛值,即为隧道两帮变形的总和,然后根据两帮相对位移值的大小将收敛值按比例分配法进行计算,即可求得隧道两帮各位移点的绝对位移值。

拱顶安设位移计后可与两帮安设的位移计构成三角形,使用 KM-1 型收敛计量测出各边的收敛值,再利用三角形各边与三角形垂高之间的关系求算拱顶位移计各点的绝对位移值。

5.2.7.3 量测方法与量测频度

收敛测点测量用收敛计。位移测点的量测使用专用百分表进行,测量时将百分表插入基准面板的锥形测孔内,插稳之后即可读数,每个测孔测量 3 次,最大差值小于 0.07 mm 时,取其平均值记入表中。

量测频度与围岩内空变形量测频度相同。

5.2.7.4 隧道围岩绝对位移计算方法

(1) 代表符号说明

设在隧道围岩埋设 3 套 SW-l 型四点位移计,A 点位移计埋设在左帮,B 点位移计埋设在顶板中央,C 点位移计埋设在右帮,如图 5-11 所示。U_i^A、U_i^B、U_i^C($i=1$、2、3、4),分别代表 A、B、C 三点位移计各测点(1、2、3、4)的绝对位移值。

$\Delta U_{1,2}^A$、$\Delta U_{1,3}^A$、$\Delta U_{1,4}^A$、$\Delta U_{1,2}^B$、$\Delta U_{1,3}^B$、$\Delta U_{1,4}^B$、$\Delta U_{1,2}^C$、$\Delta U_{1,3}^C$、$\Delta U_{1,4}^C$ 分别为 A、B、C 各点位移计的第 2、3、4 点对第 1 点的相对位移增量。

(2) 隧道 A、C 两点位移计各测点的绝对位移值的计算

当 A、C 两点的收敛值 U_{AC} 已测得时,可按 A 点与 C 点相对位移值大小按比例分配收敛值,由此各位移点的绝对位移值大小分别由下式求得:

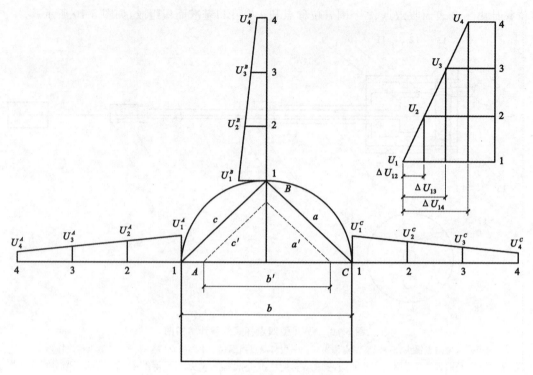

图 5-11　绝对位移计算图原理

$$\begin{cases} U_4^A = \dfrac{k}{k+1}(U_{A,C} - \Delta U_{1,4}^A - \Delta U_{1,4}^C) \\ U_3^A = U_4^A + \Delta U_{1,4}^A - \Delta U_{1,3}^A \\ U_2^A = U_4^A + \Delta U_{1,4}^A + \Delta U_{1,2}^A \\ U_1^A = U_4^A + \Delta U_{1,4}^A \end{cases} \tag{5-6}$$

式中，$k = \dfrac{\Delta U_{1,4}^A}{\Delta U_{1,4}^C}$。

$$\begin{cases} U_1^C = U_{A,C} - U_1^A \\ U_2^C = U_1^C - \Delta U_{1,2}^C \\ U_3^C = U_1^C - \Delta U_{1,3}^C \\ U_4^C = U_1^C - \Delta U_{1,4}^C \end{cases} \tag{5-7}$$

（3）拱顶 B 点位移计各点绝对位移值的计算

① A、B、C 三点的位移计在同一垂直平面内，A 点和 C 点的位移计在同一水平线上。

② 设 A、C 点只存在水平向位移，B 点只存在垂直向位移。

由于 A、B、C 点的 3 个位移计的表面点构成一个三角形 $\triangle ABC$，其中边长 a'、b'、c' 为测点 B 与 C、C 与 A、A 与 B 之间收敛后的距离，而 a、b、c 则为其初始距离，如图 5-11 所示，各个边长均可用收敛计测得。

从三角形 $\triangle ABC$ 的边长与垂高的关系中求得：

$$\begin{cases} h = \dfrac{2}{b}\sqrt{S(S-a)(S-b)(S-c)} \\ S = \dfrac{1}{2}(a+b+c) \\ h' = \dfrac{2}{b'}\sqrt{S'(S'-a')(S'-b')(S'-c')} \\ S' = \dfrac{1}{2}(a'+b'+c') \end{cases} \tag{5-8}$$

则有：

$$\begin{cases} U_1^B = \Delta h = h - h' \\ U_2^B = U_1^B - \Delta U_{1,2}^B \\ U_3^B = U_1^B - \Delta U_{1,3}^B \\ U_4^B = U_1^B - \Delta U_{1,4}^B \end{cases} \tag{5-9}$$

5.2.7.5　利用量测结果判断围岩内变位状态

（1）根据围岩内变位曲线判断围岩内强度下降区和松动区的界限

若以横坐标表示各量测点距围岩壁面的深度,纵坐标表示各量测点围岩的绝对变位量,根据现场量测数值可绘出如图 5-12 所示的围岩内变位曲线,根据曲线斜率的变化状态可以判断围岩是否出现了强度下降区和松动区。判断的依据是如果曲线斜率可以分成 3 个区域,那么靠近围岩壁面的变位量最大,为松动区;变位量较大的区域为强度下降区;再往围岩深部变形量最小,为弹性区。从图 5-12 中可以看出,曲线只有两个斜度不同的区域,而总的围岩内变位量又很小,故可以判断出围岩内只有强度下降区和弹性区,没有松动区,且强度下降区的深度在 2 m 以内,说明隧道围岩稳定。

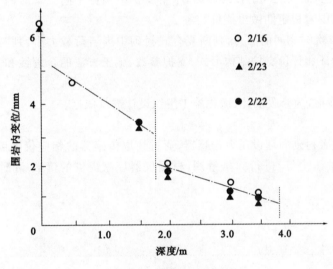

图 5-12　围岩内变位曲线

（2）通过核对预先选择的不动点的位置是否正确来进一步判断围岩内变位状态

利用单点位移计在围岩量测断面附近分别钻出垂直围岩壁面不同深度的钻孔,每孔设置一只与孔深相同的测杆,其中最长的钻孔应能达到围岩内不受开挖影响的范围,只有这样才可把位移计的锚固端看成不动点,才能正确测出围岩内变位量。围岩内不受开挖影响的位置有多深,以及岩质条件、开挖方法、支护时机、开挖尺寸等因素的制约,一般情况下,对于跨度 10 m 左右的隧道,不动点的深度在 4~12 m 之间。如果隧道跨度超过 10 m,且岩质条件较差,则围岩内受开挖影响的深度会更大。

量测时选定的不动点位置是否正确,可以通过该量测断面的内空变位量测值来判断,如图 5-13 所示。A、C 两点表示变位前隧道围岩壁面的位置,A'、C' 两点表示围岩壁面变位稳定后壁面的位置。这样,隧道内空变位量 $\Delta U = AC - A'C'$。例如 B、D 两点为围岩内两个不动点,A、B 两点间的初始距离为 L_1,C、D 两点间的初始距离为 L_2,由于围岩内变位使 A 点移到 A' 点,C 点移到 C' 点,则 $AA' = \Delta L_1$（ΔL_1 为从 A 点到 B 点这一深度范围内的围岩内变位量）,$CC' = \Delta L_2$（ΔL_2 为从 C 点到 D 点这一深度范围内的围岩内变位量）。

若 B、D 两点是没有发生移动的不动点,那么 ΔU 应该等于 $\Delta L_1 + \Delta L_2$;假如量测结果 $\Delta U \neq \Delta L_1 + \Delta L_2$,则说明 B、D 两不动点至少有一个发生了移动,当 $\Delta U > \Delta L_1 + \Delta L_2$ 时,则说明不动点向隧道内空方向移动;当 $\Delta U < \Delta L_1 + \Delta L_2$ 时,则说明不动点向围岩内侧方向移动,在实际工程中有这种向围岩内侧方向移动的现象,可能是偏压引起的一侧不动点发生了向隧道围岩内侧方向的移动所致。

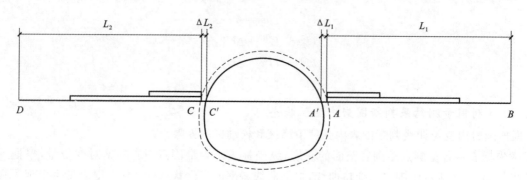

图 5-13　围岩内空变位量测布置示意图

5.2.8　围岩压力及两层支护间压力量测

（1）量测目的

① 通过量测围岩与支护结构之间的接触压力，了解支护结构在不同工况时的受力状态，判断支护的可靠程度，掌握围岩动态，对围岩稳定性做出评价。

② 量测初期支护与二次衬砌间的压力，判断复合式衬砌中围岩荷载大小，判断初期支护与二次衬砌各自分担围岩压力情况。验证和评价支护结构形式、支护参数、施工方法的合理性和安全性，确定二次衬砌支护的时间。

③ 进行信息反馈及预报，为修改设计、优化施工组织设计提供依据。

（2）量测方法

在围岩与初期支护或者衬砌间埋设压力传感器，通过读取传感器的相应仪表读数（如钢弦频率、$L\text{-}C$ 振荡电路的输出信号频率、油压力等）进行间接量测，根据仪器厂家提供的读数-量测曲线换算出相应压力参量值。

（3）量测操作

① 常用量测仪器。

压力盒、液压枕。

② 量测内容。

压力传感器（压力盒）埋设后，将电缆逐一编号接出，安放在带锁铁箱内，压力传感器将垂直作用的力转换为量测信号，用相应的量测设备获取信号并存储数据，每测点量测 3 组数据，做好现场记录。现场记录内容包括量测时间、电缆编号、传感器编号、温度值、传感器的频率值等。

（4）量测频率

① 围岩压力量测从压力传感器埋设到二次衬砌浇筑期间 1 次/d，之后根据压力变化情况适当加大量测间隔时间。

② 支护与衬砌间压力量测在脱模后的 1 周内 1 次/d，之后可根据实际情况调整量测频率，最大不得超过 1 次/周。

③ 数据采集及整理。为防止偶然误差的出现，每个测点每次量测 3 组数据，再用厂家提供的压力传感器配套的标定曲线或公式计算出压力值。

（5）量测测点布置

选取隧道某一断面进行围岩压力及层间支护压力量测。围岩压力和层间支护压力的测试利用振弦式压力盒进行，其仪器分别埋设在隧道拱顶、拱腰和边墙（图 5-14 和图 5-15）上。其中，外侧压力盒用来测试隧道的围岩和初期支护之间的压力，即围岩压力（图 5-14）；内侧压力盒用来测试初期支护和二次衬砌之间的压力，即层间支护压力（图 5-15）。

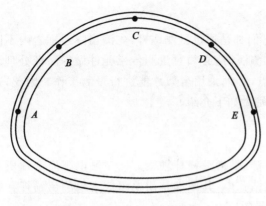

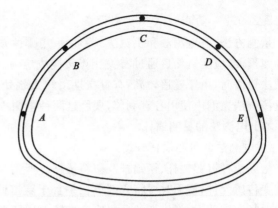

| 图 5-14 围岩压力测点布置图 | 图 5-15 层间支护压力测点布置图 |

（6）量测数据处理

可在监测横断面图上按不同的施工阶段，以一定的比例把压力值点画在各压力盒分布位置上，并以连线的形式将各点连接起来，绘制结构围岩压力分布形态图，由结构围岩压力分布形态图可知结构所受围岩压力的一般规律。

如果围岩压力大，表明喷层受力大，这可能有两种情况：一种情况是围岩压力大但围岩变形不大，表明支护施作或封闭时间过早，需延迟支护和封闭时间，让原岩释放较多的应力；另一种情况是围岩压力大且围岩变形也很大，此时应加强支护，以限制围岩变形。如果围岩压力很小但变形很大，则应考虑是否会出现围岩失稳。

（7）量测注意事项

① 根据所测压力的大小，选择合适量程范围、构造合理的压力传感器（压力盒），监测接触面压力，可采用直径与厚度之比较小的单膜压力盒。钢弦式压力元件和读数仪表因未使用而放置 12 个月以上时，使用前要重新进行标定。

② 测点尽量和其他必测项目布置在同一断面上。压力盒安装应严格按照厂家提供的使用说明书进行，由量测技术人员负责安装、保护，量测工作由量测技术主管全面负责，保证量测数据及时、真实反映现场情况。

③ 为了保证中长期监测结构应力和围岩压力，测点电缆线在施作二次衬砌时，与初期支护和衬砌间电缆线同时接出，并编号绑扎。

5.2.9 锚杆轴向力量测

锚杆轴向力的量测属于选测项目，根据科研和生产的需要，首先在隧道内选择好拟测岩层，再结合隧道开挖等情况，选择好钻孔位置，以便于钻孔施工。

5.2.9.1 量测的目的

锚杆轴向力量测的目的主要有：

① 了解锚杆受力状态及轴向力的大小。隧道开挖后随着围岩发生变形而产生锚杆轴向力，在围岩变形稳定前锚杆的轴向力是不断增加的，量测锚杆轴向力的大小是为了弄清锚杆的负荷状态，为确定合理的锚杆参数提供依据。

② 判断围岩变形的发展趋势，概略地判断围岩内强度下降区的界限。一般将从隧道壁面至变形量最大处称为隧道围岩的扰动圈。这为锚杆参数设计提供了一定依据。

③ 评价锚杆的支护效果。锚杆轴向力是检验锚杆支护效果与锚杆强度的依据，根据锚杆极限抗拉强度与锚杆应力的比值 K（锚杆安全系数）即可作出判断，锚杆轴向力越大，则 K 值越小，当锚杆中某段最小的 K 值稍大于 1 时，应认为合理。

5.2.9.2　量测方法和量测设备

量测方法,有电测法和机械法。不论采用哪种方法,它们都是通过量测锚杆,先测出隧道围岩内不同深度的变形(或应变),然后通过有关计算转换成应力。用电测法时,必须对量测传感元件做好防潮处理。用机械法量测时,由于隧道较高,布置在拱顶和拱腰处的测点,必须采用台架才能进行量测工作。因此,这两种量测方法在洞内使用各有利弊,现就这两种量测方法分别做如下介绍。

(1)电测法的量测锚杆

① 电测法的量测锚杆分类。

量测锚杆有铝锚杆、钢锚杆及塑料锚杆。所谓量测锚杆,是指沿锚杆轴线方向粘贴电阻应变片所制成的应变传感元件,使用时要将它埋设在垂直于隧道壁面的钻孔中,其原理是用电阻应变仪测出锚杆在钻孔方向的径向应变,根据锚杆的径向应变来转求锚杆径向所受的应力。

a.量测铝锚杆。量测铝锚杆用普通铝管制成,外径ϕ24 mm,壁厚2 mm,长度按需要测试长度确定。

制作铝锚杆时,首先将铝管沿纵向剖成两半,再在其中一半的内壁按选定的距离贴上电阻应变片,由于温度对应变片电阻值的影响是相当大的,尤其是在现场量测时,会带来不可忽视的误差,所以必须设法消除。消除的方法是温度补偿,目前多用温度补偿片达到消除误差的目的。温度补偿片贴在另外的小铝片上,浮挂在空管内,处于不受力状态。量测铝锚杆结构如图5-16所示。

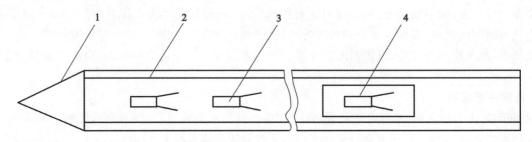

图5-16　量测铝锚杆结构示意图
1—顶尖;2—铝管;3—工作片;4—补偿片

b.量测钢锚杆。量测钢锚杆将电阻应变片贴于支护锚杆钢筋的表面,在贴片处焊上铁皮外罩,以保护应变片和便于防潮处理。若采用空心钢管,其制作方法同量测铝锚杆。

每根量测锚杆贴好的电阻应变片及引出线接头都需进行防潮处理,可采用医用凡士林防潮,再用环氧树脂封口。

② 量测锚杆的质量检验。

由于电测法的量测锚杆是高精度应变的量测元件,故在埋设前应进行严格的质量检验,以保证洞内测试的可靠性,电量测锚杆的质量检验主要从以下三方面入手。

a.零点漂移观测。在温度恒定、被测件不受力的情况下,测件上应变片的指示应变随时间的变化称为零点漂移(简称零漂)。零漂主要是由于应变片的绝缘电阻过低,敏感栅通电流后的温度效应,黏结剂固化不充分,制造和粘贴应变片过程中形成的初应力以及仪器的零漂或动漂所造成。因此,在选择应变片与粘贴应变片时应特别注意这一问题。在不同地质条件下,隧道内实测的应变值是不同的,一般情况下零点漂移应小于10 $\mu\varepsilon$。

b.力学性能试验。为了检验贴片的牢固程度以及机械滞后量,在恒定温度下对贴有应变片的杆件进行加载、卸载试验,将各应力水平下应变片加载、卸载时所指示的应变量的最大差值作为其机械滞后量。机械滞后主要是由敏感栅、基底和黏结剂在承受应变后留下的残余应变所致。在测试过程中,为了减少应变片的机械滞后给量测结果带来的误差,可对新粘贴片的试件反复加载、卸载3~5次。

c.防潮检验。一般情况下隧道内湿度都较大,有时可达100%,因此,为了让量测锚杆在饱和湿度的条件下仍能保证量测数据准确,要求其绝缘电阻必须稳定。通常把绝缘电阻是否稳定作为判断应变片黏结层固化程度和是否受潮的标志。绝缘电阻下降会带来零漂和测量误差,特别是不稳定的绝缘电阻会导致测试失败,于是采取措施保持绝缘电阻的稳定,对于用于长期量测的铝锚杆是极为重要的。

③ 应变仪。

应变仪主要由电桥和放大器组成,其主要作用是配合贴在被测物件上的电阻应变片组成电桥,将被测物件上的应变信号转变成电信号,再经放大和相敏检波以及滤波后进行读数或数字显示,或输给记录器。电阻应变仪具有灵敏度高、稳定性好、测试简便、精确可靠且能做多点较远距离测量等特点。

应变仪按放大器的工作原理可分为直流放大式和载波放大式两类。直流放大式应变仪,其电桥用直流电供电,放大器采用差分放大器或调制型直流放大器,这种应变仪工作频率较高(达 10 kHz),因为用直流拱桥,分布电容不影响电桥平衡,故操作较简单。但直流放大器的零点漂移问题较难解决,是这种应变仪存在的最大问题。近年来,由于晶体管电路稳定技术的提高和集成电路技术的发展,直流放大式应变仪的使用日益增多。载波放大式应变仪,其电桥通常用数千赫兹的正弦交流电供电。用载波放大式应变仪能较容易地解决仪器的稳定性问题,其结构较简单,对元件的要求可稍低,所以这种应变仪是目前用得最多的。我国生产的应变仪基本上都属于这种类型。另外,应变仪按其频率响应范围可分为静态、静动态和动态 3 类。常用的为静态和动态 2 类,分别作如下介绍。

静态电阻应变仪可用于测量变化较缓慢的信号,或变化一次后能相对稳定的静态信号,它的应变读数方法是另读法,靠手动平衡和转换测点,每次只能测一个点,多点测量时需用预调平稳箱,将各个电阻片依次与应变仪接通,逐点进行测量。常见的平稳箱有 20 个通道,每一通道都有 4 个接线柱 A、B、C 和 D,故可以同时连接 20 个测量电桥,依次测量 20 个测点。静态电阻应变仪比较简单,适用于野外或实验室测定。比较常用的有 YJ-5 型静态应变仪。

为了适应多点、高精度、自动化、数字化和快速测量的需要,目前已有集成电路化的多点数字式应变仪,它能直接显示应变读数,也可以将模拟应变的电信号,经模数转换装置,变为离散的数字信号,与电子计算机相连,进行测量数据的分析和处理。这种仪器适用于大型实验室。它可以每秒数点以至上千点的速度自动按指定顺序巡回测量,并能打印数据。国产 YJS-14 型静态电阻应变仪属多点自动测量的应变仪。

动态应变仪可用于测量随时间变化的应变。为了记录动态信号,必须配有记录仪器,动态应变仪只能采用直读法,应变仪将电桥的输出电压信号放大后送给记录仪器。动态仪不能用轮换接入的办法进行多点测量,因此动态应变仪均设计成多通道的,能同时测量多路信号。目前常用的 Y6D-3A 型动态仪,其工作频率为 0～10 kHz。

(2) 机械法的量测锚杆

机械法的量测锚杆,在钢管体内固定有长度不等的细长变形传递杆,每一传递杆的一端分别固定在锚杆内壁预定的不同位置上,另一端引至孔口与锚杆端头基准板相应的测孔相连。由于量测锚杆内设置的测点不同,所以机械法的量测锚杆有三点式量测锚杆、四点式量测锚杆及六点式量测锚杆。

① 三点式量测锚杆。

这类锚杆是用来量测全长锚固型锚杆(主要是砂浆锚杆)受力的一种测量装置,用它可以监测锚杆在工作期间轴向力的变化及分布规律,以此评价锚杆对围岩的支护效果,同时也可测出弹-塑性阶段锚杆受力的全过程。其结构如图 5-17 所示。

测点 1 位于量测锚杆底部,是量测锚杆距钻孔口最深处的测点,测点 2 位于量测锚杆中部,测点 3 位于量测锚杆浅部,量测锚杆用钢管制成。测点 1 为锥形端头,它之所以制成锥形是为了便于锚杆安装,测点 2、测点 3 的一端也与铜管内壁固定在一起,每个测点都引出一根刚性杆至孔口用来传递相关部位的变形。每个测点头由不锈钢材料制成,以保证长期观测不生锈。锚杆外端距测点头 20 mm 处固定有基准板,测量时量出测点头与基准板间的距离变化值,即为每个测点与基准面间的相对位移。基准板上有 3 个锥形测孔,分别与测点 1、2、3 相对应,锥形测孔也由不锈钢制成,测孔制成锥形的主要目的是保证每次测量达到同心度的要求,以便提高测量精度。

三点式量测锚杆长 2.5 m,测点 1(深部测点)距孔口 2.5 m,测点 2(中间测点)距孔口 1 m,测 3(浅部测点)距孔口 0.5 m。位于基准板上的中间测孔 1 用于量测深部岩体变形,下部测孔 2 用于量测中间岩体变形,上部测点 3 用于量测锚孔浅部岩体变形。

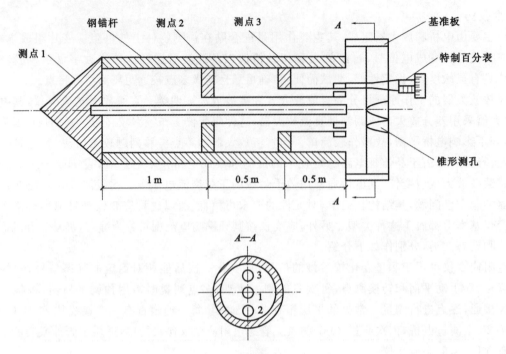

图 5-17　三点式量测锚杆结构示意图

② 六点式量测锚杆。

六点式量测锚杆制作材料与长度和三点式量测锚杆相同，不同的是锚杆有 6 根刚性位移传递杆，分别焊接在钢管锚杆的相关部位，两相邻传递杆间距为 0.4 m，在轴向投影面上各传递杆投影点相差 60°。周围测点逆时针排列（测点 1、测点 2、测点 3、测点 4、测点 5，中间点为测点 6），每测点距孔口基准板距离：测点 1 为 0.4 m、测点 2 为 0.5 m、测点 3 为 1.2 m、测点 4 为 1.6 m、测点 5 为 2.0 m、测点 6 为 2.5 m。

③ 特制百分表。

用百分表测出量测锚杆不同深度处的变形，然后根据不同点处的应变反求锚杆的轴向力大小，如果锚杆轴向变形在弹性范围内，可用事先率定的 $\sigma\varepsilon$ 曲线求出相应的应力。

5.2.9.3　量测锚杆的布置形式

不论是电测法的量测锚杆还是机械法的量测锚杆，其布置的形式都是一样的。在每一监测断面内一般布置 5 个量测位置（孔），每一量测位置的钻孔内设测点 3～6 个（根据量测深度和所选的量测锚杆决定）。具体的布置形式为在拱顶中央 1 个，在拱基线上（或拱基线上 1.5 m 处）左右各设一个，在两侧墙施工底板线上 1.5 m 处各设一个，如图 5-18 所示。

具体部位也可根据岩性及有关现场情况适当变更。

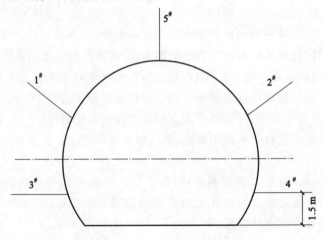

图 5-18　量测锚杆的布置形式

5.2.9.4 钻孔规格及钻凿要求

① 所有量测锚杆应布置在同一垂直断面内。

② 水平钻孔倾斜角度在垂直断面内不超过±5°,水平面内钻孔与隧道壁面交角应在85°~90°。

③ 钻孔直径为55~65 mm,孔深2500 mm,如果采用机械法的量测锚杆须在孔口扩大孔径为80~85 mm,扩孔深为200~250 mm。

5.2.9.5 量测锚杆埋设要求

① 为保证量测锚杆与孔壁的胶结质量,钻孔完后要求吹孔,然后往孔内注满水泥砂浆,注意要均匀地填满全孔长。

② 随后将量测锚杆插入注满砂浆的孔内,务必使锚杆端部与围岩壁面保持在同一平面内,不平之处,用砂浆抹平整,待砂浆凝固后即可开始初测。

③ 水泥砂浆拌和要求:水泥强度等级不小于42.5,砂粒径0~3 mm,质量配合比为水泥:砂:水 =1:1:0.4。

④ 在埋设电测锚杆时,要缓慢顺势向钻内推进,不可锤击,以免损坏电测元件。

5.2.9.6 量测与量测频度要求

① 量测铺杆埋设后48 h才可进行第一次观测,量测前先用纱布擦干净基准板上的锥形测孔,然后将百分表插入锥形孔内,沿轴向方向将百分表压紧直接读数,其读数值为测点与基准板间的距离,其前后两次量测出的距离变化值即为每个测点与基准板间的相对位移。

② 三点式量测锚杆的基准板上有3个锥形测孔,分别与测点1、测点2、测点3相对应,测点1居中,是最深的测点;测点2在下,是位于中间的测点;测点3在上,是最浅的测点。

③ 每个测点的测孔重复操作三点,当该数值之间最大差值不大于0.05 mm,把平均观测结果记入记录本内,若3次读数值之间最大差值大于0.05 mm,则进行第4次或第5次读数,直至3次读数之间最大差值小于0.05 mm时为止。以上是用机械法的量测锚杆的测量方法,如果使用电测法的锚杆,由于测点较多,应用多点电阻应变仪将每一电测锚杆的电阻应变片与之一一相接进行测量,也可使用静态应变仪配预调平衡箱进行量测,可视设备条件确定。

④ 量测频度可参照内空收敛的量测频度,即在埋设后1~15 d内每天测一次,16~30 d每两天测一次,30 d以后可每周测一次,90 d后可每月测一次。

5.2.10 支护、衬砌内应力量测

5.2.10.1 量测目的

① 了解混凝土层的变形特性以及混凝土的应力状态。

② 掌握喷层所受应力的大小,判断喷射混凝土层的稳定状况。

③ 判断支护结构长期使用的可靠性以及安全程度。

④ 检验二次衬砌设计的合理性,积累资料。

5.2.10.2 量测仪器与方法

混凝土应力量测包括初期支护喷射混凝土应力量测和二次衬砌模筑混凝土应力量测,其中混凝土应力量测是将量测元件(装置)直接安装于喷层或二次衬砌中,在围岩逐渐变形过程中由不受力状态逐渐过渡到受力状态。为了使量测数据能直接反映混凝土层的变形状态和受力的大小,要求量测元件材质的弹性模量应与混凝土层的弹性模量相近,从而不致引起混凝土层应力的异常分布,以免量测出的应力(应变)失真,影响评价效果。

目前,用于量测混凝土应力的方法主要有应力(应变)计量测法与应变砖量测法。

(1)应力(应变)计量测法

混凝土应变计是量测混凝土应力的常用仪器,量测时将应变计埋入混凝土层内,通过钢弦频率测定仪

测出应变计受力后的振动频率,然后从事先标定出的频率-应变曲线上求出作用在混凝土层上的应变,再转求应力。图 5-19 为钢弦式混凝土应变计结构图。

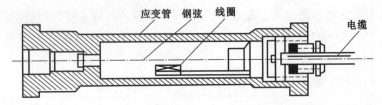

图 5-19 钢弦式混凝土应变计结构图

（2）应变砖量测法

应变砖量测法也称电阻量测法。所谓应变砖,实质上是由电阻应变片,外加银箔防护做成银箔应变计,再用混凝土材料制成的(50～120) mm×40 mm×25 mm 的长方体(外壳形如砖),由于可测出应变量,故名应变砖。

量测时将应变砖直接埋入混凝土内,混凝土在围岩应力的作用下,由不受力状态逐渐过渡到受力状态,应变砖也随之产生应力。由于应变砖和混凝土基本上是同类材料,埋入混凝土的应变砖不会引起应力的异常变化,应变砖可直接反映混凝土层的变形与受力的大小。这是应变砖量测较其他量测方法的优点。

采用电阻应变仪量测出应变砖应变量的大小,然后从事先标定出应变砖的应力-应变曲线上可求出混凝土层所受应力的大小。

5.2.10.3 测试断面的布置

混凝土应力量测在纵断面上应与其他的选测项目的布置基本相同,一般布设在有代表性的围岩段,在横断面上除了要与锚杆受力量测测孔相对应布设外,还要在有代表性的部位布设测点,在实际量测中通常有 3 测点、6 测点、9 测点等多种布置形式。在二次衬砌内布设时,一般应在衬砌的内外两侧进行布置,有时也可在仰拱上布置一些测点,测点布置如图 5-20 所示。

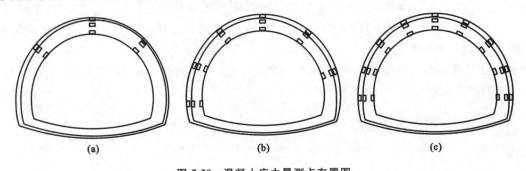

(a)　　　　　　　　(b)　　　　　　　　(c)

图 5-20 混凝土应力量测点布置图
(a) 3 测点；(b) 6 测点；(c) 9 测点

5.2.10.4 混凝土应力量测及频率

测定混凝土应力时,不论采用哪一种量测法,均根据现场的具体情况及量测要求,定期进行量测。对每一应变计的量测应不少于 3 次,力求量测数据可靠、准确。取其量测的平均值作为最终数据,并做好记录。量测频率与其他选测项目量测频率相同。

对量测数据应绘制混凝土应力随开挖面变化的关系曲线,以便掌握试验断面处混凝土应力随开挖工作面前进距离的变化关系。此外,还应绘制混凝土应力随时间变化的关系曲线,以便掌握量测断面处不同喷层混凝土应力随时间的变化关系。

5.2.11 围岩弹性波测试

围岩弹性波测试是地球物理探测方法之一,通常泛指声波(20 Hz～20 kHz)和超声波(20 kHz 以上)测试,因目前国内岩体测试中激发的弹性波频率大都在声波范围内,故一般称为声波测试。声波测试具有快速、简易、经济等特点,在地下工程测试中,被广泛地用来测定岩体物理性质(如动弹性模量、岩体强度、完整性系数等),判别围岩稳定状态,提供工程围岩分类的参数。

5.2.11.1　基本原理

岩体声波测试通过对岩体(岩石)施加动荷载,激发弹性波在介质中的传播,来研究岩体(岩石)的物理力学性质及其构造特征,一般用波速、波幅、频谱等参数进行表征。岩体虽非弹性介质,但如果作用应力小且持续时间短,所产生的质点位移量也非常小,一般不超过其弹性变形范围,在这种特定条件下,则可把岩体视为弹性介质,这是用弹性波法对岩体进行测试的基础。目前,在声波指标中应用最普遍的是纵波速度,其次是横波速度和波幅。在岩体中,波的传播速度与岩体的密度及弹性常数有关,受岩体结构构造、地下水、应力状态的影响,一般说来有如下规律:岩体风化、破碎、结构面发育,则波速低、衰减快,频谱复杂;岩体充水或应力增加,则波速增加,衰减减慢,频谱简化;岩体不均匀性和各向异性则会使波速与频谱的变化也相应地表现出不均一性和各向异性。

利用上述原理,在岩体中造成一小扰动,根据所得的弹性波(声波)在岩体中的传播特性与正常情况相比,即可判定岩体受力后的形态。

5.2.11.2　测试仪器

声波测试的主要测试仪器是声波仪及换能器(亦称声测探头)。声波仪是进行声波测试的主要仪器设备,它的主要部件是发射机与接收机。发射机根据使用要求,能向声波测试探头输出一定频率的电脉冲,向探头输出能量。接收机将探头所接收到的微量信号放大,并在示波管上反映出来。接收机不仅要求能够正确显示声波波形,而且要求在测得声波时能直接测得发射探头发射后到达接收探头的时间间隔,以便计算波速。纵波与横波主要根据起始波到达的时间及其波形特性辨别。目前国内应用的声波仪主要有 SYC-Z 岩石参数测定仪及 YB4 四线岩体波速仪等。图 5-21 所示为声波测试仪器的工作原理图。

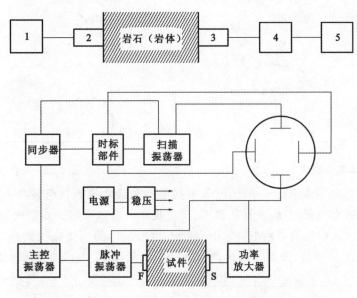

图 5-21　声波测试仪器的工作原理图
1—振荡器;2—发射换能器(F);3—接收换能器(S);4—放大器;5—显示器

声波测试探头(换能器),按其功能可分为发射换能器和接收换能器,其主要元件都由压电陶瓷制成,主要功能是将声波仪输出的电脉冲变为声波能,或将声波能变为电信号输送给接收机。

发射换能器要求具有较高的发射能量(效率),接收换能器要求具有较高的灵敏度。两种换能器通常是专用的,各用其长,但有时可相互替代使用。国内换能器种类较多,按其结构可分为增压式、喇叭式和弯曲式等。增压式主要用于岩体钻孔测试中,其优点是在较宽的频带内有较高的灵敏度,但由于钢管侧面有缝,使径向振动声场分布不均匀,方向性很强;喇叭式(夹心式)主要用于岩体(岩石)表面测试或岩柱的透测测试中;弯曲式则主要用于室内小试件高频超声测试中。

5.2.11.3　测试项目及测试方法

地下工程岩体中可采用声波测试的项目很多,主要有:

① 地下工程位置的地质剖面检测(声波测井),用以划分岩层,了解岩层破碎情况和风化程度等。

② 岩体力学参数测定,如弹性模量、抗压强度等。

③ 围岩稳定状态的分析,如测定围岩松动圈大小等。

④ 判定围岩的分类等级,如测定岩体波速和完整性系数等。

后两者是围岩声波测试中的重要项目,下面分别介绍其测试方法。

(1) 围岩松动圈测试

围岩松动圈是设计地下工程和评定围岩稳定性的重要参数之一。测定围岩松动圈的原理主要是岩体中的声波传播速度取决于岩体完整性程度。完整岩体的波速一般较高,而在应力下降、裂隙扩张的松动区,波速相对下降,因而在围岩压密区(应力升高区)和松动区之间会出现明显的波速变化。应当指出,松动区不等于塑性区,它是塑性区中的岩体松弛部分。

围岩松动圈测试方法有单孔法(图 5-22)和双孔法(图 5-23)。

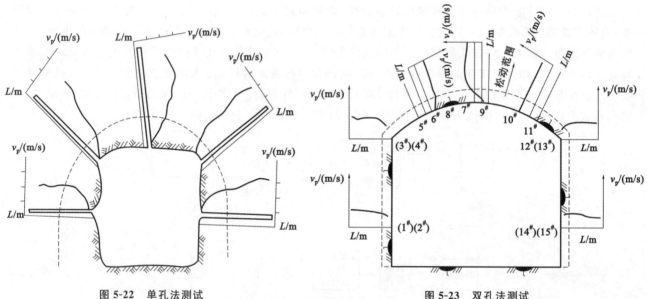

图 5-22　单孔法测试　　　　　　　图 5-23　双孔法测试

单孔法测试是用风钻在岩体中打一小孔,将发射换能器和接收换能器组装在一起,放入充满液体的测孔中。换能器的组装方式有一发一收、一发二收、二发二收等。通常采用一发二收,如图 5-24 所示,该组合由一个发射换能器和两个接收换能器组成,固定三组相对位置,以两个接收换能器为实测距离。观察顺序为发射后,先读取至"收$_2$"的纵波、横波走的时间 t_{p2} 和 t_{s2},再读取至"收$_1$"的纵波、横波走的时间 t_{p1} 和 t_{s1}。不难证明下式:

$$v_p = \frac{\mathrm{d}f}{t_{p2} - t_{p1}} = \frac{\mathrm{d}f}{\Delta t_p} = \frac{\overline{ec}}{\Delta t_p} \tag{5-10}$$

$$v_s = \frac{\mathrm{d}f}{t_{s2} - t_{s1}} = \frac{\mathrm{d}f}{\Delta t_s} = \frac{\overline{ec}}{\Delta t_s} \tag{5-11}$$

测试时,不断移动换能器,即可获得孔深与波速的关系曲线。

双孔法测试是目前应用较广的方法,它受局部岩体的影响小,一般采用双孔同步、单发单收的方式。在测试断面的测试部位,打一对小孔,孔间距离一般为 1～1.5 m,在一孔中放入发射换能器,另一孔中放入接收换能器,平行移动这两个换能器,即可得声波与孔深的曲线关系。

根据实测资料,波速与孔深关系曲线类型大致可归纳为 4 种类型,如图 5-25 所示。

① "—"型,无明显分带,表示围岩较完整。

② "/"型,无松弛带,有应力升高,表示围岩较坚硬。

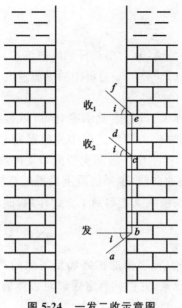

图 5-24　一发二收示意图

③ "「"型,无应力升高带,有松弛带,但应分清是爆破松动还是围岩进入塑性松动。

④ "凸"型,松弛带、应力升高带均有。

实测的 v_p-L 曲线形态有时比上述 4 种曲线形态更为复杂,而且不能单纯根据曲线形态来确定松动区范围,还必须排除岩性及各向异性的影响。应当指出,若能在洞室工程开挖前后与支护前后作不同时期的声波测试,就能更加准确地判定围岩的稳定状态和松动区范围及其发展过程。

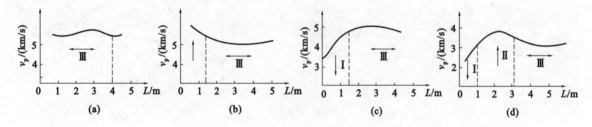

图 5-25　波速与孔深关系曲线类型

（2）围岩分类的声波测试

在当前国内外的围岩分类中,常用岩体纵波速度以及岩体与岩块波速比的平方作为围岩分类的判据。通常,岩体的波速越快,表明岩体越坚硬,弹性性能越强,结构越完整,所含较弱的结构面越少。但有时波速快并不反映岩体完整性好,如有些破碎硬岩的波速高于完整性较好的软岩,因此还要采用岩体完整性系数 $K_v=\left(\dfrac{v_{mp}}{v_{rp}}\right)^2$ 来反映岩体的完整性,其中 v_{mp} 为岩体纵波速度,v_{rp} 为岩块的纵波速度,K_v 愈接近于 1,表示岩体愈完整。

在软岩与极其破碎的岩体中,有时无法取出完整而扰动不严重的岩块,不能测取岩块的纵波速度,这时可用相对完整性系数 $K_v'=\left(\dfrac{v_{mp}}{v_{zp}}\right)^2$ 代替 K_v 进行判断,其中 v_{zp} 为岩体纵波速度最大值。在具体工程中,要结合岩体结构、岩体应力状况分析应用,如软弱完整岩体应力高的情况下,测出的 v_{zp} 偏高,K_v' 值偏小。若岩体极破碎,岩体应力又小的情况下,测出的 v_{zp} 值偏低,K_v' 值偏高。

围岩分类中声波测试方法,除钻孔法外,还有锤击法。锤击法受开挖影响较明显,测得波速比用钻孔法测得的低。在围岩分类中,必须考虑不同情况下测取波速的差异,据以分别采用不同的标准。

（3）动弹性模量测试

动弹性模量是用弹性波法求得的,在无限介质条件下可得:

$$E_d=\rho v_p^2\frac{(1+\mu)(1-2\mu)}{1-\mu}\quad\text{或}\quad E_d=\rho v_s^2\frac{3v_p^2-4v_s^2}{2v_p^2-v_s^2}\tag{5-12}$$

式中，v_p 为纵波波速；v_s 为横波波速。

在有限介质条件下：

① 杆 $[\lambda \geqslant (5 \sim 10)d, 1/d > 3]$：$E_d = \rho v_b^2$，$v_b$ 为细长杆的纵波波速。

② 板 $(\lambda \leqslant 0.11, \lambda > 10\delta)$：$E_d = \rho v_e^2 (1 - \mu^2)$，$v_e$ 为板中的纵波速度。

（4）检测围岩加固的效果

用声波法量测围岩加固前后的波速、波幅等参数的变化，可以检测喷锚支护的效果。喷锚支护的特点在于喷锚支护与围岩继续变形，并在围岩应力调整过程中使原已松动的围岩有压密的趋势，从而发挥围岩的自承能力，达到支护的目的。图 5-26 显示出了隧洞支护前与支护效果好坏时的声波波速与深度的关系曲线（v_p-L 曲线），曲线 1 为未支护时的波速曲线，说明隧洞围岩表层有松动带出现；曲线 2 为支护后松动带围岩有所压密，衰减段波速明显减小，说明喷锚支护起到了支护作用；曲线 3 为支护后支护效果差，松动带发展到一定范围后才稳定下来。

（5）检测爆破对围岩稳定性的影响

爆破振动形成的裂隙带，实质上是原有裂隙的扩展和新裂隙的产生形成的。由于爆破出现这种后果，可以从声波波速和波幅的变化中反映出来，并由此确定爆破对岩体的破坏范围和不同爆破方法对岩体稳定性的影响程度。

爆破振动强度及其对岩体稳定性的影响与爆破方法有关，在隧洞施工中，不断采用一些新的爆破技术，目的是减轻对围岩的破坏。对于同一爆破方法而言，坚硬岩体较软弱岩体破坏范围要小；对于同一岩体而言，光面爆破和预裂爆破较一般的普通爆破的破坏范围要小，如图 5-27 所示。

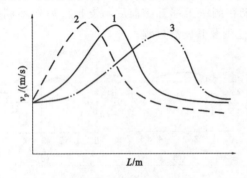

图 5-26　支护效果示意图

1—支护前；2—支护效果好；3—支护效果差，圈岩松动带继续发展

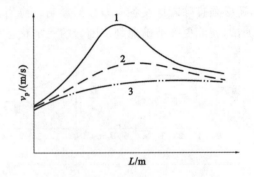

图 5-27　爆破法对围岩破坏的影响

1—预裂爆破；2—光面爆破；3—普通爆破

5.2.12　其他量测项目

5.2.12.1　隧道施工爆破振动测试

（1）振动测试技术方案

隧道爆破开挖由于装药量和爆破方案的不同，其影响范围也不同。在影响范围内如有需要保护的既有建（构）筑物或相邻隧道，爆破可能影响其稳定性，需进行监测。爆破振动速度和加速度的监测可采用振动速度和加速度传感器以及相应的数据采集设备。传感器固定在预埋件上，通过爆破振动记录仪自动记录爆破振动速度和加速度，以供振动波形和振动衰减规律分析。

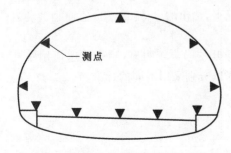

图 5-28　新建隧道对既有隧道振动影响
测点布置

现场调查包括建（构）筑物的位置、形状、大小、结构形式、距离、抗震强度及其他特殊要求。监测对象为受振动影响的周围建（构）筑物及其他有特殊要求的设施。

监测方案应包括工程概况、监测依据、监测对象、仪器选择、测点布设、控制标准、数据处理方式、反馈途径及措施等内容。测点应布置在振速最大、构造物最薄弱、距离振源最近等部位，新建隧道对既有隧道振动影响测试、浅埋地表（构造物）振动监测可参考图 5-28、图 5-29。监测元器件应与监测对象紧贴牢固。及时分析监测数据,与控制标准进行比较,优化爆破设计。

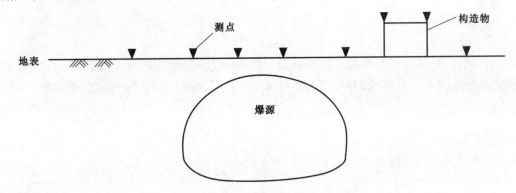

图 5-29 地表(构造物)振动监测布置

(2)爆破安全控制标准

爆破振动安全允许距离,可按下式计算。

$$R = \left(\frac{K}{v}\right)^{\frac{1}{\alpha}} Q^{\frac{1}{3}} \tag{5-13}$$

式中,R 为爆破振动安全允许距离,m;Q 为炸药量,齐发爆破为总药量,延时爆破为最大一段药量,kg;v 为保护对象所在地质点振动安全允许速度,cm/s;K,α 为与爆破点至计算保护对象间的与地形、地质条件有关的系数和衰减指数。

5.2.12.2 连拱隧道中墙应力量测

连拱隧道相对分离式隧道,结构上的特殊性主要体现在其中墙上。中墙是连拱隧道的传力和承力部位,是维系结构整体稳定的中枢,是连拱隧道防排水的重点设置部位,是连拱隧道中最为重要的结构,当然也是连拱隧道受力研究之重点,因此针对连拱隧道中墙的监测尤为重要。

连拱隧道的中墙监测主要包括以下四个方面:

① 中墙内力监测。

② 中墙混凝土应变监测。

③ 中墙顶部土压力监测。

④ 中墙位移监测。

以上四个方面的中墙监测,主要通过量测中墙内力、中墙顶部土压力以及中墙混凝土应变情况(图 5-30)实现,从而了解中墙在整个施工过程中的偏压情况,进而了解左右洞施工过程中对中墙的影响。

在隧道工程的监控量测工作中,各量测项目的量测结果应相互印证。在连拱隧道中墙的现场监测中,若发现存在偏压情况,为进一步证实偏压的存在与严重程度,须进行中墙位移、裂缝(如果出现裂缝则须进行此项目监测)等项目的辅助监测。

(1)收敛法量测

如图 5-31 所示(A 点选在中墙合适位置,C 点选在拱顶附近,B 点选在仰拱上能够固定且不易被破坏的合适位置),由几何关系可以得到:

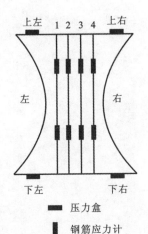

图 5-30 连拱隧道中墙监测点布置示意图

$$h = \frac{2}{a} \sqrt{S(S-a)(S-b)(S-c)} \tag{5-14}$$

式中,$S = \frac{1}{2}(a+b+c)$。

$$h' = \frac{2}{a'} \sqrt{S'(S'-a')(S'-b')(S'-c')} \tag{5-15}$$

式中,$S' = \frac{1}{2}(a'+b'+c')$。

$$
\begin{cases}
l = \dfrac{h}{\cos\alpha} = h \cdot \sec\alpha \\[2mm]
l' = \dfrac{h'}{\cos\alpha} = h' \cdot \sec\alpha
\end{cases}
\tag{5-16}
$$

式中,a、b、c 与 a'、b'、c' 为前后两次量测测线 BC 线、AB 线、AC 线所得的实测值;α 为 l 与 h 间的夹角,即 CB 线的竖向夹角,若将 CB 线选择为铅垂,则 $l=h$。从而按 $\Delta l = l'$,可求得 A 点的偏移量。

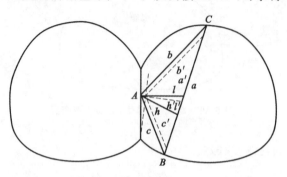

图 5-31　用收敛法量测连拱隧道中隔墙偏移示意图

（2）全站仪法量测

用全站仪量测中墙偏移相对方便：在洞内适当位置选择站点架设仪器（埋设钢筋头并做好标记），在靠近洞口或洞外选择后视点确定坐标系，然后在中墙上被测位置固定一量测专用反光贴片。每次在该固定坐标系下量测该测点的平面坐标即可算得被测点的位移量。此法量测需全站仪的精度足够高,建议采用 $0.5'$ 精度的仪器。

5.2.12.3　孔隙水压力量测

孔隙水压力可采用孔隙水压力计量测,如图 5-32 所示。孔隙水压力计应埋入带刻槽的测点位置,采用措施确保孔隙水压力计直接与水接触,通过数据采集设备获得各测点数据,并换算出相应的水压力值。

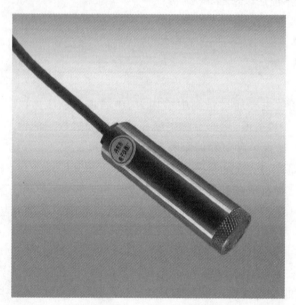

图 5-32　孔隙水压力计

① 孔隙水压力测点布置同压力盒测点布置,其中隧道一般为防排结合型防水结构,故孔隙水压力计应埋设在初期支护外侧。对于全包性防水衬砌结构,还要换算出相应的水压力值。

② 对于承受外水压力隧道,隧道衬砌结构的安全度须结合外水压力综合验算。

5.3　量测数据分析处理应用　❯❯❯

5.3.1　量测数据处理

（1）量测数据处理的目的

由于现场量测所得的原始数据具有一定的离散性，其中包含测量误差甚至测试错误，所以不经过处理的量测数据难以直接利用。数据处理的目的是：

① 监视围岩变形或应变状态随时间的变化情况，对最终位移值及变形速率的变化进行预测预报。

② 探求围岩变形或应力状态的空间分布规律，了解围岩稳定性的特征，以求合理地设计支护系统。

③ 将各种量测数据相互印证，以确认量测结果的可靠性。

（2）量测数据处理的方法及内容

由于隧道工程地质条件和施工工序的复杂性以及具体量测环境的不同，开挖导致的隧道围岩的变形并不是单调的增加，在某一时刻某一地段围岩变形有可能出现扩张现象，因此，围岩变形随时间的变化，在初始阶段呈波动变化，然后逐渐趋于稳定。在量测数据整理中，可选用位移-时间曲线的散点图。

现场量测所得的数据（包括量测日期、时刻、隧道内温度、同一测线的3次重复量测微读数及钢尺孔位读数等）应及时绘制成位移-时间曲线图（或散点图）。图中纵坐标表示变形量，横坐标表示时间。在图中应注明量测时工作面施工工序和开挖工作面距量测断面的距离，以便分析施工工序、时间、空间效应与量测数据间的关系。

量测数据的处理尽量采用 Excel 软件。其主要内容包括：

① 绘制位移、应力、应变随时间变化的曲线（时态曲线）。

② 绘制位移速率、应力速率、应变速率随时间变化的曲线。

③ 绘制位移、应力、应变随开挖面推进变化的曲线（空间曲线）。

④ 绘制位移、应力、应变随围岩深度变化的曲线。

⑤ 绘制接触压力、支护结构应力在隧道横断面上的分布图。

5.3.2　量测数据回归分析

由于偶然误差的影响使量测数据具有离散性，根据实测数据绘制的变形随时间而变化的散点图会出现上下波动，很不规则，难以据此进行分析，所以必须应用数学方法对量测所得的净空收敛数据进行回归分析，找出隧道围岩变形随时间变化的规律，以便为修改设计与指导施工提供科学依据。

① 地表沉降横向分布规律采用派克（Peck）公式：

$$S(x) = S_{max} e^{-\frac{x^2}{2i^2}} \tag{5-17}$$

$$S_{max} = \frac{V_1}{\sqrt{2\pi}i} \tag{5-18}$$

$$i = \frac{H}{\sqrt{2\pi}\tan\left(45° - \frac{\varphi}{2}\right)} \tag{5-19}$$

式中，$S(x)$ 为距隧道中线 x 处的沉降值，mm；S_{max} 为隧道中线处最大沉降值，mm；V_1 为地下工程单位长度地层损失，m^3/m；i 为沉降曲线对称中心到曲线拐点（反弯点）的距离，一般称为沉降槽宽度，m；H 为隧道埋深，m；φ 为隧道周围地层内摩擦角，(°)。

② 位移时态曲线回归分析,如拱顶下沉、周边位移等变形的时态曲线一般采用如下函数进行回归分析。

Ⅰ.整体回归函数模型。

(a) 对数函数:

$$u^{(1)}(t) = a\lg(1+t) \tag{5-20}$$

$$u^{(1)}(t) = \frac{a+b}{\lg(1+t)} \tag{5-21}$$

(b) 指数函数:

$$u^{(1)}(t) = a\mathrm{e}^{-\frac{b}{t}} \tag{5-22}$$

$$u^{(1)}(t) = a(1-\mathrm{e}^{-\frac{b}{t}}) \tag{5-23}$$

(c) 双曲函数:

$$u^{(1)}(t) = \frac{t}{a+bt} \tag{5-24}$$

$$u^{(1)}(t) = a\left[1-\frac{1}{(1+bt)^2}\right] \tag{5-25}$$

Ⅱ.分段回归函数模型。

a.第一阶段,即$(0,t_1)$量测时间段。

采用回归分析时,测试数据散点分布规律可采用式(5-20)~式(5-25)的函数式之一。

b.第$(i+1)$阶段,即(t_i,t_{i+1})变形时间段。

围岩位移变形拟合函数可采用以下几种:

(a) 指数函数:

$$u^{(i+1)}(t) = u^{(i)}(t_i) + a[1-\mathrm{e}^{-b(t-t_i)}] \quad (i=1,2,3\cdots) \tag{5-26}$$

或

$$\begin{cases} u^{(i+1)}(t) = u^{(i)}(t_i) + a\mathrm{e}^{-b(t-t_i)} & t > t_i \\ u^{(i+1)}(t) = u^{(i)}(t_i) & t = t_i \end{cases} \tag{5-27}$$

(b) 对数函数:

$$u^{(i+1)}(t) = u^{(i)}(t_i) + a\ln(t-t_i+1) \tag{5-28}$$

式中,$u^{(i)}(t_i)$为第i阶段的拟合函数t_i时刻的位移值,当$t=t_i$时,此时对应的位移值为第i阶段拟合曲线的末值,同时也为第$(i+1)$阶段的初值。

分段拟合函数以$u(t)$确定后,由于它们都属于非线性拟合函数,就需要求非线性方程组:$\frac{\partial u}{\partial a}=0$、$\frac{\partial u}{\partial b}=0$,通常用迭代法来求解问题,既避免了求解非线性方程组,又能对任意非线性最小二乘问题进行求解。

5.3.3 量测数据的应用

量测所得到的数据目前可通过理论计算(反分析)和经验方法两种途径来实现反馈。用有限元、边界元等和反分析技术结合的理论分析方法,计算结果可起到定性的作用。一方面,由于岩体结构的复杂性和多样性,在计算理论上做了近似和简化,另一方面理论计算的输入参数不易取得,理论计算分析还未达到定量标准,故当前广泛采用经验方法来实现反馈。根据"经验"(包括调研及必要的理论分析)建立一套判断准则,然后根据量测结果(经过处理的)判断围岩稳定性及支护系统的可靠性,以便及时调整设计参数和进行施工决策。下面重点介绍以位移为基础的判断准则和施工管理标准。

(1) 根据位移速率进行施工管理

① 当位移速率大于 1 mm/d 时,表明围岩处于急剧变形阶段,应密切关注围岩动态,加强初期支护。

② 当位移速率为 0.2~1 mm/d 时,表明围岩处于缓慢变形阶段,应加强观测,做好加固的准备。

③ 当位移速率小于 0.2 mm/d 时,表明围岩已处于基本稳定阶段,可以进行二次衬砌作业。

（2）根据位移时态曲线进行施工管理

① 当位移速率很快变小时，时态曲线很快平缓，如图 5-33（a）所示，则表明围岩稳定性好，可适当减弱支护。

② 当位移速率逐渐变小，即 $d^2 u/dt^2 < 0$ 时，时态曲线趋于平缓，如图 5-33（b）所示，则表明围岩变形趋于稳定，可正常施工。

③ 当位移速率不变，即 $d^2 u/dt^2 = 0$ 时，时态曲线直线上升，如图 5-33（c）所示，则表明围岩变形急剧增长，无稳定趋势，应及时加强支护，必要时暂停掘进。

④ 当位移速率逐步增大，即 $d^2 u/dt^2 > 0$ 时，时态曲线出现反弯点，如图 5-33（d）所示，则表明围岩已处于不稳定状态，应立即停止掘进，及时采取加固措施。

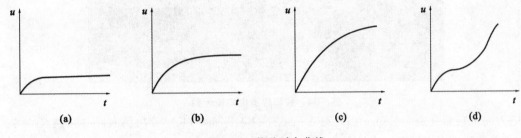

图 5-33　位移时态曲线

（3）二次衬砌的施作条件

① 各测试项目的位移速率明显收敛，围岩基本稳定。

② 已产生的各项位移已达预计总位移量的 80%～90%。

③ 周边位移速率小于 0.1～0.2 mm/d，或拱顶下沉速率小于 0.07～0.15 mm/d。

从安全方面考虑，周边位移速率与拱顶下沉速度，应指不少于 7 d 的平均值，总位移值可由回归分析计算取得。

5.4　山岭隧道监控量测实例 ▶▶▶

5.4.1　工程概况

楚阳隧道为一座上、下行分离的四车道高速公路特长隧道，也是一项跨越两个省市交界的控制性工程，如图 5-34 所示。进口位于湖北省巴东县境内红岩村三尖角两条冲沟交会处，出口位于重庆市巫山县境内楚阳乡和平村范家河与其分支冲沟交会处，隧道最大埋深约 585 m。本标段施工范围为隧道位于重庆境内部分，起讫桩号左线 ZK0+012.093—ZK2+837，长 2824.907 m，其中Ⅴ级围岩占 6.9%，Ⅳ级围岩占 43.2%，Ⅲ级围岩占 49.9%；右线 YK0+011—YK2+895，长 2884 m，其中Ⅴ级围岩占 3.4%，Ⅳ级围岩占 42.5%，Ⅲ级围岩占 54.1%。

隧道位于中低山台地及中低山深切谷地斜坡地貌区，隧道穿过中低山山脊下部。隧道区大地构造部位处于新华夏系第三隆起带和第三沉降带之结合部位，属四川沉降褶皱带之川东褶皱带的一部分，主要构造形迹展布方向为北东东—北东向。

线路测区内主要褶皱为齐跃山背斜，巫山向斜，隧道区位于齐跃山背斜南翼。出露地层为三叠系中统巴东组（T_2b）及第四系残坡积碎石土（Qel+dl）。从进口到出口，基岩倾向依次为北东、南东，在 ZK1+500 附近折向北西，倾角 12°～30°，总体上构成舒缓褶皱，隧道走向与岩层走向斜交和顺向。

区内断裂构造不发育，未见明显断裂构造痕迹。浅部岩石风化裂隙发育，岩体完整性较差，深部节理裂隙稍发育。地表节理主要有三组，多呈裂隙块状结构，节理裂隙降低隧道围岩稳定性。

图 5-34　楚阳隧道出口段全貌

本次应力测试断面分别为 ZK1＋499、ZK1＋505、YK1＋750、YK1＋770、YK1＋784、YK1＋797 共计 6 个断面,各断面的隧道围岩情况和支护参数如表 5-8 所示。

表 5-8　　　　　　　　　　　　　　　各断面围岩状况及支护参数表

里程桩号	围岩状况描述	实际衬砌形式
YK1＋806— YK1＋786	地质情况为近似水平薄层状强风化泥质粉砂岩夹泥灰岩互层,厚度 1～4 cm,节理裂隙非常发育,间距 2～8 cm,节理张开 1～3 cm,层间结合差,层间填充黄褐色泥质填充物,呈镶嵌碎裂状,围岩结构松散,岩性破碎,围岩的整体性较差,洞身开挖无支护、易坍塌	初期支护设置 I18 工字钢钢拱架,间距为 0.75 m,径向打设单根长度为 3 m 的 φ22 mm 系统锚杆,环纵间距为 1 m×0.75 m,超前支护采用单根长度为 3.5 m 的 φ42 mm 小导管进行支护,环纵间距为 0.4 m×2.25 m,其余参数参照 S5b 复合衬砌施工,增加 5 cm 预留变形量,共计变形量预留 15 cm,开挖施工方法采用台阶法施工,在上台阶每榀拱架两侧各增加两根长度为 4 m 的 φ42 mm 小导管作为锁脚锚杆
YK1＋786— YK1＋766	地质情况为近似水平弱风化泥质粉砂岩夹泥灰岩互层,厚度 1～6 cm,节理裂隙非常发育,间距 2～10 cm,节理张开 0.5～2 cm,层间结合差,层间填充黄褐色泥质填充物,呈镶嵌碎裂状,围岩结构松散,岩性破碎,围岩的整体性较差,洞身开挖无支护、易坍塌	初期支护设置 I18 工字钢钢拱架,间距为 0.75 m,径向打设单根长度为 3 m 的 φ22 mm 系统锚杆,环纵间距为 1 m×0.75 m,超前支护采用单根长度为 3.5 m 的 φ42 mm 小导管进行支护,环纵间距为 0.4 m×2.25 m,其余参数参照 S5b 复合衬砌施工,增加 5 cm 预留变形量,共计变形量预留 15 cm,开挖施工方法采用台阶法施工,在上台阶每榀拱架两侧各增加两根长度为 4 m 的 φ42 mm 小导管作为锁脚锚杆
YK1＋766— YK1＋746	地质情况为近似水平弱风化泥质粉砂岩夹泥灰岩互层,厚度 1～6 cm,节理裂隙非常发育,间距 2～7 cm,节理张开 0.5～2 cm,层间结合差,层间填充黄褐色泥质填充物,岩体被切割成块呈碎石状,岩体破碎,围岩结构松散,围岩的整体性较差,洞身开挖无支护、易坍塌	初期支护设置 I18 工字钢钢拱架,间距为 0.75 m,径向打设单根长度为 3 m 的 φ22 mm 系统锚杆,环纵间距为 1 m×0.75 m,超前支护采用单根长度为 3.5 m 的 φ42 mm 小导管进行支护,环纵间距为 0.4 m×2.25 m,其余参数参照 S5b 复合衬砌施工,增加 5 cm 预留变形量,共计变形量预留 15 cm,开挖施工方法采用台阶法施工,在上台阶每榀拱架两侧各增加两根长度为 4 m 的 φ42 mm 小导管作为锁脚锚杆

续表

里程桩号	围岩状况描述	实际衬砌形式
ZK1+510—ZK1+500	原设计为 S3 复合衬砌类型,掌子面开挖至 ZK1+510,揭示地质情况为黄褐色的强风化粉砂质泥岩、泥质粉砂岩,节理裂隙发育,节理张开 0.5~1 cm,层间结合差,层间填充黄褐色泥质填充物,岩体破碎,围岩结构松散,呈镶嵌碎裂状结构,完整性较差,洞身开挖无支护、易坍塌	支护衬砌类型由原设计 S3 变更为 S4a 加强,初期支护设置格栅钢拱架,间距为 1 m,径向打设单根长度为 3 m 的 φ22 系统锚杆,环纵间距为 1 m×1 m,超前支护采用单根长度为 3.5 m 的 φ42 mm 小导管进行支护,环纵间距为 0.4 m×2 m,共计 37 根,其余参数参照 S4a 复合衬砌施工,增加 5 cm 预留变形量,共计变形量预留 12 cm,开挖施工方法采用台阶法施工,在上台阶每榀拱架两侧各增加两根长度为 4 m 的 φ42 mm 小导管作为锁脚锚杆
ZK1+500—ZK1+480	地质情况为强风化泥质粉砂岩,泥灰岩互层,节理裂隙发育,节理张开 0.5~3 cm,层间结合差,层间填充黄褐色泥质填充物,岩体破碎,呈镶嵌碎裂状结构,完整性较差,洞身开挖无支护、易坍塌	支护衬砌类型由原设计 S3 变更为 S4a 加强,初期支护设置 I18 工字钢钢拱架,间距为 1 m,径向打设单根长度为 3 m 的 φ22 mm 系统锚杆,环纵间距为 1 m×1 m,超前支护采用单根长度为 3.5 m 的 φ42 mm 小导管进行支护,环纵间距为 0.4 m×2 m,共计 37 根,其余参数参照 S5b 复合衬砌施工,增加 5 cm 预留变形量,共计变形量预留 15 cm,开挖施工方法采用台阶法施工,在上台阶每榀拱架两侧各增加两根长度为 4 m 的 φ42 mm 小导管作为锁脚锚杆

通过现场测试量测隧道施工期间围岩压力、钢架内力、初期支护内应力等试验数据,分析围岩二次应力(次生应力)与当前支护形式的匹配程度,判断设计与施工是否安全与经济。

5.4.2　量测项目

本次现场量测项目包括钢架内力、围岩压力、初期支护内应力。

(1) 钢架内力量测

拱架内外侧各 5 测点/断面,左右洞各 3 个断面,合计 6 个断面。

(2) 围岩压力量测

拱架内外侧各 5 测点/断面,左右洞各 2 个断面,合计 4 个断面。

(3) 初期支护内应力量测

拱架内外侧各 5 测点/断面,左右洞各 2 个断面,合计 4 个断面。

根据规范要求和现场的实际情况,以上量测项目的量测频率为 1 次/d,根据每天的数据观察钢架内力、围岩压力和初期支护内应力的变化情况。

断面布置根据隧道现场的实际情况来定。

5.4.2.1　钢架内力量测

本项目采用振弦式钢筋计进行量测,把钢筋计焊接在钢架上,量测钢架内力。钢架安装完以后即可测取读数。单洞每个断面钢拱架内外侧各 5 个测点,每个断面共计 10 根钢筋计。分离式隧道钢拱架应力量测测点布置如图 5-14 所示。

本次测试采用振弦式钢筋计(图 5-35)和测频率仪器(如振弦式频率仪,见图 5-36)。

钢筋计的安装在隧道钢拱架焊接完毕时进行。首先将钢筋计编号、分组并做好记录,以便知道安装完毕后各个钢筋计的位置。将钢筋计焊接在钢拱架图 5-14 所示的 5 个测点上,每个测点焊接两根钢筋计,内外侧各一根,将其焊牢,使其与钢拱架共同受力,如图 5-37 所示。焊接时应避免钢筋计传感器处温度过高。焊接完毕后将导线顺着钢拱架排到拱脚处,利用振弦式频率仪测出读数作为初始数据,以后每天量测一次,测出钢拱架受力变化情况。

5.4.2.2　围岩压力量测

围岩压力量测用于了解围岩二次应力(次生应力)的大小,并结合钢拱架的受力情况分析围岩二次应力与当前支护形式的匹配程度,判断设计与施工的安全与经济。

本次测试采用振弦式压力盒,如图5-38所示。压力盒量测断面的测点布置位置与钢拱架应力量测测点布置位置相同(图5-14),单洞每个量测断面共计5个压力盒。

振弦式压力盒焊接在测点外侧。采用振弦式频率仪量测,焊接完毕即可量测得到初始数据,以后每天测量得到围岩压力的变化情况。

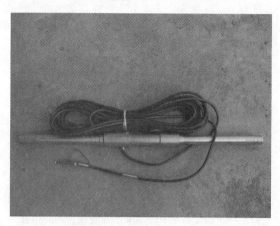

图5-35　振弦式钢筋计

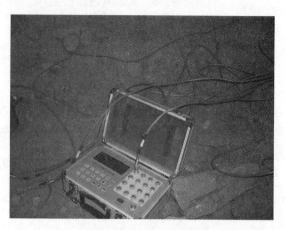

图5-36　振弦式频率仪

图5-37　钢筋计的布置

图5-38　振弦式压力盒

5.4.2.3　喷射混凝土应变量测

喷射混凝土应变量测用于了解喷层受围岩变形影响产生的应力。根据测量结果分析判断当前的支护参数是否合适。振弦式混凝土应变计(图5-39)利用弦振频率与弦的拉力的变化关系来衡量应变计所在点的应变。

本次测试采用振弦式混凝土应变计量测断面的测点布置位置与钢拱架应力量测测点布置位置相同(图5-14),单洞每个量测断面共计5个应变计。

振弦式混凝土应变计需要和混凝土一起变形,布置时将其绑扎在钢筋网上,如图5-40所示。绑扎完毕后将导线排到拱脚,以便量测。采用振弦式频率仪量测,测点布置好后即可量测得到初始数据,以后每天测量得到喷射混凝土应变的变化情况。

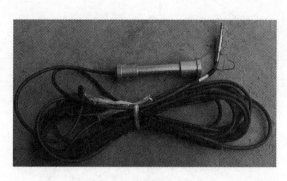

图 5-39　振弦式混凝土应变计

图 5-40　振弦式混凝土应变计测点布置

5.4.3　量测结果分析

5.4.3.1　钢架内力量测结果

典型断面钢架内力量测结果见表 5-9,相应的弯矩和轴力图见图 5-41、图 5-42。典型断面钢架内力随时间的变化时程曲线图见图 5-43、图 5-44。

表 5-9　　　　　　　　　　　YK1＋750、YK1＋770 断面钢拱架应力量测结果

测点		断面					
		YK1＋750			YK1＋770		
		应力/MPa	轴力/kN	弯矩/(kN·m)	应力/MPa	轴力/kN	弯矩/(kN·m)
拱顶	外	−57.02	−400.2	+18.5	−111.12	−532.0	+15.7
	内	−203.67			−235.43		
左拱腰	外	−57.20	−212.9	+3.1	−55.14	−191.4	+1.8
	内	−81.50			−69.57		
右拱腰	外	−71.88	−240.1	+1.6	−47.81	−206.5	+4.9
	内	−84.54			−86.69		
左边墙	外	−46.88	−169.9	+2.1	−12.78	−72.6	+2.7
	内	−63.83			−39.86		
右边墙	外	+5.52	−62.5	+6.5	+23.07	−25.8	+5.3
	内	−46.23			−39.86		

注:拉力和轴力"−"表示受拉,"+"表示受压,弯矩以钢拱架内侧受拉为"+"。

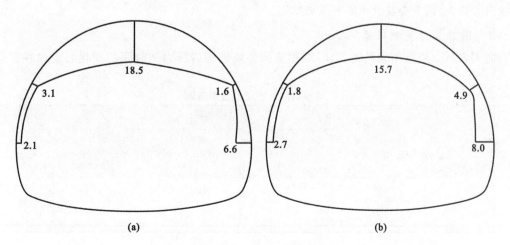

图 5-41　YK1＋750、YK1＋770 断面钢架内力量测弯矩示意图(单位:kN·m)

(a) YK1＋750 断面;(b) YK1＋770 断面

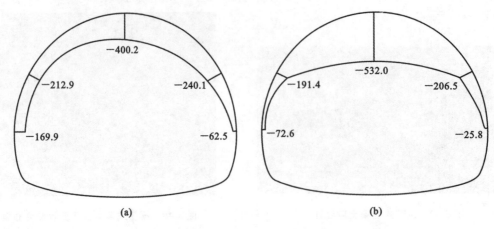

图 5-42 YK1＋750、YK1＋770 断面钢架内力量测轴力示意图（单位:kN）

(a) YK1＋750 断面;(b) YK1＋770 断面

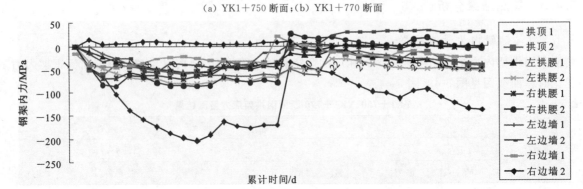

图 5-43 YK1＋750 断面钢架内力变化时程图

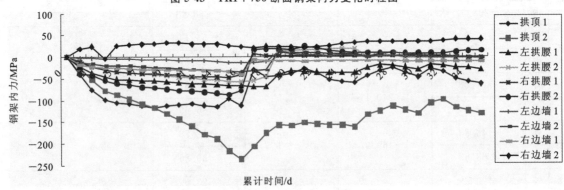

图 5-44 YK1＋770 断面钢架内力变化时程图

钢架内力测试结论:由右洞 YK1＋750、YK1＋770 断面钢架内力量测结果可知,断面拱顶处钢架(型钢)型钢内翼缘内力较大,钢支撑均处于不利受力状态。

5.4.3.2 围岩压力量测结果

典型断面围岩压力量测结果见表 5-10,其相应的各断面围岩压力随时间的变化时程曲线图见图 5-45、图 5-46。

表 5-10 **典型断面围岩压力量测结果**

断面	压力/MPa				
	测点位置				
	拱顶	左拱腰	右拱腰	左边墙	右边墙
ZK1＋499	0.617	0.249	1.029	0.136	0.075
ZK1＋505	1.070	0.240	0.032	0.360	0.236

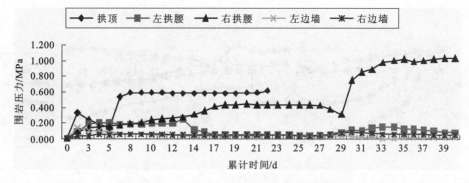

图 5-45　ZK1＋499 断面围岩压力变化时程图

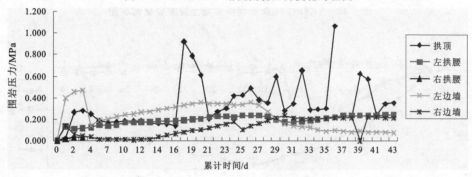

图 5-46　ZK1＋505 断面围岩压力变化时程图

围岩压力测试结论：由 ZK1＋499、ZK1＋505 断面围岩压力量测结果可知，隧道拱顶处、左右拱腰和左右边墙处部分围岩压力值在 0.5 MPa 以上，最大值达到 1.070 MPa。

5.4.3.3　初期支护内应力量测结果

典型断面初期支护内应力量测结果见表 5-11，其相应的各断面初期支护内应力随时间的变化时程曲线图见图 5-47、图 5-48、图 5-49。

表 5-11　　　　　　　　　　　　各断面初期支护内应力量测结果

测点	断面					
	ZK1＋499		YK1＋784		YK1＋797	
	应变/με	应力/MPa	应变/με	应力/MPa	应变/με	应力/MPa
拱顶	−3687	−9.41	−1026	−2.61	−729	−1.86
左拱腰	+3556	+9.08	−1443	−3.68	+39	+0.11
右拱腰	−3807	−9.71	−528	−1.35	测点损坏	
左边墙	−71	−0.18	−194	−0.50	−371	−0.96
右边墙	−477	−1.22	−524	−1.34	−177	−0.45

注："＋"表示混凝土受拉，"−"表示混凝土受压。

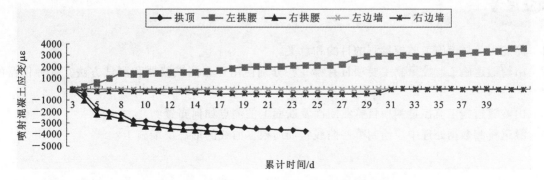

图 5-47　ZK1＋499 断面喷射混凝土应变变化时程图

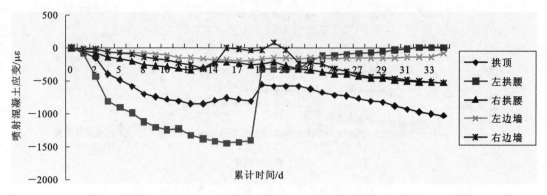

图 5-48 YK1＋784 断面喷射混凝土应变变化时程图

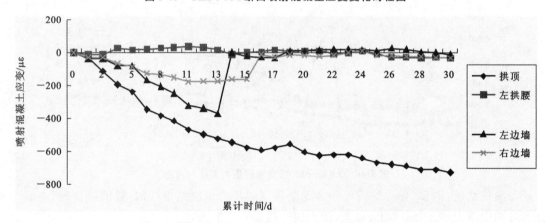

图 5-49 YK1＋797 断面喷射混凝土应变变化时程图

　　喷射混凝土测试结论：由 ZK1＋499、YK1＋784、YK1＋797 断面喷射混凝土应变量测结果可知，左洞喷射混凝土应力比右洞大，最大压应力值达到 9.41 MPa；此外，由实测数据可知，左右洞拱顶及左右拱腰处喷射混凝土应力值较大。

本章小结

　　山岭隧道施工监控量测旨在收集可反映施工过程中围岩动态的信息，据以判定隧道围岩的稳定状态，以及所确定的支护结构参数和施工方法的合理性。量测项目包括变形量测、压力量测、应力量测、振动量测等内容，按性质可分为必测项目和选测项目两大类。现场监控量测应根据设计要求、隧道断面形状和断面大小、埋深、围岩条件、周边环境条件、支护类型和参数、施工方法等来选择监控量测项目。

独立思考

　　5-1　简述山岭隧道施工监控量测的目的和意义。

　　5-2　山岭隧道施工监控量测主要项目有哪些？分别使用什么测试仪器和测试方法？各种仪器的原理是什么？

　　5-3　山岭隧道施工监控量测项目施测断面及断面上的测点如何布置？

　　5-4　隧道量测数据处理中应绘制哪些曲线？如何根据曲线的形态反馈施工？

6

城市地铁区间隧道
盾构施工监测

课前导读

▽ **知识点**

盾构施工地层变形理论以及隧道盾构施工监测的目的和意义，隧道盾构施工监测的内容及项目选取，监测方案的制订及监测点的布置原则。

▽ **重点**

隧道盾构施工监测的内容及项目选取。

▽ **难点**

根据实际情况制订隧道盾构施工监测方案以及布置监测点。

6.1 概　述 >>>

　　了解盾构施工过程中的地层变形现象并研究其预测方法,主要有两个目的:其一是要事先预测盾构施工对施工环境和邻近已建建筑的影响,并且提出满足周围环境和已建建筑要求的施工措施;其二是在现场对盾构施工过程进行监控,并依据监测结果判断施工措施是否合理,进而调整施工措施,提高工程质量。

6.1.1 盾构法施工简介

　　盾构法是隧道暗挖施工法的一种,是指使用盾构机,一边控制开挖面及围岩不发生坍塌失稳,一边进行隧道掘进、出渣,并在机内拼装管片形成衬砌、实施壁后注浆,从而不扰动围岩而修筑隧道的方法。盾构机的盾是指保持开挖面稳定性的刀盘和压力舱、支护围岩的盾构钢壳;构是指构成隧道衬砌的管片和壁后注浆体。用此法修建地下隧道至今已有190余年的历史。

　　1963年上海就在第四纪软弱饱和土层中开始了直径4.16 m的盾构隧道建设。1968年北京开始了直径7.0 m的盾构隧道的工程试验,并在钢筋混凝土管片制造、防水技术、挤压混凝土施工等方面取得了成功。1989年上海地下铁道一号线工程正式采用盾构法修建区间隧道,并于1994年投入运营。之后,在广州、深圳、南京、北京地铁工程中,盾构法也得到成功应用。目前,盾构法已成为我国城市地铁区间隧道的主流施工方法之一。

　　盾构法施工概貌如图6-1所示。其主要步骤为:

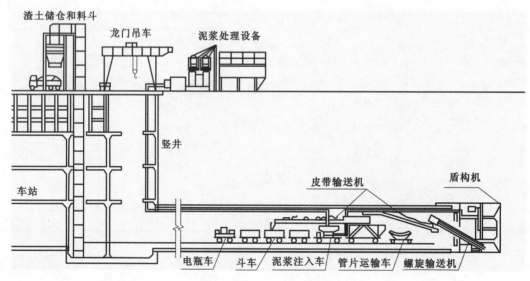

图 6-1　盾构法施工概貌图

　　① 在盾构法隧道起始端和终端各建一个工作井。

　　② 盾构在起始端工作井内安装就位。

　　③ 依靠盾构千斤顶推力(作用在已拼装好的衬砌环和工作井后壁上)将盾构从起始工作井的墙壁开孔处推出。

　　④ 盾构在地层中沿着设计轴线推进,在推进的同时不断出土和安装衬砌管片。

　　⑤ 及时向衬砌背后的空隙注浆,防止地层移动,并固定衬砌环位置。

　　⑥ 盾构进入终端工作井并被拆除,如果施工需要,也可穿越工作井再向前推进。

　　其中对周围环境影响最大的主要施工技术环节为土体开挖与开挖面支护、盾构推进与衬砌拼装、盾尾脱空与壁后注浆等环节。

6.1.2 盾构施工中地层变形的原因

综合国内外若干成功经验,总结造成地表沉降的主要原因包括两个方面:一是盾构施工过程中产生的地层损失;二是盾构隧道周围受扰动或受剪切破坏的重塑土的再固结。

6.1.2.1 地层损失

地层损失是盾构施工中实际开挖土体体积与竣工隧道体积之差。周围土体在弥补地层损失中发生地层移动,从而引起地面沉降。引起地层损失的因素包括:

① 开挖面土体的三维移动。当开挖面的支护压力小于原始侧向应力时,开挖面土体向盾构内移动,引起地层损失而导致盾构上方地层沉降;反之,当开挖面的支护压力大于原始侧向应力时,则正面土体向前移动,引起负地层损失而导致盾构上方土体隆起。

② 盾构对土体的挤压和剪切摩擦。盾构掘进时将对土层产生不同程度的挤压扰动和剪切摩擦。另外,盾构掘进遇到弯道以及进行水平或垂直纠偏时,也会使周围的土体受到挤压扰动,从而引起地表变形,其变形大小与地层的土质及隧道的埋深有关。

③ 盾构刀盘的超挖。为了减小盾构壳上的摩擦阻力以使盾构能够顺利前行,通常盾构的刀盘外径要大于盾构壳的外径,从而在盾构壳外围产生一定宽度的间隙,盾构机由于自重发生下沉,在横断面上形成超挖间隙,随后周围土体由于填充超挖间隙而产生指向盾构内部的径向位移。

④ 改变推进方向引起的超挖。盾构在曲线推进、纠偏、抬头推进或叩头推进过程中,实际开挖断面不是圆形而是椭圆形,超挖后引起地层移动。

⑤ 土体挤入盾尾空隙。由于注浆不及时,盾尾后部隧道周围土体向盾尾空隙移动,产生地层损失,导致地层沉降。在含水不稳定的地层中,这往往是引起地层移动的主要因素。

⑥ 盾尾同步注浆与及时注浆。地层位移与盾尾填充注浆量密切相关,当注浆量不足时,周围土体填充盾尾空隙引起地层沉降;相反,当注浆量过大时,也会导致地层隆起变形。

6.1.2.2 受扰动土的固结

盾构隧道土体受到盾构施工的扰动后,便在盾构隧道的周围形成超孔隙水压力区(正值或负值)。当盾构离开该处地层后,由于土体表面压力释放,隧道周围的孔隙水压力便下降。在超孔隙水压力释放过程中,孔隙水排出,引起地层移动和地面下降。此外,由于盾构推进中的挤压作用和盾尾后的压浆作用,周围地层形成正值的超孔隙水压区。其超孔隙水压力在盾构隧道施工后的一段时间内消散,在此过程中地层发生排水固结变形,引起地面沉降。土体受扰动后,土体骨架还会有持续很长时间的压缩变形,在此过程中发生的地面沉降称为次固结沉降。在孔隙比和灵敏度较大的软塑性和流塑性黏土中,次固结沉降往往要持续几年以上,由它引起的沉降量比例可高达 35% 以上。

从盾构法施工引起地面沉陷的原因中可以看出,控制盾构施工参数(如推力、推速、正面土压、同步注浆量和压力等),可有效抑制其引起的地面沉降。

综合多年来的实践经验可以得出,盾构推进引起的地层移动因素有盾构直径、埋深、土质、盾构施工情况等。其中,隧道线形、盾构外径、埋深等设计条件和土的强度、变形特性、地下水位分布等地质条件,属于客观因素;而盾构的形式、辅助施工方法、衬砌壁后注浆、施工管理等,则属于主观因素。

6.1.3 地层位移的特征

对地层的大量实测资料的分析表明,按地层沉降变化曲线的特征,盾构隧道施工引起的地层位移可分为 5 个阶段:盾构到达前的初始沉降、盾构到达时的沉降或隆起、盾构通过时的推进沉降、盾构通过后的盾尾空隙沉降、地层后期固结变形。

① 盾构到达前的初始沉降。在盾构的掘进过程中,一方面由于开挖面涌水、管片拼装不良等种种原因引起地下水流动和水位降低,导致上覆土压力增加;另一方面盾构开挖时导致的应力释放和应力重分布,引起开挖断面前一定距离内的观测点的沉降。

② 盾构到达时的沉降或隆起。它是指在开挖面靠近观测点并到达观测点正下方这一过程中所产生的沉降或隆起现象。这是盾构机的推力过大或过小导致开挖面土压失衡所致。当盾构机推力等于开挖面静止土压力时,掘进对土体的影响最小;当盾构机推力不足,其正面土压力小于开挖面静止土压力时,开挖面土体下沉;当盾构机推力过大时,则会引起开挖面土体隆起。

③ 盾构通过时的推进沉降。它是指从盾构机开挖面到达观测点再到盾构机尾部通过观测点这一过程中所产生的沉降。这个沉降主要是盾构机的推进对土体的扰动所致。如盾构推进时盾壳与土层之间的摩擦,盾构的曲线推进、纠偏、抬头推进或叩头推进过程中,必然引起土体的部分受压或部分松弛,从而导致地面产生附加变形。

④ 盾构通过后的盾尾空隙沉降。它是指盾构机尾部通过观测点正下方时产生的沉降。由于盾尾通过时管片拼装后与盾构外壳之间会产生一个盾尾间隙,盾尾间隙的上方及周围土体应力释放引发了弹塑性变形。盾尾空隙一般通过同步注浆充填,但如果注浆不及时、注浆量不足或注浆压力不足,会使周边土体向盾尾空隙中移动,造成地层损失。

⑤ 地层后期固结变形。由于盾构通过时对地基土产生了扰动,再加上上述阶段各种残余影响,在相当长的一段时间内,地基将继续发生固结沉降和次固结沉降。

一般来说,由于地质条件和施工措施的不同,上述各种沉降并不同时发生,并且沉降的大小和类型也不相同。随着盾构施工技术水平的改进,盾构机对正面土压力的控制技术和同步注浆技术可以有效地减小地面沉降。

6.1.4 地面沉降及影响范围的预测

地面沉降量及影响范围的预测可以分为设计阶段预测和施工阶段预测。

设计阶段预测的方法有连续介质力学的数值方法——有限元法和边界元法,以及根据实测数据总结出的统计方法,其中较实用的有派克(Peck,1969 年)公式和一系列修正的派克公式,以及其他统计公式,其中派克横向地面沉降分布公式为:

$$S(x) = S_{max} e^{-\frac{x^2}{2i^2}} \tag{6-1}$$

式中,$S(x)$ 为距隧道中线 x 处的地面沉降量,m;S_{max} 为隧道中线处(即 $x=0$)的地面沉降量,m;x 为距隧道中线的距离,m;i 为沉降槽宽度系数,即沉降曲线反弯点的横坐标,m。派克假定横向沉陷曲线为正态分布曲线。

当横向沉陷曲线为正态分布曲线时,S_{max} 和沉降槽体积 $V_{(s)}$(一般认为横向沉降槽体积等于地层损失)有下列关系:

$$S_{max} = \frac{V_{(s)}}{\sqrt{2\pi i}} \cdot \frac{V_{(s)}}{2.5i} \tag{6-2}$$

横向沉降槽宽度系数 i 取决于接近地表的地层强度、隧道埋深和隧道半径。根据在均匀介质中的试验,可以从几何关系中近似得出:

$$i = k\left(\frac{Z}{2R}\right)^n \tag{6-3}$$

式中,Z 为隧道开挖面中心至地面的距离,m;R 为盾构外半径,m;k,n 为试验系数,$k=0.63\sim0.82$,$n=0.36\sim0.97$。

派克纵向沉降分布(根据上海软土隧道情况修正)公式为:

$$S(y) = \frac{V_{l1}}{\sqrt{2\pi i}}[\Phi(y-y_i)/i - \Phi(y-y_l)/i] + \frac{V_{l2}}{\sqrt{2\pi i}}[\Phi(y-y_i')/i - \Phi(y-y_l')/i] \tag{6-4}$$

式中,$S(y)$ 为地面沉降量,m;V_{l1},V_{l2} 为盾构开挖面与盾尾后部间隙所引起的地层损失;y_i 为盾构推进起始点到坐标原点的距离,m;y_l 为盾构开挖面到坐标原点的距离,m,$y_i'=y_i-l$,$y_l'=y_l-l$,l 为盾构长度,m;Φ 为正态分布函数。

公式的几何意义见图 6-2。

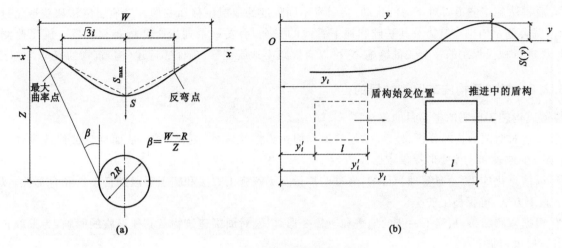

图 6-2 地面沉降量及范围预测图

(a) 横向分布；(b) 纵向分布

沉降影响范围 W 估算公式：

$$W = 1.5RK\left(\frac{Z}{2R}\right)^n \tag{6-5}$$

式中，Z 为地面至开挖面中心距离，m；R 为隧道外半径，m；K、n 为系数，见表 6-1。

表 6-1   系数 K、n

土质盾构类型	砂砾土		砂性土		黏性土	
	K	n	K	n	K	n
气压式盾构	0.90	0.55	0.60	1.15	1.25	0.65
土压平衡式盾构	0.95	0.60	0.65	1.20	1.30	0.70
泥水加压式盾构	1.00	0.65	0.70	1.25	1.35	0.75

日本的竹山桥用弹性介质有限元分析得出估算地表沉降的实用公式：

$$S = \frac{2.3 \times 10^4}{\overline{E}^2}\left(21 - \frac{H}{D}\right) \tag{6-6}$$

式中，H 为隧道的覆盖深度，m；D 为盾构外径，m；$\overline{E}$ 为多层土的等效平均弹性模量，Pa。

关于各个阶段地面沉降的预测，一般可结合前一施工阶段地面沉降的实测资料进行反馈推求。

6.2 隧道盾构施工监测的意义和目的 ▶▶▶

6.2.1 隧道盾构施工监测的意义

近年来，由于盾构法在技术上的不断改进，机械化程度越来越高，对地层的适应性也越来越好，以及其埋置深度可以很深而不受地面建筑物和交通的影响，因此，在水底公路隧道、城市地下铁道和大型市政工程等领域均被广泛采用。开展隧道盾构施工监测的意义如下。

① 由于盾构所穿越的地层地质条件千变万化，而施工前的工程地质勘察有一定局限性，依据工程地质勘察不可能完全揭示地质条件和岩土介质的物理力学性质，因此，盾构法的设计和施工方案总是存在一些不足。通过对盾构推进全过程的监测，掌握由盾构施工引起的周围地层的移动规律，及时反馈监测结果，进而合理调整施工参数和采取技术措施，可以保证施工安全进行。

② 盾构法施工隧道时对土体的扰动，会引发不同程度的地层位移和变形。当地层位移和变形超过一定限度时，就会危及周围建筑物及其基础和地下管线的安全，引发一系列岩土环境工程问题。施工监测是对周围环境进行积极保护的一个关键措施，它可以有效减小地层位移，确保邻近建(构)筑物的安全。

6.2.2 隧道盾构施工监测的目的

隧道盾构施工监测的主要目的包括：

① 通过对监测数据的分析、处理，掌握隧道和周边地层稳定性、变化规律，从而确认或修改设计或施工参数，为减少地表和土体变形提供依据。

② 以信息化施工、动态管理为目的，通过监控量测了解施工方法和施工手段的科学性和合理性，以便及时调整施工方法，确保施工安全。

③ 根据监测结果，预测下一步的地表和土体变形，以及对周围建筑物及其他设施的影响，为采取合理的保护措施提供依据。

④ 检查施工引起的地面沉降和隧道沉降是否达到控制要求。

⑤ 控制地面沉降和水平位移及其对周围建筑物的影响，以减少工程保护费用。

⑥ 建立预警机制，保证工程安全，避免结构和环境安全事故造成工程总造价增加。

⑦ 为研究岩土性质、地下水条件、施工方法与地表沉降和土体变形的关系积累数据，为改进设计提供依据，为类似工程提供经验参考。

⑧ 发生工程环境责任事故时，为仲裁提供具有法律意义的数据。

6.3 隧道盾构施工监测的内容及项目选取 >>>

6.3.1 监测内容

盾构法施工隧道时所需的监测内容可分为三大类：岩土介质和周围环境的监测内容、盾构隧道结构的监测内容、施工进程中的监测内容。

6.3.1.1 岩土介质和周围环境的监测内容

岩土介质和周围环境的监测又包括地下水监测、土体变形监测、附近建筑物的监测等内容。

（1）地下水监测

根据地下水的监测结果，可提出开挖面可能失去稳定的警报，可以检验降水效果，有益于改进挖土、运土等施工方法。监测地下水情况的工作内容包括：

① 监测地下水位变化和孔隙水压力。

② 监测井点降水效果。

③ 监测隧道开挖面、隧道及其他渗流处的地下水渗流水量及带有土粒的渗流。

（2）土体变形监测

土体变形监测包括以下项目：

① 地表变形。

用普通水准仪观测隧道中心线上预设的地表桩和与隧道中心线相垂直的地表桩，进行纵向和横向地面变形监测。

② 地下土体沉降。

观测盾构顶部正上方土体中一点的沉降量和在盾构正上方的垂直线上几个点的沉降量，以确定影响地层损失的因素。特别是对盾构正上方土体中一点的沉降监测，比地表沉降监测效果更为显著，对确定施工因素更为有效。为了达到研究的目的,还要观测离开盾构中心线的深层土体的沉降量。

③ 地表水平位移及应变观测。

这种观测主要是对设在垂直于隧道轴线的断面上的地表桩进行观测,以随时分析建筑物的安全问题。

④ 地下土体的水平位移量测。

沿盾构前方、两侧设测点,用测斜仪量测盾构推进过程中由于扰动引起的土体水平位移,从中可研究减少盾构扰动的施工措施。

⑤ 土体回弹观测。

为了观测在盾构施工中盾构底部以下土体的回弹量,以分析这种回弹量可能引起的隧道下卧土层的再固结沉陷(这种隧道的再固结沉陷也会引起地表沉降),可在盾构前方的一侧埋设深层回弹桩。

⑥ 盾尾空隙中坑道周边向内移动的观测。

通过衬砌环上的压浆孔,将观测桩埋置于衬砌环外的土体中,观测隧道周边土体自开始脱出盾尾后的位移发展过程,了解土体挤入盾尾空隙的速度;根据观测结果,及时调整隧道内的气压压力或改进压浆工艺,以尽量减少盾尾空隙导致的隧道周边的内移,从而减少对隧道周围土体的扰动及地表沉降。

(3) 附近建筑物的监测

对附近建筑物的监测可以确定施工对建筑物的影响,保证重要建筑物和公用设施的安全和正常运用,并取得处理损坏问题的法律依据,监测内容包括:

① 监测建筑物在盾构穿越前后的变化。

② 监测建筑物在施工过程中的沉降。

③ 量测建筑物的水平位移及应变。

④ 观测建筑物墙身和地板的倾斜。

⑤ 观测公用管道及其地基沉降和水平位移。

⑥ 当穿越铁路时,监测两条轨道的轨面和轨道枕木下地基面的沉降量、水平位移、沉降差及沉降速率。

6.3.1.2 盾构隧道结构的监测内容

盾构隧道结构的监测内容主要包括:

① 隧道各衬砌环自脱出盾尾后的沉降监测。

② 隧道应变的量测,包括用应变计量测结果计算结构构件的轴力和弯矩。

③ 隧道收敛位移量测。

④ 隧道外侧的水土压力或水压力的量测。

⑤ 预制管片凹凸接缝处法向应力量测。

6.3.1.3 施工进程中的监测内容

为了能够充分分析各种问题和现象,并且为施工阶段控制盾构的状态提供资料,需要有一整套有关施工程序与相应的观测数据记录资料。每环隧道施工记录应包括以下项目:

① 各环压浆时间、点位、压力、数量及浆配比。

② 盾构偏离设计轴线的水平及垂直偏差。

③ 盾构千斤顶推进记录,包括各环每一次推进的开始和停止时间,千斤顶开启只数、编号和压力。

④ 从设计图中估计隧道的理论土层损失,仔细量测并记录排土量。

⑤ 影响观测数据的环境因素,如温度及附近的施工活动等。

⑥ 不正常土层损失。

具体监测项目和仪器见表6-2。

表 6-2   盾构隧道施工监测项目和仪器

序号	监测对象	监测类型	监测项目	监测元件与仪器
1	隧道结构	结构变形	1.隧道结构内部收敛	收敛计、伸长杆尺
			2.隧道、衬砌环沉降	水准仪
			3.隧道洞室三围位移	全站仪
			4.管片接缝张开度	测微计
		结构外力	5.隧道外侧水土压力	压力盒、频率仪
			6.隧道外侧水压力	孔隙水压力计、频率仪
		结构内力	7.轴向力、弯矩	钢筋应力传感器、频率仪、环向应变计
			8.螺栓锚固力、管片接缝法向接触力	钢筋应力传感器、频率仪、锚杆轴力计
2	地层	沉降	1.地表沉降	水准仪
			2.土体沉降	分层沉降仪、频率仪
			3.盾构底部土体回弹	深层回弹桩、水准仪
		水平位移	4.地表水平位移	经纬仪
			5.土体深层水平位移	测斜仪
		水土压力	6.水土压力(侧、前面)	土压力盒、频率仪
			7.地下水位	监测井、标尺
			8.孔隙水压	孔隙水压力探头、频率仪
3	相邻环境、周围建(构)筑物、地下管线、铁路、道路		1.沉降	水准仪
			2.水平位移	经纬仪
			3.倾斜	经纬仪
			4.建(构)筑物裂缝	裂缝计

6.3.2 监测项目的选取

各地的实际施工情况及规定都会影响监测内容,因此,盾构法隧道施工监测项目的选取一般要根据每个工程的具体情况、特殊要求、经费投入等因素综合确定,目的是使施工监测能最大限度地反映周围土体和建筑物的变形情况,避免出现对周围环境的破坏。在选择监测项目时,需考虑的因素较多,如施工场地的工程地质和水文地质情况、盾构隧道的设计方案和施工工艺、隧道施工影响范围内建(构)筑物或大型公用管道与隧道轴线的相对位置及其结构特点等,另外设计提供的变形控制值和安全储备系数也是考虑因素之一。这里需要注意的是施工进程中的施工观测和记录,在所有情况下都是需要的。各种盾构隧道基本监测项目可参见表 6-3。

表 6-3   盾构隧道基本监测项目的确定

检测项目		地表沉降	隧道沉降	地下水位	建筑物变形	深层沉降	地表水平位移	深层位移、衬砌变形和沉降、隧道结构变形收敛等
地下水位情况	土壤情况							
地下水位以上	均匀黏性土	○	○	△	△			
	砂土	○	○	△	△	△	△	△
	含漂石等	○	○	△	△	△	△	

续表

检测项目		地表沉降	隧道沉降	地下水位	建筑物变形	深层沉降	地表水平位移	深层位移、衬砌变形和沉降、隧道结构变形收敛等
地下水位情况	土壤情况							
地下水位以下，且无控制地下水位的措施	均匀黏性土	∘	∘	△	△			
	砂土	∘		∘	○	△	△	
	含漂石等	∘			△	△	△	
地下水位以下，用压缩空气控制地下水位	均匀黏性土	∘		∘	○	○	○	△
	砂土	∘	∘	∘	○			△
	含漂石等	∘	∘					△
地下水位以下，用井点降水或其他方法控制地下水位	均匀黏性土				△			
	黏性土或粉土	∘	∘	∘	○	○	○	△
	砂土	∘	∘	∘	○	△	△	△
	含漂石等							

注：① "∘"表示必须监测的项目；"○"表示建筑物在盾构施工影响范围以内，基础已作加固，须监测；"△"表示建筑物在盾构施工影响范围以内，但基础未作加固，须监测。

② 表中建筑物变形是指地面和地下的一切建(构)筑物的沉降、水平位移和裂缝。

6.4 隧道盾构施工监测方案制订及监测点布置 ⟫⟫⟫

6.4.1 监测方案制订

监测方案规定了监测工作预期目标、拟采用的技术路线和方法、工作内容和开展计划，以及所需的经费等，其制订必须建立在对工程地质条件和相邻环境(包括地表构筑物、道路和地下管线分布情况，以及相邻建筑物的结构形式、地下室、基础)的详细调查和掌握的基础之上，同时还须与工程建设单位、施工单位、监理单位、设计单位以及管线主管单位和道路监察单位充分协商。监测方案的制订一般须经过以下几个步骤：

① 收集和阅读有关场地地质条件、周围环境和相邻结构物构造的有关材料。

② 现场踏勘，重点掌握地下管线和道路的走向、相邻结构物的状况。

③ 拟订监测方案初稿，提交建设单位等讨论审定。初步通过后提交由市政道路监察部门召集、主持的各相关主管单位参加的协调会议。方案通过后，监测工作方能正式实施。

④ 在实施过程中可根据实际施工情况对监测方案进行适当调整与补充，但大的原则一般不能更改，特别是埋设元件的种类和数量、监测频率和报表数量等应严格按商定的方案实施。

监测方案的设计内容包括以下几项：

① 工程概况：工程规模、地质概况等。

② 监测目的：根据监测项目制订。

③ 监测内容：根据相关规程及业主要求制订。

④ 监测方法：元件埋设、监测仪器、监测频率。

⑤ 监测成果：当日报表、监测总结报告。

⑥ 监测费用：材料费用、人工费用、结果整理费用。

上述内容应根据工程实际情况和委托单位具体要求适当取舍和调整。应该指出，一份高质量的监测方案已使项目取得一半成功,它拟订了周密详尽的计划,保证了后续工作有条不紊顺利开展。

6.4.2　监测点布置

6.4.2.1　监测点布置原则

按监测方案在现场布设测点,当实际地形条件不允许时,在靠近设计测点位置处设置测点,以能达到监测目的为原则。

为验证设计参数而设的测点布置在设计最不利位置和断面上,为指导施工而设的测点布置在相同工况下最先施工的部位,其目的是及时反馈信息,以便修改设计和指导施工。

地表变形测点的位置既要考虑反映对象的变形特征,又要便于采用仪器进行观测,还要有利于测点的保护。

深埋测点(结构变形测点等)不能影响和妨碍结构的正常受力,不能削弱结构的刚度和强度。

各类监测测点的布置在时间和空间上应有机结合,力求同一监测部位能同时反映不同的物理量变化,以便找出其内在的联系和变化规律。

测点的埋设应提前一定的时间进行,并及早进行初始状态数据的量测。

测点在施工过程中一旦被破坏,应尽快在原来位置或尽量靠近原来位置处补设测点,以保证该测点观测数据的连续性。

6.4.2.2　地下水的监测点布置

对于埋置于地下水位以下的盾构隧道,地下水位和孔隙水压力的监测是非常重要的,尤其是对于在砂土层中用降水法进行的盾构施工,地下水位的监测结果,可用于检验降水效果,为盾构使用压缩空气的压力提供依据,对开挖面可能引起的失稳进行预报,还有益于改进挖土、运土等施工方法。

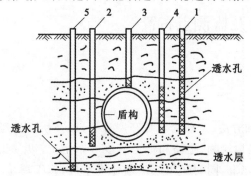

图 6-3　监测隧道周围地层地下水位的水位观测井

1—全长水位观测井;2—监测特定土层的水位观测井;

3—接近盾构顶部的水位观测井;

4—隧道直径范围内土层中的水位观测井;

5—隧道底下透水地层的水位观测井

水位观测井观测地下水位时,布置方式一般分为以下几种:

① 在隧道中心线或在隧道一侧设置,井管深度为地面到隧道底部,沿井管全长开透水孔,可进行全长水位观测,如图 6-3 中的 1 号井。

② 观测某一个或几个含水层中水位变化时,可在特定土层中设置,如图 6-3 中的 2 号井。

③ 关键点处的水位观测井,如在接近盾构顶部的盾构上方土体中设置水位观测井,如图 6-3 中的 3 号井。

④ 监测隧道垂直直径范围内土层中水位的观测井,如图 6-3 中的 4 号井。

⑤ 隧道底下透水地层的水位观测井,如图 6-3 中的 5 号井。

进行地下水位监测时,还需同时测出井点抽水泵的出水量自开始抽出后随时间的变化,以及相应抽水井管与水位观测井管中的水位变化。

6.4.2.3　土体变形的监测点布置

在地面沉降控制要求较高的地区,往往在盾构推出竖井的起始段进行以土体变形为主的监测。地表变形和沉降监测须布置纵(沿轴线)剖面监测点和横剖面监测点。纵(沿轴线)剖面监测点的布设一般须保证盾构顶部始终有监测点在监测,所以,沿轴线方向监测点间距一般小于盾构长度,通常每隔 3～5 m 布设一个测点,出洞区 30 m 范围内测点宜加密。监测横剖面布设,当埋置深度 $H \geqslant 2B$(B 为隧道宽度)时,每隔 20～50 m 布设一个测点;当 $2B > H \geqslant B$ 时,每隔 10～20 m 布设一个测点;当 $H < B$ 时,每隔 10 m 布设一个测点。在横剖面上从盾构轴线由中心向两侧按测点间距从 2 m 至 5 m 递增布设测点,布设的范围为盾构外径的 2～3 倍,如图 6-4 所示。通过监测数据可绘制横断面地表变形曲线和纵断面地表变形曲线,据此可确

定合理的盾构施工参数。如果横断面地表变形曲线与预测计算出的沉降槽曲线接近,说明盾构施工基本正常;若实测沉降值偏大,说明地层损失过大,须要按监测反馈资料调整盾构正面推力、压浆时间、压浆数量和压力、推进速度、出土量等施工参数,以达到控制沉降的最优效果。另外,如果盾构覆土厚度较小、开挖面推力和推进速度不适当,盾构前方土体不仅易产生较大幅度的隆起或沉降,而且易产生沿盾构轴线的水平位移,因此,在建筑密集区施工时,尤其在盾构穿越建筑物时,应连续监测纵向地面变形,严密控制盾构正面推力、推进速度、出土量以及盾尾压浆等施工细节。

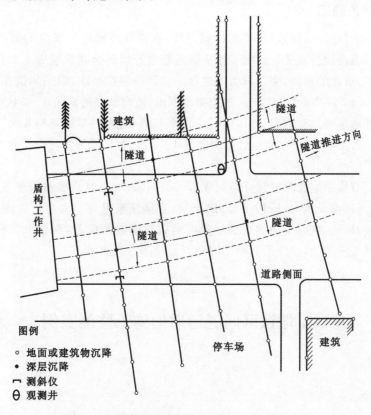

图 6-4　盾构推进起始阶段土体变形测点布设实例

　　土体深层位移测孔一般布置在隧道中心线上,尤其是盾构正前方一点的沉降,监测效果比地表沉降更为显著,能更有效地监测施工状态和工艺参数;另外,为了达到研究目的也可监测离开盾构中心线一定距离的土体的深层沉降。地下土体的水平位移监测应沿盾构前方、两侧设测孔,用测斜仪量测,监测结果可以作为分析盾构推进中对土体扰动引起的水平位移以及研究减少扰动对策的依据。土体回弹观测点设在盾构前方一侧的盾构底部以上土体中,采用埋设深层回弹桩,以分析这种回弹量可能引起的隧道下卧土层的再固结沉陷。

　　隧道的沉降相当于增加地基损失,必然加大地表沉降,而隧道沉降由衬砌环的沉降反映出来,衬砌环的沉降监测是在盾构施工全过程中通过在各衬砌环上设置沉降点实现的,曲线段每隔 10 m 设一个点,直线段每隔 20 m 设一个点,设在拱底块的两肩上,按时测量其高程变化。根据各环沉降曲线的沉降速率大小及其变化,并结合其他土体变形的观测数据,可以分析不利的施工因素,提出合理的改进意见。

6.4.2.4　附近建筑物、道路及管线监测点的布置

　　一般认为盾构轴线向两侧外延 2～3 倍盾构外径为盾构开挖变形影响的范围,需对该范围内的建筑物、道路和管线等进行监测。对于建筑物来说,监测点应布置在建筑物变形较显著的部位,如建筑物的四周角点、中点及内部承重墙(柱)上,并应沿建筑物周边每隔 10～12 m 设置一个监测点,在每幢建筑物上至少设置两个监测点,对于工业厂房每根柱子均应埋设监测点,重点监测建筑物在盾构穿越前、穿越时和穿越后各阶段的沉降、位移及倾斜,如有裂缝须进行裂缝观测,必要时应拍照存档。

　　道路沉降监测必须将地表桩埋入路面下的土层中才能比较真实地测量得到地表沉降,对于铁路必须同

时监测路基和铁轨的沉降。

施工期间还须对周边道路下埋设的各类管线进行监测。地下管线沉降监测点的布设：对重点保护的管线应将测点设在管线上，并砌筑保护井盖，一般的监测也可在管线周围地面上设置地表桩。管线监测点按15～20 m 间距进行设置。该监测结果对确定盾构施工对建筑物和公用设施的影响，保证重要建筑物和公用设施安全正常运行至关重要，并可为处理损坏问题提供法律依据。

6.4.3　监测频率的确定

监测工作布置应本着"经济、合理、可靠"的原则进行，在确保隧道施工安全的前提下安排监测进程，尽可能建立起一个完整的监测预警系统。监测工作从隧道掘进开始到全线贯通后 1 个月止。对地表沉降、邻近地下管线、邻近建（构）筑物的监测，应在盾构掘进施工前精确测定 2 次，取平均值作为初始值。各监测项目在前方距盾构切口 20 m，后方离盾尾 30 m 的监测范围内，监测频率通常为 1～2 次/d；其中在盾构切口距监测点 1 倍盾构直径和盾尾通过监测点 3d 以内时应加密监测，监测频率加密到 2 次/d，以确保盾构推进安全；盾尾通过 3 d 后，监测频率为 1 次/d，以后每周监测 1～2 次，直至变形稳定。当观测变化较大时，可增加监测频率。

盾构施工监测的所有数据应及时整理并绘制成有关的图表，施工监测数据的整理和分析必须与盾构施工参数采集相结合，如开挖面土压力、盾构推力、出土量、盾尾注浆量等。大多数监测项目的实测值的变化与时间和空间位置有关，因此，在时程曲线上要尽量标明盾构推进的位置，而在纵向和横向沉降槽曲线、深层沉降和水平位移曲线等图表上，要绘出典型工况和典型时间点的曲线。

6.5　某城市地铁区间隧道盾构施工监测实例　>>>

6.5.1　工程概况

某城市地铁区间隧道采用盾构法施工。区间隧道由两条并行的单线隧道组成，左右线隧道间距 8～12 m，左右线隧道总长 4342.3 m，隧道埋深 8～14 m，线路最小水平曲线半径 350 m，最大坡度 9.636‰。盾构机采用德国 HERRENKAG 公司生产的土压平衡式盾构（EPB），盾构机刀盘直径为 6280 mm，采用盾尾同步注浆（砂浆）方式。隧道衬砌采用预制钢筋混凝土管片，管片环外径为 6000 mm，内径为 5400 mm，管片宽度为 1500 mm。隧道洞身岩土层以Ⅳ、Ⅴ级围岩为主，局部为Ⅱ、Ⅲ级围岩。从上到下主要地层为松散、稍湿的人工填土层；可塑至坚硬状的粉质黏土及呈中密至密实状黏土；隧道洞身地层为较密实、坚硬、含少量砾石的岩石全风化带。地下水位平均埋深 1.75 m。

6.5.2　沉降监测方法

（1）观测仪器及要求

采用精密水准仪、铟钢水准尺、30 m 检定过的钢卷尺进行沉降监测。一般线路沿线的多层建筑物和地表沉降，按国家三等水准测量技术要求作业，高程的误差小于等于±2.0 mm，相邻点高差的误差小于等于±1.0 mm。

（2）沉降监测点的布设

正常情况下，沿隧道中线上方地面每隔 5 m 布设一个沉降监测点，每隔 20 m 建立一个监测横断面，该断面垂直于隧道中线，每个断面上布设 5 个沉降监测点，其中隧道中线上方一个点，左右间隔 5 m 各一个点。对于软弱土层或埋深较浅的区域，应根据隧道埋深和围岩地质条件加密监测断面和沉降监测点。

当隧道上方为混凝土路面时，常布设混凝土路面及路面以下土层两种沉降监测点，路面部分沿线路中线每 20 m 布设一个监测横断面,观测点直接布设在路面上,以量测路面沉降量;为了防止路面硬壳层不能及时、准确反映地层实际沉降情况,造成路面下方虚空,须钻穿混凝土路面并在路面以下地层中打入短钢筋布设观测点,以便对地层的沉降情况进行观测。

(3) 沉降监测频率

盾构机机头前 10 m 和后 20 m 范围每天早晚各观测一次,并随施工进度递进;范围之外的观测点每周观测一次,直至稳定。当沉降或隆起超过规定限差(−30 mm/+10 mm)或变化异常时,则加大观测频率和观测范围。

6.5.3　沉降监测结果及分析

6.5.3.1　横断面沉降曲线

图 6-5 和图 6-6 是不同里程处隧道上方地表横断面沉降槽分布曲线。一般来说,隧道中线上方沉降量最大,两侧逐渐减小,大部分沉降曲线形状基本符合派克的正态分布曲线。但有一部分沉降曲线左右并不对称,特别是左线隧道(后行隧道)沉降曲线,大部分向右偏移,即左线隧道右上方地表沉降量较大,这除了与左右地质条件差异有关外,主要因为受右线隧道(先行隧道)的影响,此外还可能与注浆以及刀盘旋转方向有关。因此,地表沉降量最大值往往并不是在隧道中线上方,而是出现在左右线隧道之间偏向左线隧道中线附近,当左右线间距较小时,这种情况更为明显。

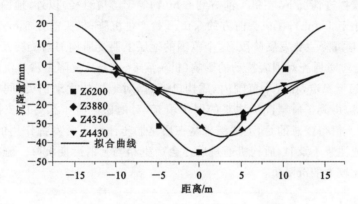

图 6-5　横截面沉降槽分布曲线(后行隧道)

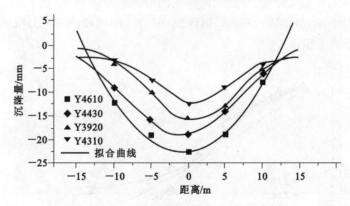

图 6-6　横截面沉降槽分布曲线(先行隧道)

根据不同横断面沉降槽的统计结果可知,尽管最大沉降量变化较大(2～40 mm),但地面沉降槽宽度基本上都是 20～30 m。虽然沉降槽宽度较大,但在沉降槽宽度范围内的建筑物并不一定都会受到严重影响,这是由于曲线反弯点附近沉降量变化很缓慢。一般来说,沉降影响范围比沉降槽宽度要小,特别是当沉降量较小时,沉降槽宽度可能仍较大,但沉降影响范围则很小。

6.5.3.2 纵断面沉降曲线分布

通过考察不同时间同一观测点沉降量随机头位置变化情况来研究线路中线盾构机机头前后的纵断面沉降曲线分布。即在盾构机前方 20 m 的线路中线上方地面处布设一个沉降监测点,当盾构机向前掘进时,盾构机逐渐临近并通过该点下方,然后又逐渐离去,在这一过程中观测该观测点沉降量随机头位置变化的曲线(图 6-7)。

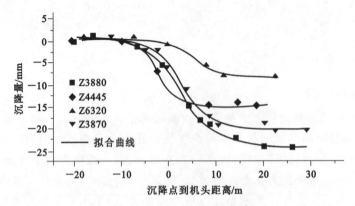

图 6-7 不同时间同一观测点沉降量随机头位置变化曲线

可以看出,在敞开式掘进情况下,在机头前方约 6 m(约等于隧道直径)以外,地面基本无沉降迹象,部分出现轻微隆起(隆起量小于 1 mm);在机头前方约 5 m 开始产生沉降;机头前方 5 m 至机头后 8～9 m(约等于盾构机长度 8.35 m)是沉降主要发展阶段,这个范围的地层主要受盾构刀盘旋转及开挖面出土卸载(机头前方 5 m)以及盾构机通过时盾壳对围岩扰动的影响(机头后 8～9 m),沉降量占总沉降量的 80%以上;机头离去 10～15 m 后沉降趋于稳定,在这个范围内,盾构已通过,对地层的扰动消失,同时,盾尾脱出后产生的围岩与管片间的建筑空隙得到了盾尾同步注浆的同步填充,对地层产生了很好的支撑作用,有效地抑制了地层沉降的进一步发展。值得注意的是,上述结果是在盾尾同步注浆正常发挥作用的情况下得出的。如果注浆压力、注浆量不足或注浆不及时,盾构机通过后还会产生相当大的后期沉降。施工实践表明,只要注浆不正常,往往都会出现比较大的沉降量。

6.5.3.3 沉降随时间的发展规律

从地面某个观测点开始产生沉降起,观测其沉降量随时间的发展情况(图 6-8)。从图 6-8 可以看出,沉降量随时间的变化曲线呈 S 形,开始段(1～2 d)沉降发展较慢,中间段(3～5 d)沉降快速发展,末尾段(6～7 d)沉降变化减缓并逐渐趋于稳定。

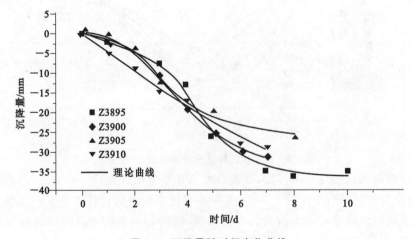

图 6-8 沉降量随时间变化曲线

本章小结

  (1) 造成盾构隧道地层变形的主要原因包括两个方面：① 盾构施工过程中产生的地层损失；② 盾构隧道周围受扰动或受剪切破坏的重塑土的再固结。

  (2) 盾构法施工隧道时所需的监测内容可分为三大类：岩土介质和周围环境的监测内容、盾构隧道结构的监测内容、施工进程中的监测内容。

  (3) 盾构隧道监测方案设计的内容包括以下几项：① 工程概况；② 监测目的；③ 监测内容；④ 监测方法；⑤ 监测成果；⑥ 监测费用。

独立思考

6-1 盾构施工引起地表变形的原因有哪些？

6-2 盾构施工监测的目的是什么？

6-3 盾构施工时对于地下水的监测项目有哪些？需要使用哪些仪器设备？

6-4 土体变形监测需要监测哪些项目？需要使用哪些仪器设备？

6-5 对于施工影响范围内的建筑物或管线的保护措施有哪些？

7

基坑工程监测技术

课前导读

▽ **知识点**

　　基坑工程监测的目的和意义，基坑监测方案的制订过程和内容，基坑监测项目与监测点的布置原则。

▽ **重点**

　　各个项目的监测方法和仪器，监控监测数据精度的措施，监测频率与监测警戒值的确定方法，监测数据处理。

▽ **难点**

　　数据的处理以及根据检测数据分析位移、内力的变化规律。

7.1 基坑工程现场监测的意义 ≫≫≫

对于开挖深度超过 5 m,或开挖深度虽未超过 5 m 但现场地质情况和周围环境较复杂的基坑工程均应开展基坑工程现场监测。开展基坑工程现场监测的重要意义包括以下四个方面。

① 监测是研究基坑变形规律和提高基坑工程围护结构设计水平的重要手段。监测数据是预测基坑围护结构及相邻土层变形和受力规律的重要基础条件,基于位移量测的基坑工程反演理论是研究基坑变形规律的重要手段。在基坑工程的技术发展过程中,监测工作及其监测结果起到了十分重要的作用。

② 监测是围护结构设计的重要补充手段。对于设计人员来说,施工监测数据是设计的重要的定量化依据。各个场地的地质条件不同,施工工艺和周围环境有所差异,具体项目之间千差万别,设计计算中未曾计入的各种复杂因素,都可以通过对现场监测结果的分析加以局部修改和完善。

③ 监测可以为基坑工程信息化施工的开展提供及时、准确的反馈信息,指导施工。为了选择和制订出最佳的基坑开挖和围护方案,使其符合既安全又经济合理的原则,就必须通过对监测数据的认真分析,修正岩土体的物理力学参数,才能预测下一步工程中可能出现的情况。监测结果成为确定施工开挖方案的重要依据。

④ 监测是保证在复杂、敏感环境下基坑邻近建筑物安全的重要手段。随着城市建筑密度的增加,基坑施工邻近的敏感建筑物如桩基础建筑、浅基础建筑、地铁区间隧道、地铁车站、立交桥、地下管线等越来越多,基坑开挖期间,为了保证上述构(建)筑物的安全运行,必须开展现场监测工作。

7.2 监测方案的制订步骤及内容 ≫≫≫

基坑监测方案由施工方或者第三方监测方制订,监测方案的制订质量直接影响监测效果和安全施工,应予以重视。

7.2.1 监测方案的制订步骤

制订监测方案是基坑工程施工监测的首要工作,监测方案是否合理直接影响监测结果的可靠性。监测方案的制订应遵循的一般步骤如下。

① 收集和阅读有关场地地质条件、结构构造物和周围环境的有关材料,包括地质报告、围护结构设计图纸、主体结构桩基与地下室图纸、综合管线图、基础部分施工组织设计等。

② 分析设计方提出的基坑工程监测的技术要求,主要包括监测项目、测点位置、监测频率和监测预警值等。

③ 现场勘探,重点掌握地下管线走向与围护结构的对应关系,以及相邻构筑物状况。

④ 拟订监测方案初稿,提交工程建设单位等讨论审定。监测方案应经建设、设计、监理等单位认可,必要时还须与市政道路、地下管线、人防等有关部门协商一致后方可实施。

⑤ 在实施过程中可以根据实际施工情况对监测方案进行适当调整与补充,但大的原则一般不能更改。

7.2.2 监测方案的内容

监测方案应包括工程概况、监测依据、监测目的、监测项目、监测点布置、监测方法及精度、监测人员及主要仪器设备、监测频率、监测预警值、异常情况下的监测措施、监测数据的记录制度和处理方法、工序管理及信息反馈制度等。

7.3　监测项目的确定与监测点的布置原则　≫≫≫

监测项目的选择和监测点的布置是监测方案的核心内容,确定时应该遵循一定的原则。监测项目和监测点的布置应该合理有效,并应与基坑工程设计方案、施工工况相配套。

7.3.1　现场监测项目的确定

基坑工程的现场监测应采用仪器监测与巡视检查相结合的方法。基坑工程的监测项目应抓住关键部位,做到重点突出、项目配套,形成完整的监测系统。基坑工程的监测对象主要是围护结构、基坑底部及周围土体、周边环境等。

根据基坑工程的安全等级划分(表 7-1),对不同基坑的监测项目应认真选择,监测项目的选择要既安全又经济。表 7-2 给出了各种基坑监测项目选择的一般原则,表中的"应测"是指该项目必须监测;"宜测"是指该项目应该监测;"可测"是指该项目为选测项目,可以监测也可以不监测。要指出的是,当基坑周围有地铁、隧道、桥梁、高层建筑等对位移(沉降)有特殊要求的建(构)筑物及设施时,要与有关单位协商确定监测项目。

表 7-1　基坑工程安全等级划分

安全等级	破坏后果	工程复杂程度		
		基坑开挖深度/m	软土层厚度/m	基坑边缘与已有的建筑基础或市政设施或管线边缘净距/m
一级	支护结构破坏、土体过大变形对基坑周边环境或主体结构施工影响很严重	$h \geqslant 8$	$\geqslant 5$	$\leqslant h$
二级	支护结构破坏、土体失稳、过大变形对基坑周边环境或主体结构施工影响严重	$5 \leqslant h < 8$	< 5	$(1 \sim 3)h$
三级	支护结构破坏、土体失稳、过大变形对基坑周边环境或主体结构施工影响不严重	$h < 5$	无	$> 3h$

注:h 为基坑开挖深度。

表 7-2　土质基坑和岩体基坑工程仪器监测项目表

基坑类型	监测项目	基坑工程安全等级		
		一级	二级	三级
土质基坑	围护墙(边坡)顶部水平位移	应测	应测	应测
	围护墙(边坡)顶部竖向位移	应测	应测	应测
	深层水平位移	应测	应测	宜测
	立柱竖向位移	应测	应测	宜测
	围护墙内力	宜测	可测	可测
	支撑轴力	应测	应测	宜测
	立柱内力	可测	可测	可测
	锚杆轴力	应测	宜测	可测
	坑底隆起	可测	可测	可测
	围护墙侧向土压力	可测	可测	可测

基坑类型	监测项目			基坑工程安全等级		
				一级	二级	三级
土质基坑	孔隙水压力			可测	可测	可测
	地下水位			应测	应测	应测
	土体分层竖向位移			可测	可测	可测
	周边地表竖向位移			应测	应测	宜测
	周边建筑	竖向位移		应测	应测	应测
		倾斜		应测	宜测	可测
		水平位移		宜测	可测	可测
	周边建筑裂缝、地表裂缝			应测	应测	应测
	周边管线	竖向位移		应测	应测	应测
		水平位移		可测	可测	可测
	周边道路竖向位移			应测	宜测	可测
岩体基坑	坑顶水平位移			应测	应测	应测
	坑顶竖向位移			应测	宜测	可测
	锚杆轴力			应测	宜测	可测
	地下水、渗水与降雨关系			宜测	可测	可测
	周边地表竖向位移			应测	宜测	可测
	周边建筑	竖向位移		应测	宜测	可测
		倾斜		宜测	可测	可测
		水平位移		宜测	可测	可测
	周边建筑裂缝、地表裂缝			应测	宜测	可测
	周边管线	竖向位移		应测	宜测	可测
		水平位移		宜测	可测	可测
	周边道路竖向位移			应测	宜测	可测

7.3.2　监测点的布置原则

基坑工程监测点可以分为基坑及支护结构监测点和周围环境监测点两大类。基坑工程监测点应该根据具体情况合理布置。下面分别介绍基坑及支护结构监测点和周围环境监测点布置的一般原则。

7.3.2.1　基坑及支护结构监测点布置的原则

① 基坑边坡顶部的水平位移和竖向位移监测点要设置在基坑边坡坡顶上,沿基坑周边布置,基坑周边中部、阳角处应布置监测点。围护墙顶部的水平位移和竖向位移监测点要设置在冠梁上,沿围护墙的周边布置,围护墙周边中部、阳角处应布置监测点。上述监测点水平间距不宜大于 20 m,每边监测点数目应不少于 3 个。

② 深层水平位移监测孔应布置在基坑边坡、围护墙周边的中心处及有代表性的部位,数量和间距视具体情况而定,但每边至少应设 1 个监测点。当用测斜仪观测深层水平位移时,设置在围护墙内的测斜管深度要与围护墙的入土深度一致;设置在土体内的测斜管应保证有足够的入土深度,保证管端嵌入稳定的土体中。

③ 围护墙内力监测点应布置在受力、变形较大且有代表性的部位,监测点数量和横向间距视具体情况而定,但每边至少应设 1 处监测点。竖直方向监测点应布置在弯矩较大处,监测点间距应为 2~4 m。

④ 支撑轴力监测点应设置在支撑内力较大或在整个支撑系统中起关键作用的杆件上。每道支撑的内力监测点应不少于 3 个,各层支撑的监测点位置宜在竖向上保持一致;钢支撑的监测断面宜选择在两支点间 1/3 部位或支撑的端头;钢筋混凝土支撑的监测断面宜选择在两支点间 1/3 部位。每个监测点传感器的设置数量及布置应满足不同传感器测试要求。

⑤ 立柱的竖向位移监测点宜布置在基坑中部、多根支撑交会处、施工栈桥下、地质条件复杂处的立柱上,监测点不宜少于立柱总根数的 5%,逆作法施工的基坑不宜少于立柱总根数的 10%,但应不少于 3 根。

⑥ 锚杆(索)监测断面的平面位置应选择在设计计算受力较大且有代表性的位置,基坑每侧边中部阳角处和地质条件复杂的区域宜布置监测点。每根杆体上的监测点应设置在锚头附近位置。每层锚杆(索)的拉力监测点数量应为该层锚杆总数的 1%~3%,且基坑每边应不少于 1 个。每层监测点在竖向上的位置应保持一致。

⑦ 基坑底部隆起监测点一般按纵向或横向断面布置,断面应选择在基坑的中央以及其他能反映变形特征的位置,数量应不少于 2 个。纵向或横向有多个监测断面时,其间距宜为 20~50 m,同一断面上监测点横向间距宜为 10~30 m,数量不少于 3 个。

⑧ 围护墙侧向土压力监测点应布置在受力、土质条件变化较大或有代表性的部位;土压力盒应紧贴围护墙布置,宜预设在围护墙的迎土面一侧。平面布置上基坑每边不少于 2 个监测点。在竖向布置上,监测点间距宜为 2~5 m,下部监测点宜加密;当按土层分布情况布设时,每层应至少布置 1 个监测点,且布置在各层土的中部。

⑨ 孔隙水压力监测点要布置在基坑受力、变形较大或有代表性的部位。在竖向布置上,监测点宜在水压力变化影响深度范围内按土层分布情况布设,监测点竖向间距一般为 2~5 m,数量不少于 3 个。

⑩ 基坑内地下水位监测点布置:当采用深井降水时,水位监测点宜布置在基坑中央和两相邻降水井的中间部位;当采用轻型井点、喷射井点降水时,水位监测点宜布置在基坑中央和周边拐角处,监测点数量视具体情况而定。水位监测管的埋置深度(管底标高)应在最低设计水位之下 3~5 m。对于需要降低承压水位的基坑工程,水位监测管埋置深度应满足降水设计要求。

⑪ 基坑外地下水位监测点应沿基坑周边、被保护对象(如建筑物、地下管线等)周边或在两者之间布置,监测点间距宜为 20~50 m。相邻建(构)筑物、重要的地下管线或管线密集处应布置水位监测点;如果有止水帷幕,水位监测点宜布置在止水帷幕的外侧约 2 m 处。水位监测管的埋置深度(管底标高)应控制在地下水位之下 3~5 m。对于需要降低承压水位的基坑工程,水位监测管埋置深度应满足设计要求。回灌井点观测井应设置在回灌井点与被保护对象之间。

7.3.2.2 周边环境监测点的布置原则

① 在基坑边缘以外 1~3 倍开挖深度范围内需要保护的建(构)筑物、地下管线等均应作为监测对象。必要时,应扩大监测范围。

② 对位于轨道交通、高架道路、隧道等重要保护对象安全保护区范围内的监测点的布置,应满足相关部门的技术要求。

③ 周边建筑的竖向位移监测点布置应符合以下要求:

a. 监测点布置在建(构)筑物四角、沿外墙每 10~15 m 处或每隔 2~3 根柱基上,且每边不少于 3 个。

b. 监测点布置在不同地基或基础的分界处,建(构)筑物不同结构的分界处,变形缝、抗震缝或严重开裂处的两侧。

c. 监测点布置在新、旧建筑物或高、低建筑物交接处的两侧,烟囱、水塔和大型储仓罐等高耸构筑物基础轴线的对称部位,每一建(构)筑物的监测点不少于 4 个。

④ 周边建筑的水平位移监测点应布置在建筑物的墙角、柱基及裂缝的两端,每侧墙体的监测点不少于 3 个。

⑤ 周边建筑倾斜监测点要符合以下三点要求：

a. 监测点宜布置在建(构)筑物角点、变形缝或抗震缝两侧的承重柱或墙上。

b. 监测点应沿主体顶部、底部对应布设，上、下监测点应布置在同一竖直线上。

c. 当由基础的差异沉降推算建筑倾斜时，监测点的布置应符合第③点的规定。

⑥ 周边建筑的裂缝、地表裂缝监测点应选择有代表性的裂缝进行布置，在基坑施工期间发现新裂缝或原有裂缝有增大趋势时，应及时增设监测点。每条裂缝的监测点至少设 2 个，即裂缝的最宽处及裂缝末端宜设置监测点。

⑦ 周边管线监测点的布置应符合以下四点要求：

a. 应根据管线年份、类型、材料、尺寸及现状等布置监测点。

b. 监测点宜布置在管线的节点、转折点、变坡点、变径点等特征点和变形曲率较大的部位，监测点平面间距宜为 15～25 m，并宜向基坑以外延伸 1～3 倍的基坑开挖深度。

c. 供水、供煤、供热等压力管线宜设置直接监测点。直接监测点可设置在管线上，也可以利用阀门开关、抽气孔以及检查井等管线设备作为监测点。

d. 在无法埋设直接监测点的部位，可利用埋设套管法设置监测点，也可采用模拟式测点将监测点设置在靠近管线埋深部位的土体中。

⑧ 周边地表竖向位移监测点的布置范围应在基坑深度的 1～3 倍以内，监测断面宜设在坑边中部或其他有代表性的部位，并与坑边垂直，监测剖面数量视具体情况而定。每个监测剖面上的监测点数量不宜少于 5 个。

⑨ 土体分层竖向位移监测孔应布置在有代表性的部位，形成监测剖面，数量视具体情况而定。同一监测孔的监测点宜沿竖向布置在各层土内，数量与深度应根据具体情况确定，在厚度较大的土层中应适当加密。

7.4 基坑工程的监测方法 **>>>**

监测方法的选择应根据监测对象的监控要求、现场条件、当地经验和方法适用性等因素综合确定。以下分别介绍基坑工程中各个项目的监测方法。

7.4.1 水平位移监测

水平位移监测包括围护墙(边坡)顶部、周边建筑、周边管线的水平位移监测。

(1) 监测仪器

墙(坡)顶水平位移采用 GPS、全站仪、水准仪等设备进行监测。

(2) 基准点的埋设

水平位移监测基准点应埋设在基坑开挖深度 3 倍范围以外不受施工影响的稳定区域，或利用已有的稳定的施工控制点，不应埋设在低洼积水、湿陷、冻胀、胀缩等影响范围内；基准点的埋设应按有关监测规范、规程执行；宜设置有强制对中的监测墩；采用精密的光学对中装置，对中误差不宜大于 0.5 mm。

(3) 监测方法

特定方向的水平位移监测可采用视准线活动觇牌法、视准线测小角法、激光准直法等。测定监测点任意方向的水平位移时可视监测点的分布情况，采用前方交会法、自由设站法、极坐标法等方法。当基准点距基坑较远时，可采用 GPS 测量法或三角、三边、边角测量与基准线法相结合的综合监测方法。

基坑围护墙(坡)顶、周边建筑、周边管线的水平位移监测精度应根据其水平位移预警值按表 7-3 确定。

表 7-3 　　　　　　　　　　　　　　　　水平位移监测精度要求

水平位移预警值	累计值 D/mm	D≤40	40<D≤60		D>60
	变化速率 v_D/(mm/d)	$v_D≤2$	$2<v_D≤4$	$4<v_D≤6$	$v_D>6$
监测点坐标中误差/mm		≤1.0	≤1.5	≤2.0	≤3.0

注：① 监测点坐标中误差系指监测点相对测站点（如工作基点等）的坐标中误差，监测点相对基准线的偏差中误差为点位中误差的 $1/\sqrt{2}$。

② 当根据累计值和变化速率选择的精度要求不一致时，水平位移监测精度优先按编号速率预警值的要求确定。

③ 以中误差作为衡量精度的标准。

7.4.2 竖向位移监测

竖向位移监测包括围护墙（边坡）顶部、立柱、周边地表、管线、道路的竖向位移监测。

（1）监测仪器

墙（坡）顶竖向位移采用全站仪、水准仪等设备进行监测。

（2）监测方法

竖向位移监测可采用几何水准测量，也可采用三角高程测量或静力水准等方法。坑底隆起（回弹）宜通过设置回弹监测点，采用几何水准并配合传递高程的辅助设备进行监测，传递高程的金属杆或钢尺等应进行温度、尺长和拉力等项修正。

围护墙（坡）顶、基坑周边地表、立柱、管线和邻近建筑、道路的竖向位移监测精度应根据竖向位移预警值按表 7-4 确定。采用几何水准测量方法时，所用仪器精度和观测限差应符合表 7-5 的规定。

表 7-4 　　　　　　　　　　　　　竖向位移监测精度要求　　　　　　　　（单位：mm）

水平位移预警值	累计值 S/mm	S≤20	20<S≤40	40<S≤60	S>60
	变化速率 v_S/(mm/s)	$v_S≤2$	$2<v_S≤4$	$4<v_S≤6$	$v_S>6$
监测点测站高差中误差/mm		≤0.15	≤0.5	≤1.0	≤1.5

注：监测点测站高差中误差系指相应精度与视距的几何水准测量单程一测站的高差中误差。

表 7-5 　　　　　　　　　　　　　水准仪精度和观测限差要求

监测点测站高差中误差/mm	≤0.15	≤0.5	≤1.0	≤1.5
水准仪精度要求/(mm/km)	±0.3	±0.5	±1.0	±1.0
往返较差及符合或环线闭合限差/mm	$0.3\sqrt{n}$	$1.0\sqrt{n}$	$2.0\sqrt{n}$	$3.0\sqrt{n}$
检测已测测段高差之差限差/mm	$0.45\sqrt{n}$	$1.5\sqrt{n}$	$3.0\sqrt{n}$	$4.5\sqrt{n}$

注：n 为测站数。

7.4.3 深层水平位移监测

（1）监测仪器

深层水平位移采用测斜仪进行监测。

（2）监测方法

监测深层水平位移时，首先要埋设测斜管。测斜管宜采用 PVC 工程塑料管或铝合金管制作，直径宜为 45～90 mm，管内应有两组相互垂直的纵向导槽。测斜管的埋设原则如下。

① 测斜管应在基坑开挖和预降水至少 1 周前埋设，埋设前应检查测斜管质量，测斜管连接时应保证上、下管段的导槽相互对准，接头处应密封处理，并注意保证管口的封盖。

② 测斜管长度应与围护墙深度一致或不小于所监测土层的深度；当以下部管端作为位移基准点时，应保证测斜管进入稳定土层 2～3 m。

③ 测斜管与钻孔之间的孔隙应填充密实；埋设时测斜管应保持竖直无扭转，其中一组导槽方向应与所

需测量的方向一致。测斜管埋设有以下三种方法:

a. 钻孔埋设,主要用于土层深层挠曲测试。首先在土层中预钻孔,孔径略大于所选用测斜管的外径,然后将在地面上已连接好的测斜管放入钻孔内,随后向测斜管与钻孔之间的空隙中回填细砂或水泥和黏土拌和的材料,配合比取决于土层的物理力学性能和水文地质情况。

b. 绑扎埋设,主要用于混凝土灌注桩体和墙体深层挠曲测试。在混凝土浇筑前,通过直接绑扎或设置抱箍等将测斜管固定在桩或者墙体钢筋笼上。需要指出的是,为防止地下水的浮力和液态混凝土的冲力作用,测斜管的绑扎和固定必须十分牢固,否则很容易与钢筋笼脱离,导致测斜管安装失败。当测斜管需要进行测斜管管段连接时,必须将上、下管端的滑槽严格对准,保证监测质量。

c. 预制埋设,主要用于打入式预制排桩水平位移测试。采取预埋测斜管的方法时,应该对桩端进行局部保护处理,以避免桩锤锤击时对测斜管的损害。由于该方法在打桩过程中容易损害测斜管,一般仅用于开挖深度较浅、排桩长度不大的基坑工程。

用测斜仪进行深部水平位移监测时,测斜仪应下入测斜管底 5~10 min,待探头接近管内温度后再监测,每个监测方向均应进行正、反两次监测。当以上部管口作为深层水平位移相对基准点时,每次监测均应测定孔口坐标的变化。测斜仪的精度应不小于表 7-6 中的规定数值。

表 7-6　　　　　　　　　　　　　　　　　测斜仪精度

基坑等级	一级	二级和三级
系统精度/(mm/m)	0.10	0.25
分辨率/(mm/500 mm)	0.02	0.02

7.4.4　墙体和桩体的内力监测

(1) 监测仪器

墙体和桩体的内力常采用钢筋应力计和频率仪进行监测。

(2) 监测方法

监测墙体和桩体的内力时,需先将钢筋应力计串联到主筋上,钢筋应力计的安装可以采用焊接连接或者螺栓连接。监测墙体和桩体浇筑完成后,采用频率仪采集数据。围护墙、桩及围檩等的内力监测元件宜在相应工序施工时埋设并在开挖前取得稳定初始值。应力计或应变计的量程不宜小于设计值的 1.5 倍,精度不宜低于 0.5%F·S,分辨率不宜低于 0.2%F·S。

7.4.5　锚杆轴力监测

(1) 监测仪器

锚杆轴力采用轴力计、钢筋应力计或应变计进行监测。

(2) 监测方法

监测时,需要将锚杆轴力计安装在锚杆(索)的外露端。在基坑施工过程中,采集数据。轴力计、钢筋应力计和应变计的量程宜为锚杆极限抗拔承载力的 1.5 倍。应力计或应变计应在锚杆锁定前获得稳定初始值。

7.4.6　水平支撑内力监测

(1) 监测仪器

基坑工程中水平支撑主要有钢筋混凝土支撑和钢支撑(包含 H 型钢支撑和钢管支撑两种)两类。H 型钢、钢管等钢支撑可以反复利用,已经标准化,因此,现在的深基坑水平支撑一般都使用 H 型钢、钢管等钢支撑。

对于钢筋混凝土支撑来说,一般用钢筋应力计或者混凝土应变计进行内力监测,如图 7-1 所示。而表面应变计或者轴力计(又称反力计)用于钢支撑内力监测。

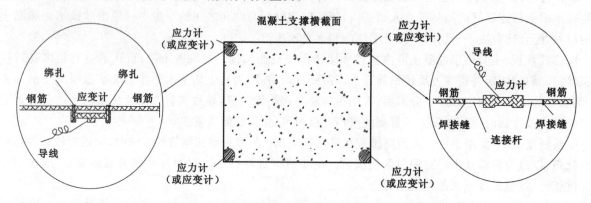

图 7-1　钢筋混凝土支撑应力计(应变计)安装示意图

水平支撑内力监测使用的应力计或应变计的量程宜为最大内力设计值的 1.5 倍。应力计或应变计应在相应工序施工时埋设并在开挖前取得稳定初始值。

(2) 监测仪器的安装方法

对于钢筋混凝土支撑来说,要根据监测仪器的不同采用不同的安装方法。采用钢筋应力计监测时,钢筋应力计要事先埋设在支撑截面的中心部位,将钢筋应力计焊在支撑的钢筋上,电焊长度大于 10 倍钢筋直径,电焊要平整、充实。采用混凝土应变计监测时,混凝土应变计应直接安放在混凝土支撑断面的中心部位,要求混凝土应变计长轴与支撑长轴平行,以免混凝土浇捣损坏混凝土应变计。

对于钢支撑来说,也要根据监测仪器的不同采用不同的安装方法。采用轴力计监测时,将轴力计安放在圆形钢筒内,一端与钢支撑的牛腿、钢板焊在一起,另一端与钢板一起顶在围护墙体上,电焊时注意支撑中心轴线要与轴力计中心点对齐。采用表面应变计监测时,将表面应变计架座焊在钢支撑的表面,应变计长轴与支撑方向基本一致,调节表面应变计频率至居中状态,稳定后测试频率值。

(3) 监测方法

在进行水平支撑内力监测时,首先要确定初始频率。对于钢筋应力计和混凝土应变计来说,当混凝土支撑的混凝土强度达到设计值标准,支撑尚未悬空受力时,传感器的频率测试值为初始频率。对于表面应变计来说,表面应变计安装完毕,调试频率值至居中状态,稳定后的频率值为初始频率。对于轴力计来说,安装前传感器不受力状态下的频率监测值为初始频率。对基坑施工过程进行监测时,振弦式频率仪监测传感器的频率作为本次频率监测值。

对于 H 型钢、钢管等钢支撑的基坑工程,可通过串联安装相同断面尺寸的轴力计的方法来监测支撑轴力的变化,这些压力传感器体积大、压力高,运到现场安装后,即可直接测读。

钢支撑的内力监测值受温度影响较大,在监测时应尽量选择在每天的同一时间段进行,这样的监测结果才具有可比性。

7.4.7　地下水位监测

(1) 监测仪器

地下水位宜通过孔内设置水位管或设置观测井、采用水位计等方法进行监测。

(2) 监测方法

潜水水位管应在基坑施工前埋设,滤管长度应满足监测要求;监测承压水位时,被测含水层与其他含水层之间应采取有效的隔水措施。检验降水效果的水位监测井宜布置在降水区内,采用轻型井点管降水时可布置在总管的两侧,采用深井降水时应布置在两孔深井之间,水位孔深度宜在最低设计水位之下 2~3 m。水位计埋设后,应逐日连续监测水位并取得稳定初始值。地下水位监测精度不宜低于 10 mm。

7.4.8　土压力监测

（1）监测仪器

土压力采用土压力计进行监测，常用的土压力计的传感器有钢弦式和电阻式两大类。工程中主要使用耐久性好且可适应复杂环境的钢弦式土压力传感器。土压力计的量程应满足被测压力的要求，其上限可取最大设计压力值的 2.0 倍，精度不宜低于 0.5%F·S，分辨率不宜低于 0.2%F·S。

（2）监测方法

土压力计埋设可采用埋入式或边界式（接触式），埋设过程中应做好完整的埋设记录。埋设时，土压力计的受力面与所需监测的压力方向垂直并紧贴被监测对象，埋设过程中应有土压力膜保护措施，采用钻孔法埋设时，回填应均匀密实，且回填材料宜与周围岩土体一致。土压力计埋设以后应立即进行检查测试，基坑开挖前至少经过 1 周的监测并取得稳定初始值。

7.4.9　孔隙水压力监测

（1）监测仪器

孔隙水压力宜采用埋设钢弦式、应变式等孔隙水压力计，频率计或应变计进行监测。孔隙水压力计的量程应满足被测压力范围，可取静水压力与超孔隙水压力之和的 2 倍。

（2）监测方法

孔隙水压力计应在事前 2～3 周埋设，埋设前应检查率定资料，记录探头编号，测读初始读数，孔隙水压力计在埋设前应浸泡饱和，排除透水石中的气泡。孔隙水压力计埋设可采用压入法、钻孔法等。采用钻孔法埋设孔隙水压力计时，钻孔直径宜为 110～130 mm，不宜使用泥浆护壁成孔，钻孔应圆直、干净，封口材料宜采用直径为 10～20 mm 的干燥膨润土球。孔隙水压力计埋设后应监测初始值，且宜逐日监测 1 周以上并取得稳定初始值。应在监测孔隙水压力的同时监测孔隙水压力计埋设位置附近的地下水位。

7.4.10　土体分层竖向位移监测

（1）监测仪器

坑外土体分层竖向位移一般通过埋设磁环式分层沉降标，采用分层沉降仪进行监测。

（2）监测方法

沉降磁环可通过钻孔和分层沉降管进行定位埋设。分层沉降管由波纹状柔性塑料管制成，管外每隔一定距离安放一个钢环，地层沉降时带动钢环同步下沉。采用搁置在地表的电感探测装置监测电磁频率的变化即可捕捉钢环确切位置，由钢尺读数可测出钢环所在的深度，根据钢环所在深度的变化情况，即可知道地层不同标高处的沉降变化情况。

土体分层竖向位移的初始值应在磁环式分层沉降标埋设稳定后进行监测，稳定时间应不少于 1 周并获得稳定的初始值；采用分层沉降仪法监测时，每次监测应测定管口高程，根据管口高程换算出测管内各监测点的高程。每次监测应重复进行 2 次，2 次误差值不大于 1.5 mm。监测精度不宜低于 1.5 mm。

7.4.11　建筑物倾斜监测

（1）监测仪器

建筑物的倾斜一般采用电子全站仪进行监测。

（2）监测方法

建筑物倾斜监测应根据不同的现场监测条件和要求，选用投点法、水平角观测法、前方交会法、垂准法、差异沉降法等。建筑物倾斜监测应测定监测对象顶部相对于底部的水平位移与高差，分别记录并计算监测对象的倾斜度、倾斜方向和倾斜速率。建筑物倾斜监测精度应符合《工程测量规范》（GB 50026—2007）及《建筑变形测量规范》（JGJ 8—2016）的有关规定。

7.4.12 建筑物裂缝监测

（1）监测仪器

根据裂缝种类的不同，建筑物裂缝可以使用直尺（卷尺）、裂缝计、千分尺、游标卡尺、照相机、数字裂缝宽度测量仪等进行监测。

（2）监测方法

裂缝监测内容应包括裂缝的位置、走向、长度、宽度、深度和变化程度。裂缝监测点的数量应根据需要确定，主要或变化较大的裂缝必须进行监测。在基坑开挖前应记录监测对象已有裂缝的分布位置和数量，测定其走向、长度、宽度和深度等，并做好相应的标志，标志应具有可供量测的明晰端面或中心。裂缝各指标的监测方法和精度要求如下。

① 裂缝长度：采用直尺（卷尺）进行测量。裂缝长度监测精度不宜低于 1 mm。

② 裂缝宽度：可在裂缝两侧贴石膏饼、画平行线或贴埋金属标志等，采用千分尺或游标卡尺等直接量测的方法；也可采用裂缝计、粘贴安装千分表、摄影量测等方法进行测量。裂缝宽度监测精度不宜低于 0.1 mm。

③ 裂缝深度：当裂缝深度较小时，宜采用凿出法和单面接触超声波法监测；当裂缝深度较大时，宜采用超声波法监测。裂缝深度监测精度不宜低于 1 mm。

7.4.13 控制监测数据精度的措施

为了保证监测数据的精度，应采取以下几项措施。

① 变形监测点分为基准点、工作基点和变形监测点。每个基坑工程至少应有 3 个稳固可靠的点作为基准点；工作基点应选在稳定的位置；在通视条件良好或监测项目较少的情况下，可不设工作基点，在基准点上直接测定变形监测点。施工期间，应采用有效措施确保基准点和工作基点的正常使用；监测期间，应定期检查工作基点的稳定性。

② 监测仪器、设备和监测元件应满足监测精度和量程的要求，具有良好的稳定性和可靠性，经过校准或标定，且校核记录和标定资料齐全，并在规定的校准有效期内。

③ 对同一监测项目，监测应该在基本相同的环境和条件下进行。监测时应该固定监测人员、采用相同的监测路线和监测方法、使用同一监测仪器和设备。监测项目初始值应为事前至少连续监测 3 次的稳定值的平均值。

④ 监测过程中要加强对监测仪器设备的维护保养、定期检测以及对监测元件的检查，应加强对监测标志的保护，防止出现损坏。

7.5 监测频率与监测预警值 ❯❯❯

7.5.1 监测频率

基坑工程监测工作应贯穿基坑工程施工全过程。基坑工程监测频率应以能系统反映监测对象所测项目的重要变化过程，又不遗漏其变化时刻为原则。对有特殊要求的周边环境的监测，应根据需要延续至变形趋于稳定后才能结束。

监测项目的监测频率应考虑基坑工程等级、基坑及地下工程的不同施工阶段以及周边环境、自然条件的变化。当监测值相对稳定时，可适当降低监测频率。对于应测项目，在无数据异常和事故征兆的情况下，开挖后仪器监测频率可参照表 7-7 确定。当有危险事故征兆时，应实时跟踪监测，并及时向甲方、施工方、监理方及相关单位报告监测结果。当出现下列情况之一时，应加强监测，提高监测频率。

① 监测数据变化量较大、速率加快或者监测数据达到预警值。

② 存在勘察中未发现的不良地质条件。

③ 超深、超长开挖或未及时加撑等未按设计施工,或基坑工程发生事故后重新组织施工。

④ 基坑及周边大量积水,长时间连续降雨,市政管道出现泄漏,或基坑底部、坡体或支护结构出现管涌、渗漏或流砂等现象。

⑤ 基坑附近地面荷载突然增大或超过设计限值。

⑥ 周边地面突然出现较大沉降或严重开裂。

⑦ 围护结构出现开裂或者邻近的建(构)筑物突然出现较大沉降、不均匀沉降或严重开裂。

⑧ 膨胀土、混陷性黄土等水敏性特殊土基坑出现防水、排水等防护设施损坏,开挖暴露面有被水浸湿的现象。

⑨ 多年冻土、季节性冻土等温度敏感性基坑经历冻融季节。

⑩ 高灵敏性软土基坑受施工扰动严重、支撑施作不及时、有软土侧壁挤出、开挖暴露未及时封闭等异常情况。

⑪ 出现其他影响基坑及周边环境安全的异常情况。

表 7-7 现场仪器监测的监测频率

基坑类别	施工进程		监测频率
一级	基坑开挖深度/m	$\leqslant H/3$	1 次/(2~3)d
		$H/3 < h \leqslant 2H/3$	1 次/(1~2)d
		$2H/3 < h \leqslant H$	(1~2)次/d
	底板浇筑后时间/d	$\leqslant 7$	1 次/d
		$7 < t \leqslant 14$	1 次/3d
		$14 < t \leqslant 28$	1 次/5d
		$t > 28$	1 次/7d
二级	基坑开挖深度/m	$\leqslant H/3$	1 次/3d
		$H/3 < h \leqslant 2H/3$	1 次/2d
		$2H/3 < h \leqslant H$	1 次/d
	底板浇筑后时间/d	$\leqslant 7$	1 次/2d
		$7 < t \leqslant 14$	1 次/3d
		$14 < t \leqslant 28$	1 次/7d
		$t > 28$	1 次/10d

注:① 当基坑工程等级为三级时,监测频率可视具体情况适当降低;

② 基坑工程施工至开挖前的监测频率视具体情况而定;

③ 宜测、可测项目的仪器监测频率可视具体情况适当降低;

④ 有支撑的围护结构从各层支撑开始拆除到拆除完成后 3 d 内监测频率加密为 1 次/d。

⑤ h 为基坑开挖深度,H 为基坑设计深度,t 为底板浇筑后时间。

7.5.2 监测预警值

7.5.2.1 监测预警值确定的一般原则

由于不同地区基坑工程土层的特性不同,基坑工程监测预警值的确定一般遵循以下原则:应该按照当地行业主管部门确定的标准执行;应符合基坑工程设计的限值、地下主体结构设计要求以及监测对象的控制要求;由基坑工程设计方确定;应由监测项目的累计变化量和变化速率两个值控制。因围护墙施工、基坑开挖以及降水引起的基坑内外地层位移应按下列原则控制。

① 不得导致基坑失稳。

② 不得影响地下结构的尺寸、形状和地下工程的正常施工。

③ 对周边已有建(构)筑物造成的变形不得超过相关技术规范的要求。

④ 不得影响周边道路、地下管线等正常使用。

⑤ 满足特殊环境的技术要求。

7.5.2.2　基坑及围护结构监测预警值

基坑及围护结构监测预警值应根据监测项目、围护结构的特点和基坑等级确定,《建筑基坑工程监测技术标准》(GB 50497—2019)规定的基坑及围护结构监测预警值见表 7-8。由于我国各地的土质及其稳定性差异很大,各地在使用表 7-8 时应该考虑当地的经验和具体工程情况。

表 7-8　　　　　　　　　　　　　土质基坑及支护结构监测预警值

序号	监测项目	支护类型	基坑设计安全等级								
			一级			二级			三级		
			累计值		变化速率/(mm/d)	累计值		变化速率/(mm/d)	累计值		变化速率/(mm/d)
			绝对值/mm	相对基坑设计深度H控制值		绝对值/mm	相对基坑设计深度H控制值		绝对值/mm	相对基坑设计深度H控制值	
1	围护墙(边坡)顶部水平位移	土钉墙、复合土钉墙、锚喷支护、水泥土墙	30～40	0.3%～0.4%	3～5	40～50	0.5%～0.8%	4～5	50～60	0.7%～1.0%	5～6
		灌注桩、地下连续墙、钢板桩、型钢水泥土墙	20～30	0.2%～0.3%	2～3	30～40	0.3%～0.5%	2～4	40～60	0.6%～0.8%	3～5
2	围护墙(边坡)顶部竖向位移	土钉墙、复合土钉墙、锚喷支护	20～30	0.2%～0.4%	2～3	30～40	0.4%～0.6%	3～4	40～60	0.6%～0.8%	4～5
		水泥土墙、型钢水泥土墙	—	—	—	30～40	0.6%～0.8%	3～4	40～60	0.8%～1.0%	4～5
		灌注桩、地下连续墙、钢板桩	10～20	0.1%～0.2%	2～3	20～30	0.3%～0.5%	2～3	30～40	0.5%～0.6%	3～4
3	深层水平位移	复合土钉墙	40～60	0.4%～0.6%	3～4	50～70	0.6%～0.8%	4～5	60～80	0.7%～1.0%	5～6
		型钢水泥土墙	—	—	—	50～60	0.6%～0.8%	4～5	60～70	0.7%～1.0%	5～6
		钢板桩	50～60	0.6%～0.7%	2～3	60～80	0.7%～0.8%	3～5	70～90	0.8%～1.0%	4～5
		灌注桩、地下连续墙	30～50	0.3%～0.4%		40～60	0.4%～0.6%		50～70	0.6%～0.8%	
4	立柱竖向位移		20～30	—	2～3	20～30	—	2～3	20～40	—	2～4
5	地表竖向位移		25～35	—	2～3	35～45	—	3～4	45～55	—	4～5
6	坑底隆起(回弹)		累计值30～60 mm,变化速率4～10 mm/d								

续表

序号	监测项目	支护类型	基坑设计安全等级								
			一级			二级			三级		
			累计值		变化速率/(mm/d)	累计值		变化速率/(mm/d)	累计值		变化速率/(mm/d)
			绝对值/mm	相对基坑设计深度 H 控制值		绝对值/mm	相对基坑设计深度 H 控制值		绝对值/mm	相对基坑设计深度 H 控制值	
7	支撑轴力		最大值：$(60\%\sim80\%)f_2$			最大值：$(70\%\sim80\%)f_2$			最大值：$(70\%\sim80\%)f_2$		
8	锚杆轴力		最小值：$(80\%\sim100\%)f_y$			最小值：$(80\%\sim100\%)f_y$			最小值：$(80\%\sim100\%)f_y$		
9	土压力		$(60\%\sim70\%)f_1$			$(70\%\sim80\%)f_1$			$(70\%\sim80\%)f_1$		
10	孔隙水压力										
11	围护墙内力		$(60\%\sim70\%)f_2$			$(70\%\sim80\%)f_2$			$(70\%\sim80\%)f_2$		
12	立柱内力										

注：① H 为基坑设计深度；f_1 为荷载设计值；f_2 为构件承载能力设计值，锚杆为极限抗拔承载力；f_y 为钢支撑、锚杆预应力设计值。
② 累计值取绝对值和相对基坑设计深度 H 控制值两者的较小值。
③ 当监测项目的变化速率达到表中规定值或连续 3 次超过该值的 70% 应预警。
④ 底板完成后，监测项目的位移变化速率不宜超过表中速率预警值的 70%。

7.5.2.3 周边环境监测预警值

周边环境监测预警值应根据监测对象主管部门的要求或建筑检测报告的结论确定，如无具体规定，可参考表 7-9 确定。确定基坑周边建筑、管线、道路预警值应保证其原有沉降或变形值与基坑开挖、降水造成的附加沉降或变形值叠加后不超过其允许的最大沉降或变形值。

表 7-9　　　　　　　　　　　　**基坑工程周边环境监测预警值**

监测对象			项目		
			累计值/mm	变化速率/(mm/d)	备注
1	地下水位变化		1000～2000（常年变幅以外）	500	—
2	管线位移	刚性管道 压力	10～20	2	直接观察点数据
		刚性管道 非压力	10～30	2	
		柔性管道	10～40	3～5	—
3	邻近建筑位移		小于建筑物地基变形允许值	2～3	—
4	邻近道路路基沉降	高速公路、道路主干	10～30	3	
		一般城市道路	20～40	3	
5	裂缝宽度	建筑结构性裂缝	1.5～3（既有裂缝）0.2～0.25（新增裂缝）	持续发展	—
		地表裂缝	10～15（既有裂缝）1～3（新增裂缝）	持续发展	—

注：① 建筑整体倾斜度累计值达到 2/1000 或倾斜速度连续 3 d 大于 0.0001H/d（H 为建筑承重结构高度）时应预警。
② 建筑物地基变形允许值应按《建筑地基基础设计规范》(GB 50007—2011)的有关规定取值。

当出现下列情况之一时,必须立即进行危险预警;若情况比较严重,应立即停止施工,并对基坑围护结构和周边的保护对象采取应急措施。

① 监测数据达到预警值。

② 基坑支护结构的位移值突然明显增大或基坑出现渗漏、流砂、管涌、隆起或陷落等。

③ 基坑支护结构的支撑或锚杆体系出现过大变形、压屈、断裂、松弛或拔出的迹象。

④ 周边建筑物的结构部分出现危害结构的变形裂缝,或基坑周边地面出现较严重的突发裂缝或地下空洞、地面下陷。

⑤ 基坑周边管线变形明显增长或出现裂缝、泄漏等。

⑥ 冻土基坑经受冻融循环时,基坑周边土体温度显著上升,发生明显的冻融变形。

⑦ 出现基坑工程设计方提出的其他危险预警情况,或根据当地工程经验判断,出现其他必须预警的情况。

7.6 监测数据处理 >>>

监测数据的处理是信息化施工的重要环节,监测结果应该及时反馈,指导施工。本节给出监测数据处理的一般原则和报表的内容要求。报表的形式可根据地方规范或经验制作。

7.6.1 数据处理的一般原则

监测数据的处理是一项重要的技术工作,是基坑工程监测工作的重要环节。监测结果处理是否得当直接影响安全施工。监测数据分析人员应具有岩土工程、结构工程、施工技术等方面的综合知识,具有设计、施工、测量等工程实践经验,具有较强的综合分析能力,做到正确判断、准确表达,及时提供高质量的综合分析报告。数据处理应该遵循的一般原则如下。

① 现场测试人员应对监测数据的真实性负责,监测数据分析人员应对监测报告的可靠性负责,监测单位应对整个项目监测质量负责。监测记录、当日报表、阶段性分析报告和总结报告提供的数据、图表应客观、真实、准确、及时。外业观测值和记事项目,必须在现场直接记录于观测记录表中。任何原始记录不得涂改、伪造和转抄,并应有测试、记录人员签字。

② 现场的监测资料应使用正式的监测记录表格,监测记录应有相应的工况描述,对监测数据应及时进行整理,对监测数据的变化及发展情况应及时进行分析和评述。

③ 观测数据出现异常,应及时分析原因,必要时进行重测。

④ 分析监测项目数据时,应结合其他相关监测项目的数据和环境条件、地质条件、施工工况等情况进行,分析其发展趋势,并做出预测。

⑤ 监测成果包括当日报表、阶段性分析报告和总结报告。报表应按时报送。报表中监测成果应图文并茂,重点突出,多采用表格、曲线、照片和图形反映监测结果,便于工程技术人员阅读。

7.6.2 信息反馈

信息反馈一般通过当日报表、阶段性分析报告(周报、月报等)和总结报告等形式完成。

7.6.2.1 当日报表

当日报表在每天测试完成后提交,当日报表应标明工程名称、监测单位、监测项目、测试日期与时间、报表编号等,并应有监测单位监测专用章及测试人、计算人和项目负责人签字。当日报表的主要内容应包括以下四项。

① 当日的天气情况和施工现场的工况。

② 仪器监测项目各监测点的本次测试值、单次变化值、变化速率以及累计值等,必要时绘制有关曲线图。

③ 巡视检查的记录,对巡视检查发现的异常情况应有详细描述,对危险情况应有预警标示,并有原因分析及建议。

④ 对监测项目应有正常或异常的判断性结论。对达到或超过监测预警值的监测点应有预警标示和原因分析,并提出合理的施工建议。

7.6.2.2　阶段性监测报告

阶段性监测报告主要采用周报、月报、季报或者某重要工序完成后的监测报告体现。阶段性监测报告应标明工程名称、监测单位、该阶段的起止日期、报告编号,并应有监测单位章及项目负责人、审核人、审批人签字。主要内容有以下五项。

① 该监测期相应的工程、气象及周边环境概况。

② 该监测期的监测项目及测点的布置图。

③ 各项监测数据的整理、统计及监测结果的过程曲线。

④ 各监测项目监测值的变化分析、评价及发展预测。

⑤ 相关的设计和施工方法建议。

7.6.2.3　监测总结报告

作为监测工作的总结,总结报告一般在基坑监测工作全部完成、地下室主体结构出地面后,由监测单位撰写和提交,总结报告应标明工程名称、监测单位、整个监测工作的起止日期,并应有监测单位章及项目负责人、单位技术负责人、企业行政负责人签字。总结报告应作为构筑物永久性资料保存。基坑工程监测总结报告的内容应包括以下四项。

① 工程概况。

② 采用的实际监测方案。监测工作的实施情况,与拟订的测试方案相比有哪些调整。

③ 监测过程记录及监测项目全过程的发展规律及整体评述。其包括基坑围护结构各部分受力和变形监测的完整曲线、定量和变化规律,提出各关键构件或位置的变化或内力的最大值,并将其与原设定的警戒值进行比较,简要阐述差异产生的原因。这部分是总结报告的核心内容,应该附相应的图表和照片进行说明。

④ 监测工作结论和建议,包括对基坑围护结构的受力和相邻环境影响做出总结评价,需要特别说明的技术问题等。

7.7　某城市地铁车站基坑监测实例　≫

7.7.1　工程概况

文锦站基坑位于某城市文锦南路与春风路交叉口,沿春风路呈东西走向布置,是8号线的换乘站,也是9号线的终点站。站台北侧为文锦花园、北斗小学,南侧为联城联合大厦、锦星别墅,周边范围内市政管线主要有4种,即超高压电力管、中压燃气管、电信塑料管、给水铸铁管,其中春风路与文锦南路交会处理设有燃气顶管及超高压电力顶管,地面条件较为复杂。车站结构为两层双跨框架结构,设计全长为500.7 m,宽度为21.53 m,高度为13.96 m。端头井基坑开挖深度约为19.47 m,标准段基坑开挖深度约为18.36 m。采用明挖法施工,基坑安全等级为一级。

本工程基坑所在地区为河谷冲积平原区,区内地势平坦,地面高程一般为5.6~7.3 m;据地质勘探资料,从地面向下各土层分别为素填土、砾质黏性土、全风化花岗岩、强风化花岗岩、中风化花岗岩、微风化花岗岩;地下水主要分为孔隙水及基岩裂隙水。勘察期间稳定地下水位埋深 1.20～17.10 m,水位高程－3.59～49.26 m,排泄途径主要是蒸发和以径流方式流入河中。主要补给来源为大气降水,在枯水期受海水、河水补给,对钢筋混凝土结构中的钢筋具有微至弱腐蚀性。

7.7.2　基坑监测方案

7.7.2.1　监测项目及精度要求

本工程监测项目、测点布置和监测精度及工程量如表 7-10 所示。

表 7-10　　　　　　　　　　　　　本工程监测项目清单表

序号	监测项目	埋设位置	监测仪器及元件	测点布置要求	监测精度	测点数量/个
1	围护墙顶水平位移	连续墙顶部	全站仪	间距 20 m	0.1 mm	28
2	围护墙顶竖直位移	连续墙顶部	水准仪	间距 20 m,与墙顶位移共点	0.1 mm	28
3	连续墙侧向变形	连续墙内	测斜管、测斜仪	水平间距 50 m,测点竖向间距 0.5 m	0.25 mm/m	28
4	支撑轴力	支撑长度的 1/3 处	钢筋应力计、轴力计、频率读数仪	每层 6～8 个测点,布置依具体情况而定	≤5%(F.S)	24
5	深层水平位移	靠近围护结构的周边土体	测斜管、测斜仪	一般不超过 50 m 布置 1 个测点,测点竖向间距 0.5 m	0.25 mm/m	28
6	地下水位	基坑周边	水位管、水位计	间距 50 m	5.0 mm	28
7	支撑立柱沉降监测	支撑立柱顶	水准仪	不少于立柱总根数的 5%,且不少于 3 个测点	0.1 mm	24
8	周边地表竖向位移	基坑周边地表	水准仪	一般不超过 50 m 布置 1 个测点	0.1 mm	84
9	周边管线位移	管线的节点、转角点和变形曲率较大的部位	水准仪	一般不超过 50 m 布置 1 个测点,多为 20 m 布置 1 个测点	0.1 mm	根据现场情况而定
10	周边建筑物竖向位移、倾斜	周边建构物承重结构上	水准仪、全站仪	建筑四角、沿外墙布置不少于 4 个测点	0.1 mm	90

注:根据设计图纸及规范要求布置监测点。

7.7.2.2　基准点布置原则及埋设方法

(1) 高程基准点布置原则

根据本站的土质情况,采用深埋式基准点,位于基坑的影响范围之外。埋设时,首先根据设置的埋深,用探钻机开孔至预定深度,钻孔完成后将专用的基准点内、外管依次下至孔内,并使带有水准标志的内管管底嵌入稳定地层,最后在外管外侧灌注混凝土填料进行固定。每个深埋式基准点安设完毕后,砌筑保护井并加盖保护井盖。图 7-2 为沿线二等水准点(水准基点)。软弱地基的稳定性与地下水位的变化对变形监测结果影响显著,在实际监测过程中,对基准点及工作基点进行定期的复测,以确保基准点的稳定性和监测结果的可靠性。

根据具体建筑物分布,将高程基准点、工作基点和监测点一起布设成独立的闭合环,或形成由附合路线构成的节点网。在不受施工影响的附近地方(每测区)选择至少 3 个基准点,建筑物沉降、地表沉降及管线沉

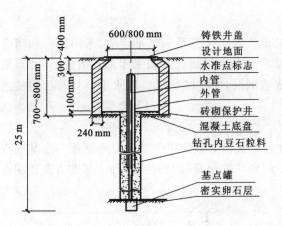

图 7-2 二等水准点

降共用。整个工程的高程控制网由分段布设的独立闭合环组成,高程控制网组成见图 7-3。

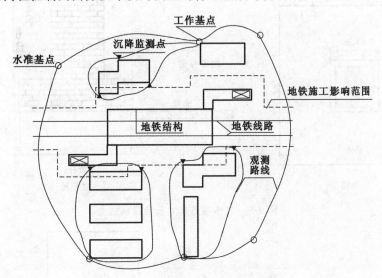

图 7-3 沉降监测高程控制网示意图

(2) 高程基准点埋设方法

地表布设的工作基点采用人工开挖或钻具成孔的方式进行埋设,埋设步骤如下:① 土质地表使用洛阳铲,硬质地表使用 φ80 mm 工程钻具,开挖直径约 80 mm、深度大于 300 mm 孔洞;② 夯实孔洞底部;③ 清除渣土,向孔洞内部注入适量清水养护;④ 灌注标号不低于 C20 的混凝土到冻胀线以下,并使用振动机具使之灌注密实,混凝土达到一定的强度后,灌入干净的细砂至距地表 50 mm 左右;⑤ 在孔中心置入长度不小于 800 mm 的钢筋标志,露出混凝土面 10～20 mm;⑥ 上部加装钢制保护盖;⑦ 养护 15 d 以上。工作基点埋设形式见图 7-4。

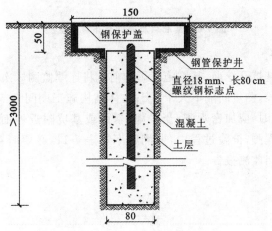

图 7-4 工作基点埋设形式

（3）导线坐标基准点布置原则

基准点采用导线网，测点监测采用极坐标法。基点以地铁施工坐标系为基准建立，采用附合和闭合导线形式，起始并闭合于地铁精密导线上。水平位移监测基准网由水平基准点和工作基点组成，基准点根据场地围挡条件及基坑位置合理分布，同观测点一起布设成监测网，明挖基坑连续墙水平位移和区间隧道坐标放样共用。

（4）导线坐标基准点埋设方法

在远离基坑开挖影响范围的区域里，按照既稳定又有利于保护的原则用钢筋混凝土制作一个基准点测量工作台，尺寸及埋设形式详见图7-5，工作台顶部埋设专门制作的测量强制对中部件。基准点及监测点布置形式详见图7-6。

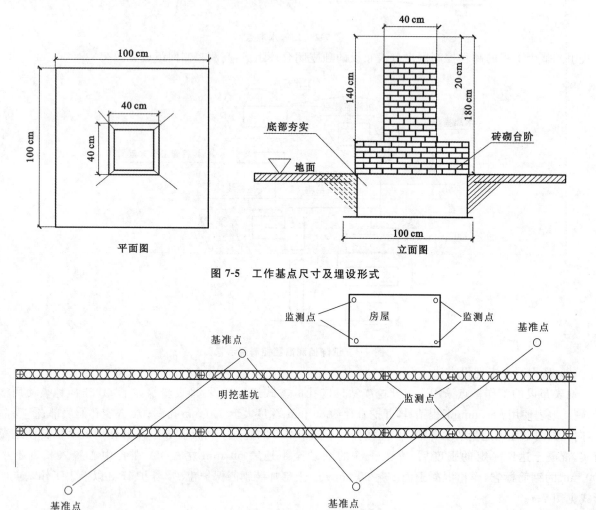

图 7-5　工作基点尺寸及埋设形式

图 7-6　基准点及监测点布置示意图

7.7.2.3　项目监测频率

各监测项目的监测频率：基坑开挖前，基坑施工影响前应将连续监测 3 次的稳定值的平均值作为监测项目初始值；在开挖急剧卸载阶段，测量间隔不大于 2 d；主体结构施工期间 0.5～7 d 测量一次。当变形超过有关标准或场地条件变化较大时，应加密观测；当大雨、暴雨或基坑附近地面荷载条件改变时应及时监测；当有危险事故征兆时，应跟踪观测；抢险过程中，监测频率见表 7-11，必要时在此基础上加密监测频率。每次监测工作结束后，应及时提交监测报告。

表 7-11　　　　　　　　　　　　　　　　　　　监测频率表

施工过程		正常期	预警期	抢险期
基坑开挖深度/m	$\leqslant H/3$	1次/(2~3)d	2次/d	1次/3 h
	$H/3 < h \leqslant 2H/3$	1次/(1~2)d	4次/d	1次/2 h
	$2H/3 < h \leqslant H$	(1~2)次/d	(4~6)次/d	1次/(1~2)h
底板浇筑后时间/d	$\leqslant 7$	1次/d	(4~6)次/d	1次/(2~4)h
	$7 < t \leqslant 14$	1次/3 d	(2~4)次/d	1次/(4~6)h
	$14 < t \leqslant 28$	1次/5 d	(2~4)次/d	1次/(4~6)h
	$t > 28$	1次/7 d	1次/d	1次/(4~6)h

注:h 为基坑开挖深度;H 为基坑设计深度;t 为底板浇筑后时间。

7.7.2.4　监测控制标准

(1) 基坑支护结构、周边环境的变形和安全控制标准

基坑及支护结构变形、基坑周边建筑、管线和道路预警值标准如表 7-8 所示。

(2) 建筑物的地基变形控制标准

建筑物的地基变形允许值如表 7-12 所示。

表 7-12　　　　　　　　　　　　　　　**建筑物的地基变形允许值**

序号	变形特征		地基土类别	
			中、低压缩性土	高压缩性土
1	砌体承重结构基础的局部倾斜		0.002	0.003
2	工业与民用建筑相邻柱基的沉降差	框架结构	0.002l	0.003l
		砌体墙填充的边排柱	0.0007l	0.001l
		当基础不均匀沉降时不产生附加应力的结构	0.005l	0.005l
3	单层排架结构(柱距为 6 m)柱基的沉降量/mm		(120)	200
4	桥式吊车轨面的倾斜(按不调整轨道考虑)	纵向	0.004	
		横向	0.003	
5	多层和高层建筑的整体倾斜	$H_g \leqslant 24$	0.004	
		$24 < H_g \leqslant 60$	0.003	
		$60 < H_g \leqslant 100$	0.0025	
		$H_g > 100$	0.002	
6	体型简单的高层建筑基础的平均沉降量/mm		200	
7	高耸结构基础的倾斜	$H_g \leqslant 20$	0.008	
		$20 < H_g \leqslant 50$	0.006	
		$50 < H_g \leqslant 100$	0.005	
		$100 < H_g \leqslant 150$	0.004	
		$150 < H_g \leqslant 200$	0.003	
		$200 < H_g \leqslant 250$	0.002	

续表

序号	变形特征		地基土类别	
			中、低压缩性土	高压缩性土
8	高耸结构基础的沉降量/mm	$H_g \leqslant 100$	400	
		$100 < H_g \leqslant 200$	300	
		$200 < H_Hg \leqslant 250$	200	

注：① 本表数值为建筑物地基实际最终变形允许值。
② 有括号者仅适用于中压缩性土。
③ l 为相邻柱基的中心距离，mm；H_g 为自室外地面起算的建筑物高度，m。
④ 倾斜指基础倾斜方向两端点的沉降差与其距离的比值。
⑤ 局部倾斜指砌体承重结构沿纵向 6～10 m 内基础两点的沉降差与其他距离的比值。

7.7.3 监测结果分析

7.7.3.1 地下水位监测结果

地下水位监测累计变化如图 7-7 所示。各测点地下水位的变化范围为 0～15cm，整体变化不大。

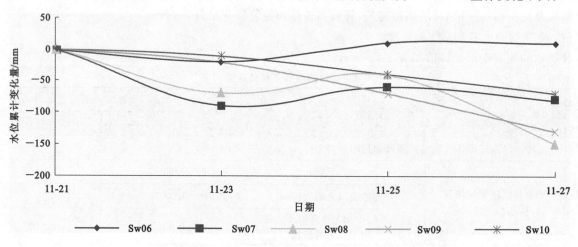

图 7-7 地下水位变化量随时间变化曲线图

7.7.3.2 围护结构顶部水平位移监测结果

围护结构顶部水平位移监测结果如图 7-8 所示。各测点水平位移监测值均较小。

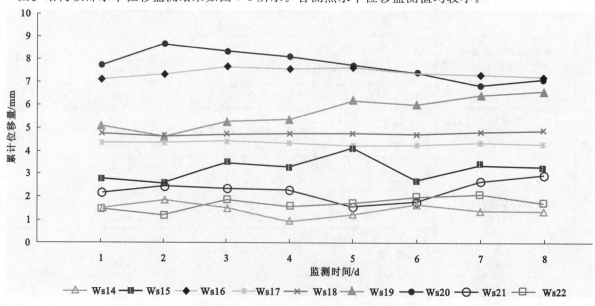

图 7-8 顶部位移量随时间变化曲线图

本章小结

（1）基坑监测方案应包括工程概况、监测依据、监测目的、监测项目、监测点布置、监测方法及精度、监测人员及主要仪器设备、监测频率、监测预警值、异常情况下的监测措施、监测数据的记录制度和处理方法、工序管理及信息反馈制度等。

（2）基坑监测的内容包括围护墙(边坡)顶水平位移、围护墙(边坡)顶竖向位移、深层水平位移、围护墙内力、支撑轴力、立柱竖向位移、锚杆轴力、坑底隆起、围护墙侧向土压力、孔隙水压力、地下水位、土体分层竖向位移、周边地表竖向位移、周围建筑物变形、周边管线变形、周边建筑物裂缝、地表裂缝、周边道路竖向位移。

独立思考

7-1　基坑工程监测的目的是什么？

7-2　基坑工程监测方案的内容有哪些？

7-3　基坑工程监测的项目有哪些？

7-4　基坑及其围护结构监测点的布置原则有哪些？

7-5　基坑周边监测点的布置原则有哪些？

7-6　基坑工程监测各个项目的测量仪器和测量方法是什么？

7-7　基坑监测频率如何确定？

7-8　基坑监测预警值的确定原则是什么？

7-9　基坑监测数据处理的一般原则有哪些？

7-10　基坑监测信息反馈的报告应包含哪些内容？

7-11　基坑监测信息反馈的阶段性监测报告应包含哪些内容？

7-12　基坑监测信息反馈的监测总结报告应包含哪些内容？

8

隧道超前地质预报

课前导读

▽ **知识点**

超前地质预报的概念，隧道超前地质预报常用的方法，各种预报方法的原理和数据处理，以及电磁波反射法在隧道超前地质预报中的应用。

▽ **重点**

TSP超前地质预报系统和地质雷达超前预报系统的基本原理、数据采集及编译。

▽ **难点**

地质超前预报系统的基本原理。

8.1 概　　述 >>>

隧道超前地质预报是指在分析既有地质资料的基础上,采用地质调查、物探、超前地质钻探、超前导坑等手段,对隧道开挖工作面前方的工程地质与水位地质条件及不良地质体的工程性质、位置、产状、规模等进行探测、分析判释及预报,并提出技术措施建议。隧道工程在各设计阶段均应进行相应的超前地质预报设计,预报方法的选择应与施工方法相适应。

目前,隧道超前地质预报方法主要分为地质调查法、超前钻探法、物探法和超前导坑预报法。各预报方法应包括如下内容:

① 地质调查法:包括隧道地表补充地质调查、洞内开挖工作面地质素描和洞身地质素描、地层分界线及构造线的地下和地表相关性分析、地质作图等。

② 超前钻探法:包括超前地质钻探、加深炮孔探测及孔内摄影。

③ 物探法:包括弹性波发射法、电磁波反射法、高分辨直流电法等。

④ 超前导坑预报法:包括平行超前导坑法、正洞超前导坑法等。

隧道超前地质预报根据预报距离的长短分为长距离预报、中长距离预报和短距离预报,预报长度的划分和预报方法的选择如下:

① 长距离预报:预报长度为 100 m 以上。可采用地质调查法、地震波反射法及 100 m 以上的超前钻探法等。

② 中长距离预报:预报长度为 30～100 m。可采用地质调查法、弹性波反射法及 30～100 m 的超前钻探法等。

③ 短距离预报:预报长度为 30 m 以内。可采用地质调查法、弹性波反射法、电磁波反射法(地质雷达探测)及小于 30 m 的超前钻探法等。

超前地质预报是隧道工程施工中必不可少的一项工作,已在我国隧道工程建设中得到了广泛应用。隧道超前地质预报在实施过程中,可采用地质调查与勘探相结合、物探与钻探相结合、长距离与短距离相结合、地面与地下相结合、超前导坑与主洞探测相结合的方法,并对各种方法的预报结果进行综合分析,相互验证,提高预报准确性。

8.1.1　超前地质预报在国内外的研究现状

岩体成因及构造运动的复杂性使准确的定量超前地质预报成为国内外隧道施工地质工作的技术难题。虽然预报方法和手段很多,且各有特点,但都存在一定的局限性。

在隧道施工技术比较发达的国家,如瑞士、日本等,在进行隧道(特别是铁路、公路隧道)修建过程中,隧道施工地质工作,特别是其中的超前地质预报工作,被认为是一项十分重要、不可缺少的工序。重视隧道施工地质工作已成为广大工程技术人员的共识。

从 1972 年美国芝加哥首次召开的快速掘进与隧道工程会议至今,隧道施工超前地质预报工作一直都受到重视,准确预报掌子面前方地质条件已成为隧道建设的迫切要求。20 世纪 80 年代以来,世界各国都将这类问题列为重点研究课题。日本研究掌子面前方超前地质预报,澳大利亚研究隧道施工前方地层状况预报,德国研究掌子面附近地层详细动态的调查方法,法国则把不降低掘进速度的勘探方法作为重点研究课题。

目前在隧道超前地质预报的研究领域内,国外也没有形成统一的系统化的理论,准确的超前地质预报也是国外隧道施工的技术难题。在国外,超前地质预报,特别是长距离超前地质预报,主要依赖物探仪器,如 TSP、地质雷达和瑞雷波探测仪和超前地质钻探等。

20 世纪 70 年代,我国建设成昆线期间曾成立过一个施工超前地质预报组,研究施工过程中掌子面前方地质条件的预报方法和预报技术问题。

大秦线军都山隧道施工过程中,中科院地质研究所与中铁隧道集团从 1985 年始,合作进行了比较系统的短距离的超前预报研究,主要采用以隧道地质素描为主,配合地面、地下地质构造相关性调查,超前钻孔钻速测试,声波测试的办法,并从 1987 年开始,将隧道施工超前地质预报正式纳入施工程序。大秦线军都山隧道的超前地质预报经过后期实践的检验,取得了良好的效果,预报准确率达到 71.5%。

1996—1998 年,铁道部第一勘测设计院西安分院在秦岭特长隧道开展了施工地质综合测试工作及超前预报工作,并将地质工作贯穿隧道建设全过程。

1999—2000 年,石家庄铁道大学桥隧施工地质技术研究所与中铁十四局合作,在株六复线新保纳隧道正式开展了全面施工地质工作。该隧道属于典型的"烂洞子"隧道,不良地质灾害很多,但由于全面开展了隧道施工地质工作,系统地实施了超前地质预报工作,不良地质灾害预报精度达 80%,不良地质规模预报精度达 75%。

2008 年,铁道部根据地质预报的前期成果和物探仪器的发展,编制了《铁路隧道超前地质预报技术指南》(铁建设〔2008〕105 号)并于 2008 年 8 月 1 日起实施。目前铁路隧道超前地质预报均按此指南实施,这是国内第一部专门关于超前地质预报的标准,体现了国内在超前地质预报方面的发展水平,填补了国内该领域无规范、无规程可依的空白。2015 年 2 月,中国铁路总公司编制了《铁路隧道超前地质预报技术规程》(Q/CR 9217—2015),并在行业内进行了实施。

近年来,随着与国外关于隧道工程技术交流、合作的广泛开展,我国的隧道工程技术人员开始逐渐认识到地质工作特别是隧道超前地质预报工作在隧道施工中的重要作用,并为此做了积极的、卓有成效的探索。

国内隧道施工的实践表明,地质灾害的发生与地质条件有联系,但绝不是必然的联系。就目前的技术条件而言,只要做好施工期间的超前地质预报工作,并结合恰当的不良地质辅助工法,在复杂地质条件的隧道施工中也可以做到不发生地质灾害,至少可以保证不发生大的地质灾害;相反,地质条件并不复杂的隧道,如果不做施工期间的超前地质预报工作或是做得不到位,并且当有不良地质条件时没有必要的施工辅助工法与之配合,也会造成地质灾害甚至是重大地质灾害的发生。

8.1.2 隧道超前地质预报工作的重要性和迫切性

8.1.2.1 复杂地质条件下隧道工程的安全、快速施工阶段

随着经济和社会的发展,我国铁路、公路、水电建设的重心将向四川、云南、贵州、西藏等西部多山省(区)转移。这样不可避免地要修建大量的山岭隧道,包括各种长大、复杂地质条件的山岭隧道。因此,快速、安全施工将是隧道修建的主攻方向。

要保证隧道施工的顺利进行,关键是要消除和降低隧道施工中地质灾害的影响。而降低地质灾害影响的关键是准确掌握不良地质体的情况,制订对应的处理方案,并视地质情况适时调整。在所有不良地质体中,断层破碎带是施工中最常见的不良地质体。由断层及断层破碎带引起的隧道塌方占塌方总数的 90% 以上,赋存于断层及破碎带中的地下水更是隧道突泥突水等地质灾害的最主要源头。

隧道施工对地质条件的变化非常敏感,如果能对隧道开挖面前方不良地质体的性质和规模进行准确定位和评价,就可有效地防止隧道地质灾害的发生。

不良地质对隧道施工的影响是巨大的,因此当前进行隧道地质灾害超前预报技术的研究具有重要意义。准确而有效地确定不良地质体的性质、规模和位置,不仅可以减少隧道灾害的发生、加快施工进度,而且可以节约大量成本,具有巨大的经济效益和广泛的社会效益。

8.1.2.2 隧道勘察阶段

受勘察的阶段性和勘察的精度所限,目前设计阶段的地质勘察工作不可能把施工中所有可能的地质情况都梳理清楚,因此施工地质勘察(主要是超前地质预报)是地下工程勘察中必不可少的阶段。

施工实践显示,在设计院提交给施工单位的隧道地质平面图和纵断面图中,有相当数量的隧道,其设计

的围岩地质条件,特别是断层及其破碎带和与之相关的围岩级别与施工实际情况相差甚远,由此造成的施工变更屡见不鲜,有的工程变更量甚至达到工程总量的70%。如×××隧道,设计中无一条断层,但施工中陆续出现了十几条大断层,多次造成塌方,严重影响了施工进度。再如×××隧道,在已开挖的1200 m区段内,就新发现了厚度大于5 m的破碎带(断层角砾带),足以造成塌方的较大断层5条,涉及隧道长度达100多米,其中隧道DK175+920—945段,集中出现了4条规模较大的富水断层,断层破碎带中的炭质泥岩已全部泥化,只能按V级支护、衬砌紧跟方法才能通过;然而,设计图中仅出现一条破碎带很窄的F_6断层,围岩级别也设计为Ⅳ级。有的还将断层位置弄错,甚至将地层倾向弄反。如×××隧道,设计中的F_4断层的位置与实际施工揭露出的位置相差百余米,实际地层倾向也与设计相反。再如×××隧道,设计中的F_{12}断层和F_{51}断层位置也分别与实际相差137 m和50 m。有的则在原本很完整的岩层中,人为地、错误地设计出很多断层。以××隧道进口为例,原图纸上出现100 m左右的由断层破碎带组成的V级围岩,实际发现的只是涌水量较大的、完整的、呈薄层状、陡倾的大理岩层,其围岩级别最高也只有Ⅳ级。因勘察不当造成重大不良地质灾害的案例也不少。

8.1.3　隧道超前地质预报工作的任务

隧道超前地质预报工作的主要任务可概括为以下三个方面。

(1)进一步掌握掌子面前方围岩级别的分布情况

在设计勘察所掌握隧道地质情况的基础上,根据已开挖段岩体的工程地质特征,利用地质理论方法和各种物探手段,甚至包括钻探手段,准确查明工作面前方100～150 m范围内的岩体的工程地质特征(有利和不利的方面),这有利于施工工期的安排和施工物资的准备,并提前发现可能引发重大地质灾害的不良地质体,使施工决策者对下一步的施工做好思想准备,防患于未然。

(2)准确辨认可能造成塌方、突泥突水等重大地质灾害的不良地质体并提出防治对策

隧道施工中,塌方、突泥突水、煤与瓦斯突出等地质灾害的发生,与施工中没有成熟的施工地质技术人员参与、缺少施工超前地质预报这道工序有关。也就是说,如果有成熟的施工地质技术人员,能够准确识别隧道开挖中出现的各种不良地质现象(地质体),能够对不良地质体的规模、涉及隧道的长度及对应的围岩级别给予准确的判定,并在对隧道所属地区地应力状态有一定了解的基础上,能够提出与不良地质现象匹配的施工支护方案,或者能够在对地质灾害进行有效监测的基础上提出有效的防治措施,那么就可以运用这些支护方案、防治措施避免或消除各类地质灾害,至少可以减少重大施工地质灾害的发生。

(3)准确鉴别隧道围岩级别并提出与之匹配的施工方案

这项工作是伴随隧道掘进不间断进行的。它是对隧道洞体围岩工程地质特征(包括软硬岩划分、受地质构造影响程度、节理发育状况、有无软弱夹层和夹层的地质状态)、围岩结构及完整状态、地下水和地应力情况,以及毛洞初步开挖后的稳定状态等资料进行观测、整理、综合分析后,依据隧道围岩级别的划分标准,来准确判定围岩级别。

它的目标是在原设计的基础上,通过揭露出来的地质情况,进一步准确判定观测段的围岩级别,然后提出相匹配的施工方案。

8.2　隧道超前地质预报方法　》》》

8.2.1　地质调查法

地质调查法是根据隧道已有勘察资料、地表补充地质调查资料和隧道内地质素描,通过地层层序对比、地层分界线及构造线地下和地表相关性分析、断层要素与隧道几何参数的相关性分析、临近隧道内不良地

质体的可能前兆分析等,利用常规地质理论、地质作图和趋势分析等,推测开挖工作面前方可能揭示的地质情况的一种超前地质预报方法。地质调查法适用于各种地质条件下隧道的超前地质预报。

地质调查法包括隧道地表补充地质调查和隧道内地质素描等。

隧道地表补充地质调查包括下列内容:

① 对已有地质勘察成果的熟悉、核查和确认。

② 地层、岩性在隧道地表的出露及接触关系,特别是对标志层的熟悉和确认。

③ 断层、褶皱、节理密集带等地质构造在隧道地表的出露位置、规模、性质及其产状变化情况。

④ 地表岩溶发育位置、规模及分布规律。

⑤ 煤层、石膏、膨胀岩、含石油天然气、含放射性物质等特殊地层在地表的出露位置、宽度及其产状变化情况。

⑥ 人为坑洞位置、走向、高程等,分析其与隧道的空间关系。

⑦ 根据隧道地表补充地质调查结果,结合设计文件、资料和图纸,核实和修改超前地质预报重点区段。

隧道内地质素描是将隧道所揭露的地层岩性、地质构造、结构面产状、地下水出露点位置及出水状态、出水量、煤层、溶洞等准确记录下来并绘制成图表,是地质调查法工作的一部分,包括开挖工作面地质素描和洞身地质描述。隧道内地质素描包括下列内容:

① 工程地质:地层岩性、地质构造、岩溶、特殊地层、人为坑洞、地应力、塌方和有害气体及放射性危害源存在情况。

② 水文地质:地下水的分布、出露形态及围岩的透水性、水量、水压、水温、颜色、泥砂含量测定,以及地下水活动对围岩稳定性的影响,必要时进行长期观测;水质分析;出水点和地层岩性、地质构造、岩溶、暗河等的关系分析;必要时进行地表相关气象、水文观测、判断洞内涌水与地表径流、降雨的关系;必要时应建立涌突水点地质档案。

③ 围岩稳定性特征及支护情况:记录不同工程地质、水文地质条件下隧道围岩稳定性、支护方式以及初期支护后的变形情况。

④ 进行隧道施工围岩分级。

⑤ 影像:对隧道内重要的和具代表性的地质现象进行摄影或录像。

8.2.2 超前钻探法

(1) 超前地质钻探

超前地质钻探是利用钻机在隧道开挖工作面进行钻探以获取地质信息的一种超前地质预报方法。超前地质钻探法适用于各种地质条件下的隧道超前地质预报,富水软弱断层破碎带、富水岩溶发育区、煤层瓦斯发育区、重大物探异常区等地质条件复杂地段必须采用。超前地质钻探在一般地段采用冲击钻,在复杂地质地段采用回转取芯钻。

(2) 加深炮孔探测

加深炮孔探测是利用风钻或凿岩台车等在隧道开挖工作面钻小孔以获取地质信息的一种方法。加深炮孔探测适用于各种地质条件下隧道的超前地质探测,尤其适用于岩溶发育区。

8.2.3 物探法

(1) 弹性波反射法

弹性波反射法是利用人工激发的地震波、声波在不均匀地质体中所产生的反射波特性来预报隧道开挖工作面前方地质情况的一种物探方法,它又包括地震波反射法、水平声波剖面法、负视速度法和极小偏移距高频反射连续剖面法等方法。弹性波反射法适用于划分地层界线、查找地质构造、探测不良地质体的厚度和范围。

（2）电磁波反射法

电磁波反射法超前地质预报主要采用地质雷达探测。地质雷达探测是利用电磁波在隧道开挖工作面前方岩体中的传播及反射,根据传播速度和反射脉冲走时进行超前地质的干扰变化和图像效果及时调整工作参数。

（3）高分辨直流电法

高分辨直流电法是以岩石的电性差异（即电阻率差异）为基础,在全空间条件下建立电场,电流通过布置在隧道内的供电电极在围岩中建立起全空间稳定电场,通过研究电场或电磁场的分布规律预报开挖工作面前方储水、导水构造分布和发育情况的一种直流电法探测技术。高分辨直流电法适用于探测任何地层中存在的地下水体位置及相对含水量,如断层破碎带、溶洞、溶隙、暗河等地质体中的地下水。

8.2.4　超前导坑预报法

超前导坑预报法是根据超前导坑中揭示的地质情况,通过地质理论和作图法预报正洞地质条件的方法。其中,线间距较小的两座隧道可互为平行导坑,以先行开挖的隧道预报后开挖的隧道地质条件。

根据超前导坑与隧道位置关系按一定比例作超前导坑预报隧道地质平面图,由超前导坑地质情况推测未开挖地段隧道地质条件时,预报内容包括:

① 地层岩性、地质构造的分布位置、范围等。

② 岩溶的发育和分布位置、规模、形态、充填情况及其展布情况。

③ 在采及废弃矿巷与隧道的空间关系。

④ 有害气体及放射性危害源分布层位。

⑤ 涌泥、突水及高地应力现象出现的隧道里程段。

⑥ 其他可以预报的内容。

8.3　地震波反射法超前地质预报技术　≫≫≫

利用地下介质弹性和密度的差异,通过观测和分析大地对人工激发地震波的响应,推测地下岩层的性质和形态的地球物理勘探方法称为地震勘探。地震勘探始于 19 世纪中叶,1845 年 R. 马利特曾用人工激发的地震波来观测弹性波在地壳中的传播速度,这可以说是地震勘探方法的萌芽。反射法地震勘探是地震勘探的一种方法,最早起源于 1913 年前后 R. 费森登的工作,但当时的技术尚未达到能够实际应用的水平。1921 年,J. C. 卡彻将反射法地震勘探投入实际应用,在美国俄克拉荷马州首次记录到人工地震产生的清晰的反射波。1930 年,通过反射法地震勘探工作,在该地区发现了 3 个油田。从此,反射法进入了工业应用的阶段。中国于 1951 年开始进行地震勘探,并将其应用于石油和天然气资源勘查、煤田勘查、工程地质勘查及某些金属矿的勘查。

我国隧道地震波反射法超前地质预报技术的研究起始于 20 世纪 90 年代,铁道部第一勘测设计院物探队提出了"负视速度方法"。铁道部第一勘测设计院是较早研究隧道地震波反射法超前地质预报技术的单位,在 1992 年 7 月,他们利用地震波反射法对云台山隧道进行超前地质预报,预报结果与开挖后的隧道左壁破碎带和断层的位置基本一致。从 20 世纪 90 年代初开始,我国物理探测技术人员一直没有停止对隧道地震波反射法超前地质预报技术的深入研究,曾昭璜（1994）研究了利用多波进行反演的"负视速度法",这种方法利用来自掌子面前方的纵波、横波、转换波的反射震相在隧道垂直地震剖面上所产生的负视速度同相轴来反演反射界面的空间位置与产状。北方交通大学的陈立成等（1994）从全波震相分析理论和技术的角度研究隧道前方界面多波层析成像问题,并进行隧道超前地质预报。其研究成果应用在颌河隧道、老爷岭隧道超前地质预报的数据处理和推断解译中,达到预期的效果。1995 年铁路系统引进瑞士安伯格公司推出的 TSP 202。后来，安伯格公司又陆续推出 TSP 203、TSP 203＋、TSP 200 等系列产品，并在我国地下工程行业广泛应用。随着我国基础建设规模的扩大，隧道工程应用的增多，对隧道超前地质预报技术提出了迫切要求。北京水电物探研究所于 2003 年开始研究隧道地震波预报技术，于 2005 年推出第一款隧道超前地质预报仪器——TGP 12，又于第二年推出 TGP 206 型隧道超前地质预报系统。

隧道地震波反射法在隧道超前地质预报中的广泛运用，推动了我国隧道超前地质预报水平的提高。下面以安伯格公司的 TSP 产品为例说明地震波反射法超前地质预报技术。

8.3.1 TSP 超前地质预报系统的原理

8.3.1.1 理论基础

由微型爆破引发的地震信号分别沿不同的途径，以直达波和反射波的形式到达传感器，与直达波相比，反射波需要的传播时间较长。TSP 地震波的反射界面实际上是指地质界面，主要包括大型节理面、断层破碎带界面、岩性变化界面和溶洞、暗河、岩溶陷落柱、淤泥带等。这些不良地质界面的存在对于隧道施工能否正常进行往往起着决定性的作用，因此准确地预测其规模、位置具有重要的意义。TSP 超前地质预报系统将测得的从震源直接到达传感器的纵波传播时间换算成地震波传播速度：

$$v_P = \frac{X_1}{T_1} \tag{8-1}$$

式中，X_1 为震源孔到传感器的距离，m；T_1 为直达波的传播时间，s。

在已知地震波的传播速度的情况下，就可以通过测得的反射波传播时间推导出反射界面与接收传感器的距离，其理论公式为：

$$T_2 = \frac{X_2 + X_3}{v_P} = \frac{2X_2 + X_1}{v_P} \tag{8-2}$$

式中，T_2 为反射波传播时间，s；X_2 为震源孔与反射界面的距离，m；X_3 为传感器与反射界面的距离，m。

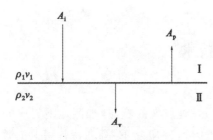

地震反射波的振幅与反射界面的反射系数有关。在简单情况下，当平面简谐波垂直入射到平面反射面上时（图 8-1），其上的反射波振幅和透射波振幅分别为：

$$\frac{A_p}{A_i} = \frac{\rho_2 v_2 - \rho_1 v_1}{\rho_2 v_2 + \rho_1 v_1} = \gamma \tag{8-3}$$

$$\frac{A_v}{A_i} = \frac{2\rho_1 v_1}{\rho_2 v_2 + \rho_1 v_1} = 1 - \gamma \tag{8-4}$$

图 8-1 地震波的垂直入射　式中，A_i 为入射波振幅，m；A_p，A_v 分别为反射波和透射波振幅，m；v_1，v_2 分别为地震波在反射界面两侧介质中的速度，m/s；ρ_1，ρ_2 为反射界面两侧介质的密度，kg/m³；γ 为界面的反射系数。

假设 $\rho_1 = \rho_2$，$v_1 = 5000$ m/s，$v_2 = 4000$ m/s，$X_1 = 50$ m，$X_2 = 100$ m，$X_3 = 150$ m。由上式得出 $\gamma = -11\%$。

也就是说，89％的入射波经过反射界面后继续向前传播，只有 11％的入射波反射回来。反射系数前面的负号表示入射波与反射波之间有 180°的相位差，产生相位差的条件是地震波在传播过程中遇到由硬变软的岩石界面。将其他数据代入，得到反射波与入射波振幅的比值为 0.22，表明反射波的振幅只有入射波振幅的 22％。由于 TSP 203 探测系统采用高灵敏度的、具有良好三维动态响应特性的传感器和 24 位的 A/D 转换器，可以保证该探测系统具有很宽的地震波的记录范围，这正是 TSP 探测系统能够在很大范围内预报地质条件变化的根本原因。

由图 8-2 可知，当入射波振幅 A_i 一定时，反射波振幅 A_p 与反射系数 γ 成正比；而反射系数与反射界面两侧介质的波阻抗（p_r）有关，且主要由界面两侧介质的波阻抗差决定。波阻抗差的绝对值越大，则反射波振幅就越大。当介质 Ⅱ 的波阻抗大于介质 Ⅰ 的波阻抗，即地震波从较为疏松的介质传播到较为致密的介质中时，反射系数 $\gamma > 0$，此时，反射波振幅和入射波振幅的符号相同，反射波和入射波具有相同的极性；反之，当地震波从较为致密的介质传播到较为疏松的介质中时,反射系数 $\gamma<0$,则反射波振幅和入射波振幅符号相反,因此反射波和入射波的极性是相反的,从而可清楚地判断地质体性质的变化。

8.3.1.2　TSP 探测的基本原理

反射界面及不良地质体规模的确定原理(图 8-2):在点 A_1、A_2、A_3 等位置激发震源,产生的地震波遇到不良地质体界面(波阻抗面)发生反射而被 Q_1 位置的传感器接收。利用波的可逆性,可以认为从 Q_1 位置发出的地震波经过不良地质体界面反射而传到 A_1、A_2、A_3 等点,即可认为波是从像点 $IP(Q_1)$ 发出而直接传到 A_1、A_2、A_3 等点的。此时的 Q_1 和 $IP(Q_1)$ 是关于不良地质界面(波阻抗面)对称的。因 Q_1、A_1、A_2、A_3 各点的空间坐标已知,由联立方程可得像点 $IP(Q_1)$ 的空间坐标,再由 Q_1 和 $IP(Q_1)$ 的空间坐标可求出两点所在直线的空间方程。图 8-2 中,α 为不良地质体的俯角,即真倾角;β 为不良地质体的走向与隧道前进方向的夹角;γ 为空间角,即隧道轴线与不良地质体界面的夹角。

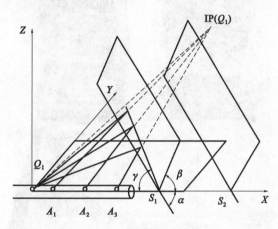

图 8-2　TSP 探测原理图

因为不良地质体界面是点 Q_1 和点 $IP(Q_1)$ 的中垂面,所以可以求出该不良地质体界面相对坐标原点 Q_1 的空间方程,进一步可以求出不良地质体界面与隧道轴线的交点和隧道轴线与不良地质体界面的交角。通过求出的不良地质体两个反射面在隧道中轴线上的坐标 S_1 和 S_2,从而求出不良地质体的规模:

$$S = \mid S_1 - S_2 \mid$$

8.3.1.3　岩石力学参数的获得

通过测得的纵波波速和横波波速,根据针对变质岩、火山岩、侵入岩和沉积岩 4 类岩石类型的不同经验公式,用 TSP 软件可以获得岩石密度 ρ,然后根据下列公式求出各个动态参数。

动态弹性模量:

$$E_v = \rho v_S^2 \left\{ \frac{3v_P^2 - 2v_S^2}{v_P^2 - \frac{1}{3}v_S^2} \right\} \tag{8-5}$$

泊松比:

$$\mu = \frac{v_P^2 - 2v_S^2}{2(v_P^2 - 2v_S^2)} \tag{8-6}$$

体积模量:

$$K = \rho \left(v_P^2 - \frac{4}{3}v_S^2 \right) \tag{8-7}$$

拉梅常数:

$$\lambda = \rho(v_P^2 - v_S^2) \tag{8-8}$$

剪切模量:

$$G = \rho v_S^2 \tag{8-9}$$

静态弹性模量可由经验公式计算。

TSP 探测结束后,探测数据可用相应 TSP 软件处理,数据经过处理后,关于此隧道的一些地质结构信息将会通过随后的评估子程序以图表的形式呈现出来。

评估结果包括预报范围内反射界面的二维或三维图形显示,同时以图表的形式描述该区域内岩石性质的变化情况。尤为重要的是那些没有反射事件的区域,在这些区域,岩石的力学特性将没有或仅有极为细微的改变,因此可维持已经采用的隧道开挖方式。

8.3.2　TSP 超前地质预报系统的组成

TSP 305 超前地质预报系统如图 8-3 所示。

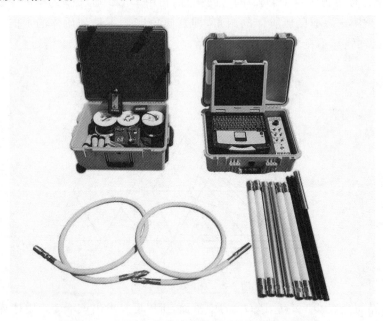

图 8-3　TSP 305 超前地质预报系统主要组成部分

（1）记录单元

记录单元的作用是记录地震信号和信号质量控制。其基本组成为完成地震信号 A/D 转换的电子元件和一台便携式电脑,便携式电脑控制记录单元和地震数据记录、存储以及评估。此设备有 12 个采样接收通道,用户可设置 4 个接收器。

TSP 305 超前地质预报系统探测的可靠性主要取决于所接收到的信号的质量。探测范围和探测精度与系统的动态响应范围和记录频带宽度有极大的关系。TSP 305 使用 24 bit 的 A/D 转换器,其动态响应范围为 144 dB,所接收到的信号的频率范围为 0.1~10 kHz。

（2）信号接收器(传感器)

信号接收器是用来接收地震信号的,它安置在一个特殊金属套管中,套管与岩石之间采用灌注水泥或者双组分环氧树脂牢固结合。接收单元由一个灵敏的三分量地震加速度检波器组成,频带宽度为 0.1~10 kHz,包含了所需的动态范围,能够将地震信号转换成电信号。TSP 305 的传感器总长为 2 m,分三段组合而成,但传感器的安装仍然非常简单和快速。

由于采用了三分量地震加速度检波器,因此,可以确保三维空间范围的全波记录,并能分辨出不同类型的地震波信号,如 P 波和 S 波。此外,这三个组件互相正交,由此可以计算出地震波的入射角。

接收器的设计适合不同性质的岩层,使用范围为软岩层到坚硬的花岗岩岩层。接收器套管的直径为 43 mm,可以通过一台手持式钻机钻凿接收器安装孔。

接收单元具有防尘、防水、密封功能,可以保证接收系统在恶劣环境下正常工作。

（3）附件和引爆设备

附件和引爆设备主要包括起爆器、触发器、信号电缆、角度量测器、角度校正器、长度为 2 m 的精密钢质套管和专用锚固剂等。如前所述,在安装传感器之前,必须把套管锚固在接收器安装孔上。接收单元安装后会通过接收电缆与记录单元相连。

引爆设备由一个与触发盒相连的起爆器组成。触发器分别通过两根电缆线与电雷管相连,通过信号电缆线与记录单元的连接,以确保雷管触发时记录单元采集开始时间和雷管起爆时间同步。

激发地震信号所需炸药(岩石乳化炸药)可通过胶带与雷管捆绑在一起。雷管和炸药通过一填充竿送入 1.5 m 深的震源孔内部,爆破前将震源孔注满水。

记录单元准备就绪允许起爆后,起爆盒上将有一绿灯显示,然后由爆破员自行决定引爆。这样可保证在爆破员和操作员没有直接对话的情况下,仍然具有较高的安全性。

8.3.3　数据采集过程

数据采集过程——
TSP 超前预报
现场视频

8.3.3.1　探测剖面和有关探测孔的布置

（1）探测剖面的确定

通常情况下,通过地质分析,可掌握岩体中主要结构面的优势方位。在地质条件简单时,可在隧道的左侧壁或者右侧壁上布置一系列微型震源,进行探测。当主要结构面的优势方位不清楚时,可在隧道壁左、右两侧各安装一个接收器,这样可提供一些附加信息。

对于地质状况非常复杂的情况,建议使用两个接收器、两侧爆破剖面探测。如此布置的好处是可以将所获得的地震数据加以对比和相互印证。

（2）接收孔和震源孔位置的确定

根据所测地质情况和隧道方位的关系确定探测布设图后,接收器和震源孔的位置必须明确。除了特殊情况外,标准探测剖面的布置应遵循以下操作步骤。

① 估计进行 TSP 探测时隧道掌子面所在的位置。

② 标定接收器孔的位置：接收器的位置离掌子面的距离大约为 55 m,如果是两个接收器,则两个传感器应尽可能在垂直于隧道轴的同一断面上,否则应对其位置进行准确标定。

③ 标定震源孔的位置：对于第一接收器来说,第一个震源孔和接收器孔的距离应控制在 15～20 m,在任何情况下都不允许小于 15 m。出于实际操作方便的考虑,各震源孔间距大约为 1.5 m,但如果所选择的探测剖面比较短,此距离可缩小。探测时必须布置的 TSP 探测所需的震源孔数一般为 24 个,最少不得少于 20 个。

如果相对坐标系在隧道右侧壁,则主接收器和震源孔的位置就应布置在右壁上,否则就应布置在左壁上。值得说明的是,接收器和所有震源孔应在同一条直线上,且该直线平行于隧道轴线,即各个孔的位置在垂直方向不允许有较大的偏差。对于可控高差,必须进行测量并记录。

（3）传感器孔和震源孔参数的确定

① 传感器孔(图 8-4)。

数量：1 个或 2 个。

直径：43～45 mm/孔深 2 m。

角度：用环氧树脂固结时,垂直于隧道轴,向上倾斜 5°～10°；用灰泥固结时,向下倾斜 10°。

高度：离地面标高约 1 m。

位置：距离掌子面大约 55 m。

② 震源孔(图 8-4)。

数量：24 个,根据实际情况,可适当减少,但不可少于 20 个。

直径：38 mm(便于放置震源即可)/孔深 1.5 m。

布置：沿轴径向,向下倾斜 10°～20°(水封震源孔)。

高度：离地面标高约 1 m。

位置：第一个震源孔距接收器 15～20 m,震源孔间距 1.5 m。

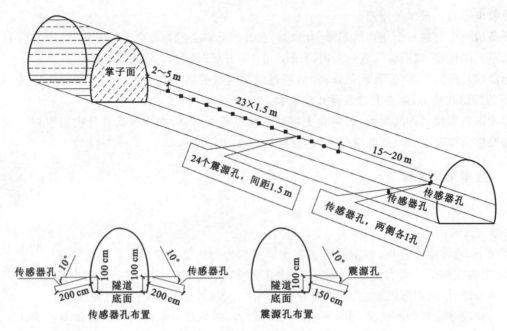

图 8-4　震源孔和传感器孔布置图

当传感器孔和震源孔全部钻好后,由测量人员提供每个孔口的三维坐标,同时用水平角度尺和钢尺测量每个孔的角度和深度,并记录下来。

(4) 接收器套管的埋置

接收器套管的埋置会影响接收器所收集的地震波信息的准确性。有 2 种方法可以将接收器套管固定在岩体中。

① 灌注灰泥:钻好接收器孔以后,应尽可能快地安装接收器套管。钻孔必须用一种特殊的双组分非收缩灰泥进行填充,灰泥由颗粒很细的砂浆组成。灌注时,可以用一种管壁很薄的 PVC 管和漏斗来填充。将接收器套管推进事先填充过灰泥的接收器孔中,多余的灰泥就会沿着管溢出。安装完毕后,注意校正套管方位。经过 12~16 h 的硬化,岩石与套管就可以牢固地结合。

② 灌注环氧树脂:接收器套管使用的固结材料是环氧树脂,钻好接收器钻孔以后,应马上安装接收器套管。必须保证将足够多的环氧树脂药卷塞入钻孔内。如果使用小型钻机,而且孔径小于 45 mm,用 3 根环氧树脂药卷就足够了。如果使用大型钻机,每个孔就要用 4 根环氧树脂药卷。

以上两种方法,在套管进位、锚固剂硬化之前,要立即将套管旋转正向,同时,测量人员进行隧道几何参数的测量和记录。

以上 4 步准备工作可以与隧道施工平行作业,不占用隧道施工时间。

8.3.3.2　现场数据采集过程

所有的准备工作完成后,即可进行现场探测。为了尽可能少地占用施工时间和减少对探测工作的干扰,现场探测最好在工序交接班间隙进行。具体步骤如下。

① 探测人员进洞后,主管探测人员选择仪器安置地点,并对周围环境进行检查,确保探测人员和探测仪器的安全。

② 主管探测人员利用专用的清洁杆对套管内壁进行清洗,然后在其他人员的协助下进行传感器的安装,安装工作务必十分认真、仔细。传感器应分节安装,前一节传感器绝大部分进入套管后方可进行传感器连接,两节传感器必须在同一直线上,轻微的弯曲都有可能造成连接处的不密贴,传感器连接处的插针、插孔和凸凹槽必须紧密配合,才可旋紧外套。同时,工作人员展开电缆线,进行系统连线工作。

③ 先连接接收器与主机,再将计算机与主机单元连接,并进行复查。

④ 系统连接完毕后,探测人员打开测控电脑,打开 TSP 专用软件,输入相关几何参数后,打开存储单元开关,进入数据采集模式,检查噪声情况。如一切正常,即可进行数据采集。

⑤ 在仪器操作人员测试仪器时,爆破人员在距传感器最近的震源孔内装炸药(炸药量 20～30 g,具体由岩石和岩体结构特征而定),震源孔装炸药后用水封堵,封堵时要慢速倒水,防止将雷管和炸药冲开。

⑥ 将起爆线连接好,并确认所有人员撤离到安全位置后,起爆人员引爆炸药,探测人员同步采集数据,观察波形和信号最大值(信号最大值在 5000 mV 内尽可能大),根据信号最大值对药量进行调整。一般随着震源孔和传感器之间距离的增大,药量可适当加大。及时检查数据采集情况,在几何参数中输入传感器和震源孔参数,可看到采集信号。从理论上来讲,传感器接收信号的初至时间与震源孔和传感器距离二者呈线性关系,如果线性关系不明显,应排除雷管非正常延期的影响。

对震源孔的起爆顺序没有特别的要求,只要记录下每次爆破时爆破孔的序号即可。为了避免出错,建议起爆和记录逐孔有次序进行(升序或降序)。也就是说,爆破和记录的孔位与接收器的距离是递增或递减的。

⑦ 传感器所有工作通道数据全部上传后,显示出地震数据的轨迹特性,数据控制是通过检验显示的地震轨迹的特性来完成的。移动光标到任意信号点,相应的时间将显示在下面的标题栏上,将光标移动到直达波初至点上,可以确定直达波 P 波的通行时间。通过对距离接收器位置(开始端)由近至远的震源点逐一进行爆破发射,所测得的通行时间提供了一个很有效的数据控制方法,以检测所记录的地震数据是否有效。

⑧ 完成所有的记录后,点击主菜单上的"文件"并选择"退出"TSP 程序。

⑨ 在以上探测过程中,所有几何参数和其他事项一定要及时记录下来,不得事后靠回忆来填写。

⑩ 数据采集完毕,在探测现场进行仪器组件整理。整理过程需要遵循如下步骤:

关掉记录单元和笔记本电脑;断开触发器装置(电缆和装置);断开(接收器)电缆;小心地从套管中取出接收器,旋开三个组件并装载到接收器盒内;如果需要,可以检查和清点系统其他组件。

以上操作一般需要 45～60 min。

8.3.3.3 现场探测时信号质量控制

每个数据采集后,应进行数据检查,将信号比较好的地震数据记录下来,因为地震法超前地质预报的准确性在很大的程度上取决于原始数据的质量,以下列出了数据质量控制的一些原则。

(1) 信号电平

为了避免放大器的非线性和过载失真,第一震源孔的信号电平应该低于所有信号轨迹的 80%,如果第一震源孔的装药量过高,建议减少最近的 3 个震源孔的装药量。如果由于某些原因,装药量已提前装好,则应检查第二震源孔信号的情况,如果没有失真,可以继续记录,在后续的处理中,删除第一震源孔记录即可。

(2) 信号特征

TSP 超前地质预报的原理是处理反射信号。从发射点发出的信号必须是一个尖脉冲信号(即尖峰信号),而且接收器单元必须不失真地将其记录下来。

完成第一个震源孔的爆破并记录数据后,可以根据直达波的波形检查信号质量,直达波首先到达,其信号也是最强的。接收器指向震源孔的分量(通常是 lx 或 2x 指向掌子面),能清晰地显示一串波列,包括一个正振幅和一个更强的负振幅。该波列的特征形状应该不随震源孔与接收器位置的距离改变而变化。随着发射孔与接收器之间距离的增加,信号振幅会明显减弱,而且脉冲带宽会有所增加,这是因为地震波是以球面的形式进行传播的,同时高频信号在岩石中传播信号会衰减吸收。

如果最先到达的波形具有震动性,这说明接收器套管和岩层之间没有足够的黏结或者是套管内部不干净。在这种情况下,应重新记录 2 次或 3 次发射,若信号形状还没有得到改善,应清洗接收器套管,再将接收器重新插入接收器套管中。若效果依然不佳,则应在新的位置重新安装接收器套管并重复所有的步骤。

8.3.3.4 现场探测时安全注意事项

① TSP 探测人员应严格执行隧道施工安全操作有关规定。

② TSP 探测人员每次进入隧道探测前,应得到施工单位主管工程师认可。

③ 每次探测之前,探测人员应掌握掌子面施工进展情况,TSP 探测安排在掌子面爆破且清理完危石后进行。危石未清理结束,严禁 TSP 探测作业。

④ 探测钻孔、装药等各工序严禁与掌子面装药、起爆等工序同时作业。

⑤ 现场探测时,严禁无关人员围观,特别是震源作业区,应设置警戒线。

8.3.3.5 数据采集过程中的关键技术

（1）接收器的放置问题

接收器是把波的振动信号转换为电信号的装置,能否接收到信号、接收信号质量的好坏与接收器直接相关。放置接收器时应尽可能地使波在最短的时间内传至接收器,所以当应用地质力学和构造地质的理论能确定掌子面前方主要构造破碎带和不良地质体的主要产状时,可用一个接收器接收,此时应把接收器放在隧道的前进方向和构造线的走向夹角成钝角（本质上是空间角而非平面角）的一侧。因为这样会使接收器在最短的时间内接收到最多的有用信息。如果不能用地质力学的理论推测出前方不良地质体的产状,则在两侧分别放置一个接收器才能接收到较好的信号。

（2）震源炸药的选择和填装问题

在 TSP 探测中,炸药是人工激发地震信号的来源。震源炸药的选择应保证炸药有较高的爆速和与待测的岩石介质有相匹配的波阻抗,同时炸药的用量应严格加以控制,以免产生不必要的噪声信号和对高频信号的抑制,应力求获得强有力的脉冲信号。

填装炸药力求与钻孔紧密接触,必要时可向孔内注水,一则保证炸药密实,二则保证炸药与钻孔有良好的耦合,减少能量的损耗。

（3）线圈的放置问题

数据的采集过程就是把机械的波动信号转换为电压信号的过程,所以波动信号的改变意味着电压信号的改变。如果采集数据时传输电缆仍缠在线圈上,则会由于线圈的感抗作用产生较大阻抗,使电压信号发生变化而在成果图和地质解译时误认为是地质条件的变化,故采集数据时应把线圈放开,避免产生较大的阻抗电压。

（4）雷管性能的选择问题

在数据采集时,触发器的功能是保证炸药的引爆和主机的采集信息能同步,这里有个前提条件是炸药的引爆不需要时间,但实际并非如此。电雷管的工作原理是电流的热效应,根据焦耳定律,达到一定的温度需要有一定的时间,这个时间就是相对主机开始采集数据的滞后时间,这会造成主机采集数据与引爆的不同步,或者说是主机用于真正采集数据的时间减少,即相应的有效的探测距离减小、数据的质量变差。因此,在雷管的选用上应尽量选用瞬发电雷管,一则延期微小,二则延期误差小。

（5）接收器和震源的位置问题

接收器有效接收段的中点位置应与所有爆破点的中心位置在同一条直线上,其误差不应过大,而且此直线应与隧道的轴线平行。如该连线不是水平直线而是倾斜的,此时的成果图是以此直线为假定水平直线的平面图和剖面图,图中不良地质体的产状,如倾角等,是相对隧道轴线的而非真实的,在这一点上,用 TSP 方法和用其他地质方法相比较时应注意。如果隧道的轴线不是直线而是折线（指有坡度）,此时应通过坐标 z 值的改变加以调整,但沿整个爆破点断面的高差（z 值）不应大于 3 m。

仪器的计算原理:每一爆破点到接收器的距离是确定的,每一爆破点的直达波到达接收器的时间可以测出,这样就可以计算出岩体中的平均波速,利用它和波到达波阻抗面的时间就可以计算出波阻抗面的位置和产状。如果实际爆破点到接收器的距离与输入值有偏差,则会造成测得的波速有误,进而造成计算出的波阻抗面位置和产状有误。因此在布点时,力求实际位置与输入的坐标相一致。

（6）套管的埋设问题

套管是为了节省接收器但不降低接收器的接收效果而设置的,因此套管的埋设应力求与周围的介质紧密接触,且锚固剂的波阻抗应与岩石介质的波阻抗尽可能相近,这样就可预防套管不正常的震颤和降低波动能量在套管周围界面上的损失。为防止灌锚固剂时钻孔底部出现未灌实的现象,锚固时应设排气管。

（7）对拒爆震源的处置问题

如果引爆时仅仅是雷管起爆或只有一部分炸药起爆,那么可输入正确的爆破点序号重新引爆。如果数据质量不好,如振幅超限或是第一次转折后出现低频振荡数据,则应删除记录后重新采集。

(8) 仪器参数的选择问题

不同的采样间隔和采样数目会影响仪器的探测距离、探测精度。当采用最大采样数目时,如采用较大的采样间隔可增加采样时间,也就相对增加探测距离,但此时的探测精度会降低,漏掉小的不良地质体。TSP 探测时可选用 $40\,\mu s$ 或 $80\,\mu s$ 的间隔,如果岩石较软,则采用 $80\,\mu s$ 的间隔。这样,一则节约时间,二则避免由于高频信号的衰减而产生精度数据的浪费。

8.3.4 数据处理及解译过程

(1) 数据处理过程

在现场数据采集完成后,在室内对地震波数据进行处理。TSP 系统对于地震波数据的处理和计算依次经过以下 11 个主要步骤。

① 建立数据:设置数据长度,在时间上把地震波数据控制在一个合适的长度,以便在满足探测目的的情况下减少试算时间和存储空间;然后进行部分数据归零,以清除一些系统干扰和其他噪声;最后计算平均振幅谱,它反映了地震波的主频特征,利用它可设置适当的带通滤波器参数。

② 带通滤波:带通滤波的作用是删除有效频率范围以外的噪声信号,其主要以上一步确定的平均振幅波谱作为依据,运用巴特沃斯带通滤波器进行滤波,从而确定有效频率范围。

③ 初至拾取:目的是利用地震波的纵波初至时间来确定地震波的纵波波速值。

④ 拾取处理:主要是通过变换和校直处理,确定横波的初至时间,从而确定横波的波速值,该值是个经验值。

⑤ 爆破能量平衡:作用是补偿每次爆破中弹性能量的损失。

⑥ Q 估算:以直达波决定衰减指数。

⑦ 反射波提取:通过拉东变换和 Q 滤波提取出反射波。前者是为了倾斜过滤以提取反射波。后者是由信号带通内的高频率衰减而引起能量丢失,从而减弱了地震波的分辨率。在已知岩石质量因子 Q 时,丢失振幅逆向 Q 滤波可以部分恢复。

⑧ P 波和 S 波的分离:系统通过旋转坐标系统将记录的反射波分离成 P 波、SH 波、SV 波。

⑨ 速度分析:首先产生一种速度模式,然后计算通过该模式的传递时间,再将地震波数据限制在解释的距离内,最后从这些实验偏移中得到新模式。

⑩ 深度偏移:利用地震波从震源孔出发到潜在反射层再到接收器的传递时间,以最终两种位移-速度模式计算最终 P 波、S 波波速值。

⑪ 反射层提取:设置反射层的提取条件,分别提取出 P 波、SH 波、SV 波的反射界面,供技术人员进行地质解译。

(2) 数据解译过程

TSP 地震波数据解译过程是 TSP 超前地质预报系统有效工作的关键,也是超前地质预报过程中需要重点研究和掌握的核心部分。对 TSP 数据的准确解译,一方面要求解译人员深刻掌握地震勘探的原理,参照 TSP 203 工作手册中有关原则进行解译,在实践中积累解译经验;另一方面要求解译人员具有丰富的地质工作经验,掌握各类地质现象的特征以及这些地质现象在 TSP 图像中的表现形式。总之,对 TSP 图像的地质解译要以地质存在为基础,不能脱离地质实际。

在对 TSP 探测结果进行数据解译处理时,应该遵循以下几方面原则。

① 正反射振幅表明硬岩层,负反射振幅表明软岩层。

② 若 S 波反射较 P 波强,则表明岩层饱含水。

③ v_P/v_S 稍增加或泊松比突然增大,常常是由于流体的存在。

④ v_P 下降,则表明裂隙或孔隙度增加。

⑤ 反射振幅越高,反射系数和波阻抗的差别越大。

8.3.5 数据处理和解译过程中的关键技术

在理解 TSP 超前地质预报系统工作原理的基础上,研究如何提高探测精度,可以切实做到更好地为施工服务,并能扩大 TSP 超前预报系统的应用范围。以下关键点应注意:

(1) 数据处理阶段

① 必须对所采数据的频率分析范围有所了解,绝不能仅仅依靠仪器利用统计方法得到的结论。当所采数据信噪比较高时,这个方法仍适用;当现场噪声大时,这个方法就不适用了。

② 信号的增益一定要小心,不能人为制造出地质结构。

③ 仪器拾取的一切结构面,应根据偏移剖面特征有所取舍;对没有被选取的关键结构面,一定要人为选取,且均以地质存在为基础。

④ 仪器所给出的有关力学参数,其值仅供参考。

(2) 室内解译阶段

① 尽可能把数据处理的每个步骤的参数调整为最符合探测段地质条件的参数。

② 将开挖面到最近震源孔之间已经开挖的隧道地质情况与探测结果进行对比分析,作为开挖面前方地质体解译的基础和参考。

③ 在解译的时候,必须掌握本地区的地质条件和已开挖隧道的实际地质状况。

④ 在判断地质体的性质时,不能单纯地以某个岩性指标作为判据,必须综合各指标以及实际开挖面的岩性进行预报。

此外,对于解译的成果,要在施工过程中通过跟踪超前地质预报不断对比、分析,并积累经验。

8.3.6 TSP 的预报能力问题

新仪器的出现使超前地质预报的水平有了长足的进步,使超前地质预报的水平从定性到达了基本的定量。但新仪器也有其局限性,如目前常用的超前地质预报仪 TSP 中就存在一些问题,具体如下。

(1) TSP 对围岩分级的能力

TSP 利用地震反射波法可以导出掌子面前方岩体的纵波、横波波速值。其纵波波速值是基于直达波初至时间和相应偏移距 L 导出的。而横波的波速值是基于已开挖段岩体纵、横波速比值的假定导出的,它并不是根据横波的初至时间导出的。直达横波的初至时间因直达纵波和反射波的干扰而不能从图上识别,另外横波的激发需要特殊的条件。在已开挖段横波波速值都不确切的基础上面导出的未开挖段的横波波速值的精度都值得商榷。

《铁路隧道设计规范》(TB 10003—2016)把岩(土)体特征和围岩的弹性纵波波速值作为围岩基本分级的依据,如表 8-1 所示。表 8-1 中围岩级别与波速值不是一一对应的,而是在波速上有重叠,这种做法充分考虑了采集波速值时影响因素的多样性和波速值与围岩级别的对应关系,是合理的。但在实际操作时,有些技术人员,生搬硬套,把围岩的级别与波速值看成一一对应的,而没有关注最主要的岩土体结构特征。

表 8-1　　　　　　　　　　　围岩的基本分级与围岩弹性纵波波速关系

围岩级别	I	II	III	IV	V	VI
围岩弹性纵波波速/(km/s)	>5.3	4.5~5.3	4.0~4.5	3.0~4.0	1.0~3.0	<1.0 (饱和状态的土<1.5)

总之,TSP 的波速值预报的掌子面前方围岩的级别仅供参考。准确的围岩分级须依据施工阶段隧道围岩级别判定卡的有关内容来判定。

(2) TSP 对水的直接探测能力

TSP 对掌子面前方岩体含水性的探测能力问题一直备受关注,有的地质专家兼物探仪器使用者认为"TSP 可以探测出掌子面前方岩体的含水性",且有成功的实例为证;而有的物理探测专家兼地质爱好者则从理论上提出"TSP 能探测出掌子面前方岩体的含水性是不可能的",其也有 TSP 探测失败的例子。本书认为从地震波在岩体土体中的传播规律来看,在 TSP 成果图的图像上直观看出掌子面前方岩体的含水性值得怀疑,但 TSP 探测掌子面前方的结构面或断层却是可能的,而地质专家利用结构面或断层的地质特征结合其他因素判断(或推测)出其含水性也是可能的。

因此,TSP 能探测出掌子面前方的含水性,但不是通过 TSP 直接测得,而是地质专家在 TSP 探测成果基础上,依据地质理论合理推测得到的。

(3) TSP 的探测距离和探测精度问题

TSP 的探测距离和震源的能量相关:虽然小的炸药量可以有较高的频率,但传播距离短;虽然大的炸药量在某一范围内可以提高震源的能量,但却降低了震源的频率,在实际探测中破碎围岩中大的炸药量会对初期支护造成破坏。另外,地震波能否有效传出去是受围岩条件限制的(能量和频率的损失)。理论和实践表明,TSP 的探测距离在一定程度上是客观的,但只有满足探测精度要求的探测距离才是有意义的。

同理,探测精度也由地震波的频率决定,没有高频率的地震波,TSP 无论如何也探测不出小尺度的地质体。在极硬岩和极软岩中对地质体的分辨率要求一样高是不可能的。

8.4　红外探测超前地质预报技术　　>>>

红外探测超前地质预报技术是一种广泛用于煤矿生产的成熟技术,它主要是利用地质体的不同红外辐射特征来判定煤矿井下是否存在突水、瓦斯突出构造等。自 2001 年圆梁山隧道运用红外探测进行超前地质预报以来,红外探测技术广泛运用于我国隧道工程施工超前地质预报当中。

8.4.1　红外探测(水)工作原理

红外探测是一种利用辐射能转换器,将接收到的红外辐射能转换为便于观察的电能、热能等其他形式的能量,并利用红外辐射特征与某些地质体特征的相关性,进而判定探测目标地质特征的一种方法。自然界中任何介质都因其分子的振动和转动每时每刻向外辐射红外电磁波,从而形成红外辐射场,而地质体向外辐射的红外线必然会把地质体内的地质信息以场变化的形式表现出来。

当隧道外围介质正常时,沿隧道走向,按一定间距分别对四壁逐点进行探测时,所获得的探测曲线是略有起伏且平行于坐标横轴的曲线,此探测曲线称为红外正常场。其物理意义是表示隧道外围没有灾害源。

当隧道外围某一空间存在灾害源(含水裂隙、含水构造和含水体)时,灾害源自身的红外辐射场就要叠加在正常场上,使获得的探测曲线的某一段发生畸变,其畸变段称为红外异常场,由于到场源的距离不同,畸变后的场强亦不同。其物理意义是隧道外围存在灾害源。值得说明的是,由于地下水的来源不同,异常场可高于正常场,也可低于正常场。

8.4.2　红外探测在隧道工程中能解决的问题

① 由于灾害源和其相应灾害场的存在,通过探测曲线的变化可探测出掌子面前方灾害源的存在,如含水断层及其破碎带、含水或含泥的溶洞、含水的岩溶陷落柱等。

② 红外探测能探测出隧道底部和拱顶以外范围的隐伏水体和含水构造,避免因卸压造成地下水突出,引发灾害。

③ 红外探测能探测出隧道侧壁外围的含水构造,避免在施工期间和使用期间造成灾害事故。

8.4.3　现场工作方法

红外探测属非接触探测,探测时用红外探测仪自带的指示激光对准探测点,扣动扳机读数即可。探测一般在爆破、清渣完毕后的测量放线时间进行。具体过程如下。

① 进入探测地段时,首先沿隧道一个侧壁,以 5 m 间距用粉笔或油漆标好探测顺序号,一直标到掌子面处。

② 在掌子面处,首先对掌子面前方进行探测。测完掌子面后,返回时,每遇到一个标号,就站到隧道中央,用红外探测仪分别对标号所在断面的隧道左壁中线位置、顶部中线位置、右壁中线位置和底部中线位置进行探测,并记录所测值,然后进行下一测点断面的探测,直至所有标号所在的断面测完为止。

8.4.4　探测时的注意事项

① 开始探测前,先自选一个目标重复探测几下,看探测的结果是否一致,当结果一致时,说明仪器运转正常。

② 当发现探测值突然变化时,应重复探测,且应在该点外围多探测几个点,以确定该异常是否为人为异常。

③ 当洞外处于 0 ℃ 以下,而隧道中温度又较高时,从很冷处把仪器拿到很暖处不得立即工作,应停留 25 min。

④ 不同来路的水有不同的场强,因此,在探测过程中应该对已知水体进行探测,并记录在备注栏内,这样便于对未知水体进行探测。

⑤ 扣动扳机读数后须松开食指,特别是使用平均读数挡时更是如此,如不松开,则会得到错误的结果。

⑥ 探测时的起点位置、终点位置和中间所经过的隧道特征点位置都应记录在备注栏内,以备解译用。

⑦ 如果初期支护已施作且没干,则不宜对侧壁进行探测。

8.4.5　成果图的要求

① 成果图的图名应写明隧道名称、使用技术方法和探测时间。

② 红外探测曲线图用直角坐标系表示不同位置场值的变化,纵坐标标明场强,横坐标标明里程。

③ 探测曲线的尾端应绘在图的右方靠近掌子面处,并标明该处的里程。

④ 探测曲线的比例一般用 1/1000 即可,过大或过小均不利于数据的解译。

8.4.6　红外探测水体与其他方法的配合

① 当红外探测发现前方存在含水构造时,可通过雷达或其他方法测出含水构造至掌子面的距离和含水构造影响隧道的宽度。

② 确定含水构造距掌子面的距离和其宽度后用钻探方法给出前方含水构造的涌水量。涌水量与水源、水头压力、出水断面有关,因而目前所有物探仪器均不能确定涌水量。物探与钻探相结合可有效做好地下水的超前预报,查出威胁隧道安全的隐蔽水体。

8.5　地下全空间瞬变电磁超前地质预报技术　>>>

8.5.1　基本原理

瞬变电磁法是利用不接地回线向地下发射一次脉冲电磁场,当发射回线中的电流突然断开后,地球介质中将激励起二次涡流场以维持在断开电流以前产生的磁场,如图 8-5 所示。二次涡流场的大小及衰减特性与周围介质的电性分布有关,在一次场的间歇观测二次场随时间的变化特征,经过处理后可以了解地下介质的电性、规模和产状等,从而达到探测目标地质体的目的。

瞬变电磁法探测地质体性质的关键一是合适的观测方式,二是丰富的解译经验。

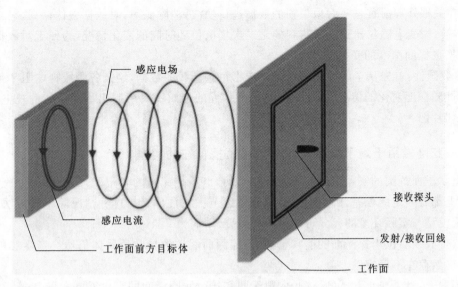

图 8-5　瞬变电磁法基本原理

8.5.2　地下全空间瞬变电磁法的观测方式

当地下观测在隧道中进行时,因为空间很小,不可能采用大线框或大定源方式,只能采用小线框,而且只能采用偶极方式。具体在隧道中工作时,偶极方式可分为两种,具体如下。

（1）共面偶极方式

当观测沿隧道底板或侧帮进行时,应该用共面方式,即发射框和接收线圈处于同一个平面内。这种方式与地面的偶极方式类似,不同的是地下巷道观测必须采用特制专用发射电缆。

（2）共轴偶极方式

因为隧道掌子面范围小,既无法采用共面偶极方式,也无法采用中心方式。因此,一般采用一种不共面的共轴偶极方式。如图 8-6 所示,发射线圈(T_x)和接收线圈(R_x)分别位于前后平行的两个平面内,二者相距一定的距离(要求大于 5 m,实际中常采用 10 m)并处于同一轴线上。观测时,接收线圈贴近掌子面,轴线指向探测方向。对于隧道工作面来说,探测时分别对准隧道正前方、正前偏左(θ_1、θ_2)、正前偏右(β_1、β_2)等不同方向,这样可获得前方一个扇形空间的信息。

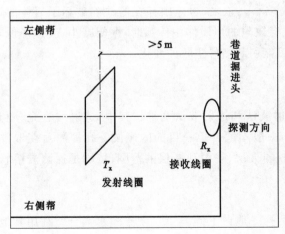 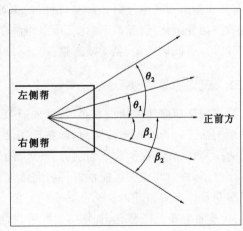

图 8-6　掌子面瞬变电磁法超前探测装置、探测方式及探测范围

8.5.3　数据处理步骤

瞬变电磁法观测的数据是各测点各个时窗(测道)的瞬变感应电压,须换算成视电阻率、视深度等参数后,才能对数据进行下一步解译,主要步骤如下。

① 滤波：在数据处理前首先要对采集到的数据进行滤波，消除噪声，对数据去伪存真。

② 时深转换：瞬变电磁仪器野外观测到的是二次场电位随时间的变化情况，为便于对数据的利用，需要将这些数据变换成探测深度的变化的情况。

③ 绘制参数图件：首先从全区采集的数据中选出每条测线的数据，绘制各测线视电阻率剖面图，即得出沿每条测线电性随深度变化的情况，然后依据测区已掌握的地质资料绘制出不同层位的视电阻率切片图和等深视电阻率切片图。

8.5.4 瞬变电磁用于地下全空间超前地质预报存在的问题

第一，隧道掌子面范围的实际情况既不同于半空间，也不是完全的全空间，因而数据处理结果在电阻率值和探测深度上都有一定的偏差，解译出的低阻异常区范围往往偏大。这种情况除了该方法本身的体效应外，全空间理论模型与实际环境的差异可能是一个重要原因。

第二，虽然接收线圈位于探测面的前掌子面上，探测面后方的异常地质体仍然会产生影响，所以对异常地质体的定向仍然存在不确定性。

第三，在装置上，为了减小互感的影响，发射线圈和接收线圈之间的距离需要大于 5 m，这不但降低了有效信号的强度，而且限制了该方法在空间较小的隧道中的使用。所以，在硬件上改善仪器设备的性能，减小发射线圈与接收线圈之间的互感是提高该方法适用性的关键。

8.6 声波探测超前地质预报技术 ⟫⟫⟫

8.6.1 声波探测超前地质预报技术原理

声波探测是通过探测声波在岩体内的传播特征，研究岩体性质和完整性的一种物探方法（与地震勘探类似，也是以弹性波理论为基础）。具体来说，就是用人工的方法在岩土介质中激发出一定频率的弹性波，这种弹性波以各种波形在岩体内部传播并由接收仪器接收。当岩体完整、均一时，有正常的波速、波形等特征；当传播路径上遇到裂缝、夹泥、空洞等异常地质体时，声波的波速、波形将发生变化；特别是当遇到空洞时，岩体与空气界面要产生反射和散射，使波的振幅减小。总之，岩体中存在的缺陷破坏了岩体的连续性，使波的传播路径复杂化，引起波形畸变，所以声波在有缺陷的地质体中传播时，振幅减小，波速降低，波形发生畸变（有波形，但波形模糊、晃动或有锯齿），同时可能引起信号主频的变化。

8.6.2 现场布置方法

声波探测用于超前地质预报方面，常见的有反射波法和透射波法两种。其中，透射波法充分利用加长震源孔或超前钻孔进行跨孔声波探测（除特殊需要，一般不适合单一目的的声波跨孔探测），获取掌子面前方岩体间的探测孔曲线，探测掌子面前方岩体中的软弱夹层、裂隙和断层的范围，特别是探测岩溶管道存在与否及展布范围，并对其成灾可能性进行超前预报。

现场探测具体步骤如下。

① 在掌子面上布置探测孔，如图 8-7 所示，探测孔一般向下倾斜 10°，便于灌水耦合。利用其他钻孔而不能满足向下倾要求时，要利用止水塞止水，保证耦合效果。

② 探测孔口打好后，一定要清孔，必要时用套管保护，以防塌孔，造成探头被卡。

③ 测量各个孔口的相对坐标、孔深和孔的倾斜方向及角度。

④ 向探测孔内灌水，并开始探测，如图 8-8 所示。

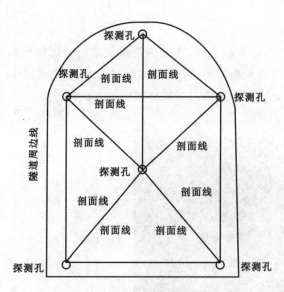

图 8-7 声波透射掌子面探测孔布置图

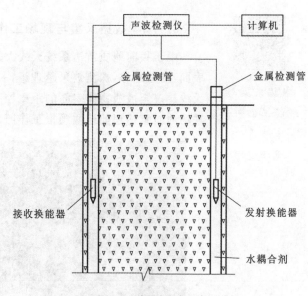

图 8-8 探测方法示意图

声波探测法也存在如下问题。

① 声波探测时,振源频率高、能量低,而岩土体对高频信号的吸收作用大,因此传播距离较小,只适用于小范围的短期超前地质预报。

② 跨孔声波探测技术需要较多的探测孔,除非对重要目标体进行预报外,一般不专门进行声波探测。

8.7 地质雷达超前地质预报技术 ▷▷▷

地质雷达在进行超前地质预报时,因为受掌子面范围和天线频率的限制,多用于近距离预报,预报距离一般为 20~30 m。特别是当 TSP 预报前方有溶洞、暗河和特殊岩层等不良地质体时,若要验证和精确探测其规模、形态,利用地质雷达进行探测会取得更加理想的效果。

8.7.1 测线布置与天线选择

地质雷达在进行超前地质预报时,一般在隧道掌子面上布置 3 条水平横测线和 1 条纵向测线,3 条水平横测线根据隧道断面情况而定,一般在拱腰、墙腰和距隧道底部高 1.5~2 m 处各布置 1 条,纵向测线一般设置在隧道中心,另外根据隧道开挖时的地质情况,可适当增加测线。其布线示意图见图 8-9。

目前隧道开挖超前地质预报距离一般要求在十几米到五十几米之间,采用 100 MHz 天线较为适宜。图 8-10 为瑞典 Mala 公司的 100 MHz 天线。

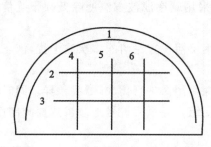

图 8-9 隧道掌子面测线布置示意图

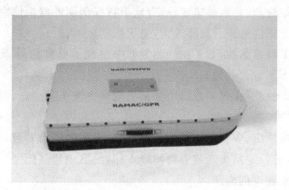

图 8-10 瑞典 Mala 公司 100MHz 天线

数据采集与
现场工作——
地质雷达
现场视频

8.7.2 数据采集与现场工作

由于目前地质雷达系统天线大多设计为贴地耦合式,建议天线尽量紧贴被测物体的表面,接触越好,探测效果越理想,一般建议离地面的距离控制在1/4波长以内,100 MHz天线建议至被测物体表面的距离控制10 cm以内,天线最好能够紧贴其表面。图8-11为现场地质雷达超前地质预报工作照片。

图8-11 现场工作

隧道开挖的掌子面通常凹凸不平,天线无法在掌子面上快速移动,因此建议采用点测法进行超前探测,点距控制为10 cm,在适当的地方手动做标记。在非常平整的掌子面上,可以通过手动点测方式和时间方式相结合的方式来进行探测。主机采集主要参数可设置为自动增益,现场采集益点设为5,平滑降噪设为3,低通设为300 MHz,高通设为25 MHz,叠加选择设为100。

8.7.3 数据处理与解译

地质雷达超前地质预报在掌子面现场采用手动触发方式点测取得的探测结果一般情况下都比较理想,因而后期室内数据处理和解译就比较简单,一般包括以下几个步骤:数据整理、图像显示、数据编辑、增益处理、一维频率滤波、高级滤波、图像输出、资料对比与地质解译。

数据整理:对现场所测数据进行整理,包括测量数据整理,野外记录表格的电子化录入工作,工作照片整理,备份野外探测数据。

图像显示:利用专门的处理软件打开数据,采用线扫描方式、波形加变面积方式、波形图等方式显示测量数据。

数据编辑:剔除强烈的干扰信息,把一条测线上相邻的几个数据剖面连接在一起组成长剖面数据文件。

增益处理:采取整体增益,对整个数据剖面的振幅信息进行放大,或者采用指数增益函数对某一个深度区间的振幅信息进行局部放大,便于数据显示。

一维频率滤波:如果在探测数据中出现了低频信号干扰,则采用频率滤波方法滤除低频干扰信号。通常情况下不做此处理。

高级滤波:在探测数据中如果出现多次波干扰信息,需要利用反褶积方法消除多次波干扰,恢复地下真正的地质构造剖面。

图像输出、资料对比与地质解译:输出探测图像并且对各幅探测图像进行比较,寻找差异。同时结合地质资料,进行地质推断和资料解译工作,绘出地质剖面图。还需要结合各里程桩号地质雷达探测剖面信息,绘制一幅隧道剖面图。

8.7.4 注意事项

雷达测试数据的解译是根据现场测试的雷达图像进行的。根据电磁波的异常形态特征及电磁波的衰减情况对测试范围内的地质情况进行解译。一般来说反射波越强,则前方地质情况与掌子面的地质情况的差异就越大,根据掌子面的地质情况就可对掌子面前方的地质情况做出推断。另外,电磁波衰减对地质情况的判断也极为重要,因为完整岩石对电磁波的吸收相对较小,衰减较慢;当围岩较破碎或含水量较大时对电磁波的吸收较强,衰减较快。解译过程中电磁波的传播速度主要根据岩石类型进行确定,在有已知地质断面的洞段则以现场标定的速度为准。

另外,数据采集还应注意以下事项:

① 掌子面必须安全,没有掉块、塌落等不安全因素存在。

② 掌子面附近尽量不要有金属物体存在。

③ 隧道掌子面平整与否,对探测结果的准确性有一定影响。因此,在实际操作中应特别注意天线的定点和贴壁,否则会使探测结果产生畸变。

8.8 隧道地质雷达超前地质预报应用实例 ▶▶▶

（1）工程概况

忻州至保德高速公路是《山西省高速公路网规划调整方案（2009—2020 年）》中"人字骨架、两纵十一横十二环"的高速公路网主骨架第三横（五台长城岭至保德）的重要组成部分,它是山西省中北部地区西通陕、甘、宁,东达京、津、冀的重要战略通道,是山西省 2007 年度 63 项重点工程建设项目之一。它的建设对完善山西省公路网结构,带动山西省中北部地区经济发展具有重要意义。

忻保高速公路全长 191 km,设计标准为双向四车道,设计时速为 80 km/h,整体式路基宽 24.5 m,分离式路基宽 12.25 m。

忻保高速公路全线共分为 28 个合同段,长短隧道共有 26 条,单线合计 41.873 km,云中山隧道为该项目的一条隧道。

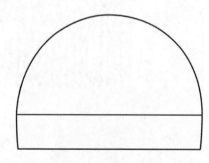

（2）预报方法

云中山隧道出口左洞（桩号段 ZK46＋539—ZK46＋514）隧道开挖过程中揭露出掌子面为红褐色强风化花岗岩,节理发育,掌子面有滴水现象,为了保证施工安全,采用地质雷达超前地质预报的方法探明掌子面前方地质情况。测线布置如图 8-12 所示,测线距隧道拱顶 8 m 高,并来回两次反复测试。

图 8-12 测线布置图

（3）地质雷达预报结果

地质雷达测量数据处理见图 8-13。

（4）结果解译推断

由图 8-13 中两条测线可以看出,在掌子面前方 0～8 m 的范围内,电磁波反射信号同相轴错断,中频信号,振幅较强,初步判断为掌子面 0～8 m 的范围内岩层较为破碎,潮湿含水;在掌子面前方 8～22 m 的范围内,电磁波反射信号同相轴较为连续,信号频率较低,振幅强,局部区域信号震荡,初步判断此范围内岩层较为完整,节理裂隙发育,含水量较大。

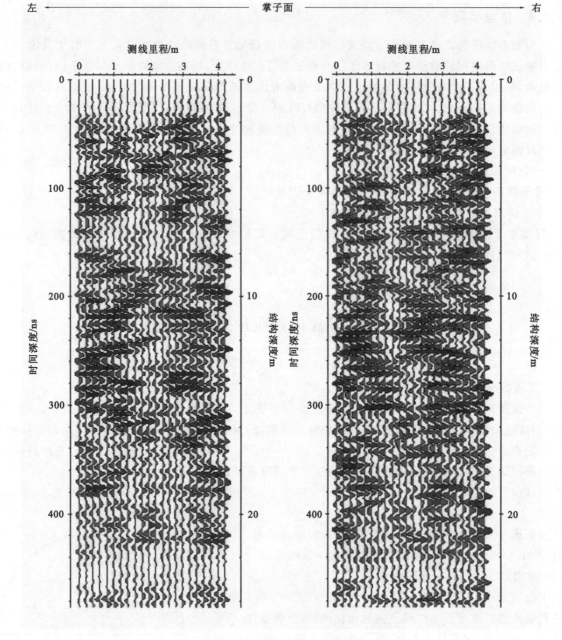

图 8-13 处理后地质雷达图像

本章小结

　　隧道超前地质预报是隧道施工过程中的重要工序,本章介绍了 TSP 超前地质预报系统、红外探测超前地质预报技术、地下全空间瞬变电磁超前地质预报技术、声波探测超前地质预报技术和地质雷达超前地质预报的原理、现场工作方法和数据处理等。最后结合地质雷达超前地质预报工程实例,介绍了报告编写的过程和相关内容。

独立思考

8-1 隧道超前地质预报有哪几种方法?

8-2 查阅相关材料,隧道超前地质预报中的物理探测方法主要有哪些?

8-3 TSP 超前地质预报系统在数据采集过程中须注意哪些问题?

独立思考

9

地下结构（隧道）施工质量检测

课前导读

▽ 知识点

预加固围岩质量检测，隧道开挖质量检测，初期支护施工与质量检测。

▽ 重点

各种质量检测方法的原理、方法以及步骤。

▽ 难点

各种质量检测方法的原理、方法以及步骤。

9.1 概　述 >>>

目前公路隧道常出现的问题如下：

① 施工阶段地质判断技术还不完善,缺乏有效的判断方法和手段。

② 在施工过程中,人们没有牢固树立"保护围岩、爱护围岩"的观念,因此不能有效地控制围岩的损伤和松弛。如为加快施工进度,在掘进时不按爆破设计用药量装药,随意增加药量,使围岩损伤严重,或初期支护不在要求的时间内支护完毕,围岩暴露时间过长,使围岩松弛。这些都是造成隧道施工塌方的因素。

③ 隧道施工方法工厂化程度不高。特别是软弱破碎围岩的施工方法的工厂化程度更加有待提高。工厂化可使施工加快,及时使围岩形成自应力,有效避免塌方。

④ "重外美,轻内实",坑工结构存在严重隐患。如衬砌厚度不够,欠挖不处理,使得衬砌厚度严重不足;衬砌背后填充不按规定施工,靠近衬砌先用浆砌片石填充,余下超挖空间再用干砌片石填充密实,因此留下空洞;衬砌初期开裂普遍存在;拱脚、基底清理不彻底就浇筑混凝土;拱部和边墙接触不紧密,无法形成衬砌整体作用,基地与隧道铺地工程分离开,营运后出现翻浆、冒泥等现象。例如,宁夏某隧道,由于种种原因,隧道衬砌做完后,衬砌混凝土出现了大量裂缝。在 1500 m 范围内有 5 段裂缝发育区,其中一条连续纵向裂缝长达 33 m,裂缝的最大宽度达 20 mm,最大水平错距达 40 mm。这些裂缝对结构的稳定性及建成后隧道的安全运营构成了潜在威胁。又如,陕西境内某黄土隧道,由于土压力太大,施工中衬砌混凝土存在质量问题,隧道尚未通车,衬砌便先由局部开裂发展为结构失稳,最终导致大范围的塌方。

⑤ 隧道施工过程中,地下水处理始终是薄弱环节,防治工程施工质量存在问题,造成隧道成洞地段衬砌渗水、漏水现象时有发生。例如,辽宁八盘岭隧道、吉林密江隧道都是在建成后不久,隧道内便出现大量渗漏,春、夏、秋三季隧道变成了"水帘洞",冬季洞内则变成了"冰湖"。由于反复冻融,衬砌结构开裂。为了不使结构进一步遭受破坏,防止隧道的大量渗漏,两隧道均不得不提前大修,在原衬砌内部复衬一层混凝土。虽然这一措施使问题暂时得到解决,但隧道断面减小,隧道建筑界限受侵,影响行车。

⑥ 施工阶段工程质量的监测制度不完善,更重要的是缺乏有效的监测方法。

⑦ 环境意识薄弱。洞内施工作业环境欠佳,水管漏水,通风管漏风,粉尘含量超过标准,机械、车辆废气超出标准等。对洞外周边环境和邻近结构未采取有效保护措施。

⑧ 参加施工人员(技术人员、管理人员和工人)的应变能力不强,没有对不良施工灾害进行预测,一旦出现施工灾害,有时束手无策。

⑨ 没有真正地实现隧道的动态施工和动态管理。如隧道施工的地质条件经常变化,如何根据施工的实际情况,改变施工方法以适应变化的地质条件,同时相应地改变施工组织以适应施工方法并加以控制做得不够。

⑩ 隧道洞内施工干扰普遍存在,对于统一调度的问题,缺少现代化的管理方法和手段。

以上问题是由多方面的原因(如设计、施工、业主、监理方面的原因)造成的。只有解决好这些问题,才能提高隧道施工技术和施工管理水平,缩短与发达国家之间的差距。

公路隧道的建设是百年大计,保证工程质量是业主的基本要求,检测技术作为质量管理的重要手段越来越为人们所重视。

按隧道修建过程分,公路隧道检测的内容有原材料检测、工序检测(超前支护与预加固围岩施工质量检测、开挖质量检测、初期支护施工质量检测、防排水质量检测、混凝土衬砌质量监测)、施工监控量测、施工环境检测(通风检测、照明检测)、交(竣)工检测等。

（1）原材料检测

工程所需的原材料、半成品、构配件等都将成为永久性工程的组成部分。其质量直接影响未来工程产品的质量，因此，需要事先对其质量进行严格控制。只有使用合格的原材料才能修建出合格的公路隧道。

在隧道工程的常用原材料中，衬砌材料属土建工程的通用材料，其检测方法可参阅有关文献；支护材料和防排水材料较具有隧道和地下工程特色。支护材料包括锚杆、喷射混凝土和钢构件等；隧道防排水材料包括注浆材料、高分子合成卷材、排水管和防水混凝土等。

（2）工序检测

公路隧道工程上出现的种种质量问题，绝大部分都是由于在施工过程中埋下了质量隐患，如渗漏水、衬砌开裂和界限受侵等，因此必须对施工过程进行质量检测。其主要内容包括超前支护及预加固、开挖、初期支护、防排水和衬砌混凝土质量检测。

① 在浅埋、严重偏压、岩溶、流泥地段、砂土层、砂卵（砾）石层、自稳定性差的软弱破碎地层、断层破碎带以及大面积淋水或涌水地段进行施工时，由于隧道在开挖后自稳时间小于完成支护所需时间，或由于初期支护的强度不能满足围岩稳定的要求等，而发生坍塌、冒顶等工程事故，影响施工安全，延误工期，费工费料，危害极大。为避免上述情况，必须在隧道开挖前或开挖中采用辅助施工的方法以增强隧道围岩稳定性。显而易见，做好辅助施工措施的质量检查工作也是至关重要的。

② 爆破成形质量对后续工序的质量影响极大，目前在检测爆破成形质量技术方面发展很快。发达国家已广泛使用隧道断面仪来及时检测爆破成形质量，我国在一些长大铁路隧道施工中也开始使用断面仪。该仪器可以迅速测取爆破后隧道断面轮廓，并将其与设计开挖断面比较，从而得知隧道的超欠挖情况。应用隧道断面仪还可以检测锚喷隧道围岩的变形情况。

③ 支护质量主要是指锚杆安装质量、喷射混凝土质量和钢构件质量。对于锚杆，施工质量检测的内容有锚杆的间排距、锚杆的长度、锚杆的方向、注浆式锚杆的注满度、锚杆的抗拔力等。对于喷射混凝土，施工中应主要检测其强度、厚度和平整度。对于钢构件，则要检测构件的规格与节间连接、架间距、构件与围岩的接触情况以及与锚杆的连接。此外，对支护背后的回填密实度也要进行探测。

④ 防排水系统的施工方法目前尚在研究与发展之中，对施工质量的检测也处于探索阶段，下文将对工程上常用的一些检测或检查方法做简单介绍。

⑤ 衬砌混凝土质量检测包括衬砌的几何尺寸、衬砌混凝土的强度、混凝土的完整性、混凝土裂缝、衬砌背后的回填密度、衬砌内部钢架和钢筋分布等的检测。其中外观尺寸容易用直尺量测，混凝土强度及其完整性则需用无损探测技术完成，混凝土裂缝可用塞尺等简单方法检测，衬砌背后的回填密实度可采用地质雷达法和钻孔法检测。

（3）施工监控检测

新奥法构筑隧道的特点是借助现场量测对隧道围岩进行动态监测，并据以指导隧道的开挖作业和支护结构的设计与施工。因此，量测工作是监测设计、施工是否正确的重要依据，是监测围岩是否安全稳定的手段，它始终伴随着施工的全过程，是新奥法构筑隧道非常重要的一环。

监测的基本内容有隧道围岩变形、支护受力和衬砌受力。监测工作的作用（或目的）包括以下几个方面。

① 掌握围岩动态和支护结构的工作状态，利用测量结果修改设计，指导施工。

② 预见事故和险情，以便及时采取措施，防患于未然。

③ 积累资料，为以后的新奥法设计提供类比依据。

④ 为确定隧道安全提供可靠的信息。

⑤ 量测数据经分析处理与必要的计算和判断后，进行预测和反馈，以保证施工安全和隧道稳定。

（4）施工环境检测

施工环境检测的主要任务是检测施工过程中隧道内的粉尘和有害气体。这里的有害气体主要指 CH_4，我国西南地区修建隧道时经常遇到。若 CH_4 达到一定浓度，施工中防治措施不当，则可能引发 CH_4 爆炸，造成人员伤亡或经济损失。

(5) 交(竣)工检测

① 隧道施工中变形的观测。

隧道施工过程中的变形观测,可与洞内所布设三角点、导线点、中线点以及水准点的复测工作相结合,及时观测到变形大小和方向。

② 检测测标高程变形和测标水平位移的方法。

检测测标高程变形,可采用水准测量的方法进行;检测测标水平位移,可采用准直法和测角法进行。

9.2 预加固围岩质量检测 »»»

9.2.1 注浆材料性能试验

注浆防水是利用压力将能固化的浆液通过钻孔注入岩土体孔隙或混凝土结构裂隙中的一种防水方法。由于生产的发展和工程的需要,近年来出现了不少比较理想的注浆材料,可在不同的地质条件下选用。

9.2.1.1 注浆材料分类及其主要性质

1. 对注浆材料的要求

一种理想的注浆材料应满足以下要求:浆液黏度低,渗透力强,流动性好,能进入细小裂缝和粉、细砂层。这样浆液可达预设加固深度,确保浆液效果;可调节并准确控制浆液的凝固时间,以避免浆液的流失,达到定时注浆之目的;浆液凝固时体积不收缩,能牢固黏结砂石;浆液结合率高,强度大;浆液稳定性好,长期存放不变质,便于保存运输,货源充足,价格低廉;浆液无毒,无臭,不污染环境,对人体无害,非易燃、易爆之物。

注浆材料具体分类见表 9-1。

表 9-1   注浆材料分类

注浆材料	水泥浆	单液水泥浆
		水泥-水玻璃双液浆
	化学浆	水玻璃类
		脲醛树脂类
		铬木素类
		丙烯酰胺类
		聚氨酯类
		其他

注浆材料通常划分为两大类,即水泥浆液和化学浆液。按浆液的分散体系划分,以颗粒直径为 $0.1\ \mu m$ 为界,大者为悬浊液,如水泥浆液;小者为溶液,如化学浆液。

2. 注浆材料的主要性质

(1) 黏度

黏度是表示浆液流动时,因分子间相互作用,产生的阻碍运动的摩擦力。其单位为帕斯卡秒(Pa·s),工程上常用厘泊(CP)来计量,$CP = 10^{-3}$ Pa·s。现场常以简易黏度计测定,以秒(s)为单位。一般地,黏度系数是指浆液配成时的初始黏度。黏度大小影响浆液扩散半径、注浆压力、流量等参数的确定。

浆液在固化过程中,黏度变化有两种类型,如图 9-1 所示。

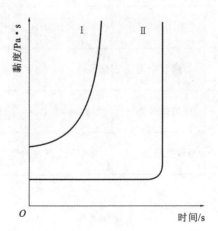

图 9-1 浆液黏度变化曲线

曲线Ⅰ是一般浆液材料,如单液水泥浆、环氧树脂类、铬木素等,黏度逐渐增加,最后固化。随着黏度增长,浆液扩散由易到难。

曲线Ⅱ是丙烯酰胺类浆液等,凝胶发生前聚合反应虽已开始,但黏度不变,到凝胶发生时,黏度突变,顷刻形成固体,有利于注浆。

(2)渗透能力

渗透能力即渗透性,是指浆液注入岩层的难易程度。对于悬浊液,渗透能力取决于颗粒大小;对于溶液,则取决于黏度。

根据试验,砂性土孔隙直径(D)必须不小于浆液颗粒直径(d)的3倍才能注入砂浆,即:

$$K = \frac{D}{d} \geqslant 3 \tag{9-1}$$

式中,K为注入系数。

据此,水泥粒径为0.085 mm,只能注入0.255 mm的空隙或粗砂中。凡水泥不能渗入的中、细、粉砂土地层,只能用化学浆液。

(3)凝胶时间

凝胶时间是指参加反应的全部成分从混合时间起,直至凝胶发生,浆液不再流动为止的一段时间。其测定方法:凝胶时间长的用维卡仪测定;一般浆液,通常采用手持玻璃棒搅拌,以手感觉不再流动或拉不出丝为止来测定凝胶时间。

(4)渗透系数

渗透系数是指浆液固化后结石体透水性的高低,或表示结石体抗渗性的强弱。

(5)抗压强度

注浆材料自身的抗压强度决定了材料的使用范围,强度大者可以用以加固地层,强度小者则仅能堵水。在松散砂层中,浆液与介质凝结的结合体的强度,对于在流砂层中修建隧道或凿井是至关重要的。

几种注浆材料的主要性能指标可见表9-2。

表9-2   **几种注浆材料的主要性能指标**

浆液名称	性能				
	黏度	渗透能力,即可能注入的最小粒径/mm	凝胶时间	渗透系数/(cm/s)	结石抗压体强度/MPa
纯水泥浆	15~140 MPa·s	1.1	12~24 h	$10^{-3} \sim 10^{-1}$	5.0~25.0
水泥加添加剂			6~15 h		
水泥-水玻璃双液浆			十几秒至十几分钟	$10^{-3} \sim 10^{-2}$	5.0~20.0
水玻璃类	$(3 \sim 4) \times 10^{-3}$ Pa·s	0.1	瞬间至几十分钟	10^{-2}	<3.0
铬木素类	$(3 \sim 4) \times 10^{-3}$ Pa·s	0.03	十几秒至几十分钟	$10^{-5} \sim 10^{-3}$	0.4~2.0
脲醛树脂类	$(5 \sim 6) \times 10^{-3}$ Pa·s	0.06	十几秒至十几分钟	10^{-3}	2.0~8.0
丙烯酰胺类	1.2×10^{-3} Pa·s	0.01	十几秒至十几分钟	$10^{-6} \sim 10^{-5}$	0.4~0.6
聚氨酯类	几十至几百厘泊	0.03	十几秒至十几分钟	$10^{-6} \sim 10^{-4}$	6.0~10.0

9.2.1.2　化学浆液黏度测定

① 本试验方法的工作原理、试样制备、结果表示等部分按照《合成橡胶胶乳表观黏度的测定》(SH/T 1152—2014)的规定。

② 仪器。

a.L 形黏度计：适用范围 0～2000 mPa·s。由一台同步电动机组成,电动机在恒定的旋转频率下带动转轴,转轴可连接不同形状和尺寸的转子。测定胶乳表观黏度时,将转子浸入胶乳至规定的深度,在胶乳中旋转受到的阻力使转轴产生力矩,此力矩用一指针和一个刻有 0～100 个单位的刻度盘指示。

b.玻璃烧杯：内径至少 85 mm,容量至少为 600 mL。

c.水浴：温控精度(23±2)℃。

d.过滤网：用孔径为(500±25)μm 的不锈钢丝网制成。

③测定步骤。

将制备好的试样倒入烧杯中,然后将烧杯放入(23±2)℃的水浴中,慢慢搅拌试样直至黏度计的电机壳温度恒定。将转子和防护器小心地插入至试样中,直至试样表面位于转子轴上凹槽的中间刻度线处。

9.2.1.3　水泥细度检验

《水泥细度检验方法　筛析法》(GB 1345—2005)规定了水泥细度的检验方法,概要介绍如下。

(1) 方法原理

采用 80 μm 筛对水泥试样进行筛析试验,用筛网上所得的筛余物的质量占试样原始质量的百分数来表示水泥样品的细度。

(2) 仪器

① 试验筛。

试样筛由圆形筛框和筛网组成,筛网符合 GB/T 6005 R20/3 80μm,分负压筛和水筛两种。负压筛应附有透明筛盖,筛盖与筛上口应有良好的密封性。

筛网应紧绷在筛框上,筛网和筛框接触处,应用防水胶密封,防止水泥嵌入。

② 负压筛析仪由筛座、负压筛、负压源及收尘器组成,其中筛座由转速(30±2) r/min 的喷气嘴、负压表、控制板、微电机及壳体等构成。筛析仪负压可调节范围为 4000～6000 Pa。负压源和吸尘器,由功率 600 W 的工业吸尘器和小型旋风收尘筒组成,或用其他具有相当功能的设备代替。

③ 水筛架和喷头。

水筛架和喷头的结构尺寸应符合《水泥标准筛和筛析仪》(JC/T 728—2005)的规定,但其中水筛架上筛座内径为 140^{0}_{-3} mm。

④ 天平。

最大称量为 100 g,分度值不大于 0.05 g。

(3) 样品处理

水泥样品应充分拌匀,通过 0.9 mm 方孔筛,记录筛余物情况,要防止过筛时混进其他水泥。

(4) 操作方法

① 负压筛法。

a.筛析试验前,应把负压筛放在筛座上,盖上筛盖,接通电源,检查控制系统,调节负压至 4000～6000 Pa 范围内。

b.称取试样 25 g 置于洁净的负压筛中,盖上筛盖,放在筛座上,开动筛析仪连续筛析 2 min。在此期间,如有试样附在筛盖上,可轻轻敲击,使试样落下。筛毕,用天平称量筛余物。

c.当工作负压小于 4000 Pa 时,应清理吸尘器内水泥,使负压恢复正常。

② 水筛法。

a.筛析试样前,应保证水中无泥沙,调整好水压及水筛架的位置,使其能正常运转。喷头底面和筛网之间距离为 35～75 mm。

b.称取试样 50 g,置于洁净的水筛中,立即用清水冲洗至大部分细粉通过后,放在该水筛架上,用水压为(0.05±0.02)MPa 的喷头连续冲洗 3 min。筛毕,用少量水把筛余物冲到蒸发皿中,等水泥颗粒全部沉淀后,小心倒出清水,烘干并用天平称量筛余物。

(5)试验结果

水泥试样筛余百分数按下式计算:

$$F = \frac{R_t}{W} \times 100\% \tag{9-2}$$

式中,F 为水泥试样的筛余百分数,%;R_t 为水泥筛余物的质量,g;W 为水泥试样的质量,g。计算结果精确至 0.1%。

9.2.2 施工质量控制

采用辅助施工方法对隧道不良地质构造段的围岩进行加固,以确保隧道结构的稳定性和安全,一方面要确定安全、经济、合理的施工顺序;另一方面要确保施工质量,这样才能达到加固的效果。由于隧道施工固有的特点,即水文地质情况复杂多变、施工场地狭小、环境差等,给施工带来很大的难度,特别是对不良地质地段,由于辅助施工方法的技术要求高、难度大,对施工质量提出了更高的要求。因此,做好辅助施工措施的施工质量监测工作是至关重要的。

9.2.2.1 超前锚杆

(1)基本要求

① 锚杆材质、规格等应符合设计和规范要求。

② 超前锚杆与隧道轴线外插角宜为 5°～10°,长度应大于循环长尺,宜为 3～5 m。

③ 超前锚杆与钢架支撑配合使用时,应从钢架腹部穿过,尾端与钢架焊接。

④ 锚杆插入孔内的长度不得短于设计长度的 95%。

⑤ 锚杆搭接长度不应小于 1 m。

(2)实测项目

实测项目检查方法和频率见表 9-3。

表 9-3 超前锚杆实测项目

项次	检查项目	规定值或允许偏差	检查方法和频率
1	长度/m	不小于设计值	尺量:检查锚杆数的 10%
2	孔位/mm	±50 mm	尺量:检查锚杆数的 10%
3	钻孔深度/mm	±50 mm	尺量:检查锚杆数的 10%
4	孔径/mm	大于杆体直径±50 mm	尺量:检查锚杆数的 10%

(3)外观测定

锚杆沿开挖轮廓线周边均匀布置,尾端与钢架焊接牢固,锚杆入孔长度符合要求。

9.2.2.2 超前钢管

(1)基本要求

① 钢管的型号、规格、质量等应符合设计和规范的要求。

② 超前钢管与钢架支撑配合使用时,应从钢架腹部穿过,尾端与钢架焊接。

(2)实测项目

实测项目检查方法和频率见表 9-4。

表 9-4		实测项目检查方法与频率	
项次	检查项目	规定值或允许偏差	检查方法和频率
1	长度/m	不小于设计值	尺量:检查钢管数的 10%
2	孔位/mm	±50 mm	尺量:检查钢管数的 10%
3	钻孔深度/mm	±50 mm	尺量:检查钢管数的 10%
4	孔径/mm	大于杆体直径＋20 mm	尺量:检查钢管数的 10%

（3）外观测定

钢管沿开挖轮廓线周边均匀布置,尾端与钢架焊接牢固,入孔长度符合要求。

9.2.2.3　注浆效果检查

注浆结束后应及时对注浆效果进行检查,检查方法通常有下列 3 种。

① 分析法。

分析注浆记录,查看每个孔的注浆压力、注浆量是否达到设计要求;注浆过程中漏浆、跑浆是否严重,从而以浆液注入量估算浆液扩散半径,分析是否与设计相符。

② 检查孔法。

用地质钻机按设计孔位和角度钻检查孔,提取岩芯进行鉴定。同时测定检查孔的吸水量(漏水量),单孔时应小于 1 L/(min·m),全段应小于 20 L/(min·m)。

③ 用声波探测仪测量注浆前后岩体声速、振幅及衰减系数。

注浆效果如未达到设计要求,应补充钻孔再注浆。

9.3　隧道开挖质量检测　▶▶▶

9.3.1　开挖质量标准

隧道开挖质量的评定包含两项内容:一是检测开挖断面的规整度,二是超欠挖控制。对于规整度,一般采用目测的方法进行评定。对于超欠挖,则需要通过对大量实测开挖断面数据进行计算分析,才能做出正确的评价。其实质就是要准确地测出隧道开挖的实际轮廓线,并将它与设计轮廓线纳入同一坐标系中比较,从而十分清楚地从数量上获悉超挖和欠挖的大小和部位,及时指导下一步的施工。

（1）基本要求

① 开挖断面尺寸要符合设计要求。

② 应严格控制欠挖。当岩层完整且岩石抗压强度大于 30 MPa,并确认不影响衬砌结构稳定和强度时,每 1 m² 内欠挖面积不宜大于 0.1 m²,欠挖隆起量不得大于 50 mm。拱脚、墙脚以上 1 m 内及净空图折角对应位置严禁欠挖。

③ 应尽量减少超挖。不同围岩地质条件下平均和最大超挖控制值见表 9-5。

表 9-5

平均和最大超挖控制值

项目		超挖控制值/mm	检验方法和频率
拱部	破碎岩、土（Ⅳ级、Ⅴ级、Ⅵ级围岩）	平均100，最大150	全站仪或断面仪，每20 m一个断面
	中硬岩、软岩（Ⅱ级、Ⅲ级、Ⅳ级围岩）	平均150，最大250	
	硬岩（Ⅰ级围岩）	平均100，最大200	
边墙	每侧	+100.0	尺量，每20 m检查1处
	全宽	+200.0	
仰拱、隧底		平均100，最大250	水准仪，每20 m检查3处

注：① 最大超挖值系指最大超挖处至设计开挖轮廓切线的垂直距离。
　　② 平均超挖值＝超挖面积/爆破设计开挖断面周长（不包括隧底）。
　　③ 表列数值不包括测量贯通误差、施工误差。
　　④ 当炮孔深度大于 3 m 时，允许超挖值可根据实际情况另行确定。

（2）爆破效果要求

隧道开挖方法包括钻爆法和机掘法等，但是目前工程上应用最广泛的仍是钻爆法。对于用钻爆法开挖隧道，其爆破效果应满足以下要求。

① 开挖轮廓圆顺，开挖面平整。

② 爆破进尺达到设计要求，爆出的石块块度满足装渣要求。

③ 周边炮眼痕迹保存率可按式(9-3)计算：

$$周边炮眼痕迹保存率 = \frac{残留有痕迹的炮眼数}{周边眼总数} \times 100\% \qquad (9-3)$$

炮眼痕迹保存率要满足表 9-6 中的规定。

表 9-6

炮眼痕迹保存率标准

围岩条件	硬岩	中硬岩	软岩
炮眼痕迹保存率/%	≥80	≥70	≥50

注：① 周边炮眼痕迹要在开挖轮廓面上均匀分布；
　　② 式(9-3)中周边眼不包括底板的周边眼；
　　③ 当炮眼痕迹保存率大于孔长 70% 时，按可见眼痕炮眼计算；
　　④ 松散岩土不规定炮眼痕迹保存率，但开挖周边轮廓平整圆顺。

④ 采用支架式风钻打眼，炮眼深为 3 m；两茬炮衔接时，出现的台阶形误差不得大于 15 cm。如果眼浅则要减少，如果眼深则要加大。

⑤ 采用光面爆破（大型钻孔台车开挖，深眼大于 3 m 爆破）开挖，爆破效果应符合表 9-7 中的要求。

表 9-7

光面爆破效果评定

序号	项目	硬岩	中硬岩	软岩
1	平均线性超挖量/cm	16～18	18～20	20～25
2	最大线性超挖量/cm	20	25	25
3	两茬炮衔接台阶最大尺寸/cm	15	20	20
4	炮眼痕迹保存率/%	≥80	≥70	≥50
5	局部欠挖/cm	5	5	5
6	炮眼利用率/%	90	90	95

注：① 平均线性超挖量是由凿岩台车的外插角而定的，随循环进尺长度而变，孔深时取最大值；
　　② 岩面上不要有明显的爆裂裂缝；
　　③ 爆破后石渣破碎程度要与所使用的装渣机械相适应，否则应调整爆破参数；
　　④ 其他注解同表 9-6。

9.3.2 超欠挖测定方法

施工中应根据现场条件采用切实可行的超欠挖测定方法,也可按照表 9-8 选取。

本节只对直接测量法(以内模参照为主)、直角坐标法、三维近景摄影法予以介绍,极坐标法(激光断面仪法)将在 9.3.3 节介绍。

表 9-8　　　　　　　　　　　　　　　　　　**超欠挖测定方法**

测定方法及采用的仪器			测定方法概要
量测断面的方法	直接测量法	(1) 以内模为参照物直接测量法; (2) 使用激光束的方法	以内模为参照物,用直尺直接测量超欠挖量,利用激光射线在开挖面上定出基点,并由该点实测开挖断面
		使用投影机的方法	利用投影机将基点或隧道基本形状投影在开挖面上,然后据此实测开挖断面面积
	非接触观测法	三维近景摄影法	在隧道内设置摄影站,采用三维近景摄影方法获取立体像对,在室内利用立体测图仪进行定向和测绘,得出实际开挖轮廓线
		直角坐标法	利用激光打点以照准开挖壁面各变化点,用经纬仪测出各点的水平角和竖直角,利用立体几何的原理,计算出各测点的纵横坐标,按比例画出断面图形
		极坐标法(激光断面仪法)	以某物理方向(如水平方向)为起算方向,按一定间距(角度或距离)依次测定仪器旋转中心与实际开挖轮廓线的交点之间的矢径(距离)及改矢径与水平方向的夹角,将这些矢径端点依次相连即可获得实际开挖的轮廓线

1. 直接测量法

(1) 测量方法

在二次衬砌立模后,以内模为参照物,从内模量至围岩壁的数据 l 加上内净空即为开挖断面的数据。量测时,钢尺应尽量与内模垂直,如图 9-2 所示。

量测段的划分:自一侧盖板顶至拱顶均分为 9 段,两侧共 18 段,19 个量测数据,编号分为 $A_1 \sim A_{19}$,如图 9-3 所示。隧道每隔 5 m(10 m)测量一个开挖断面,且断面里程尾数最好为 0 或 5,如 K26+125、K29+130。这样既有一定的规律性,能全面反映情况,又便于资料的管理与查阅。

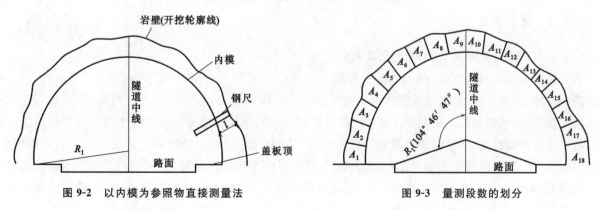

图 9-2　以内模为参照物直接测量法　　　　　　图 9-3　量测段数的划分

(2) 开挖质量评价原理

隧道开挖不能以某一个开挖断面为标准进行评价,而应以某一长度段内所有的实测数据的综合计算分析来评价。

通常以 50 m(或 100 m)长、围岩类别相同段落的开挖实测数据做一分析群,则这一分析群内共有 11(即

50/5＋1)个断面,209(即 11×19)个数据。通过这 209 个实测数据的综合分析计算,与设计要求进行比较分析,则可对这 50 m 的开挖质量做一评价。

2.直角坐标法

(1) 测量原理

用经纬仪测量被测开挖断面各变化点的水平角及竖直角,并已知置镜点与被测断面的距离、置镜点仪器标高、北侧断面开挖底板高程,以开挖底板高程点为坐标原点,垂直向上为 y 轴正方向,水平向右为 x 轴正方向,水平向左为 x 轴负方向,利用立体几何相关性质,计算出各测点的纵横坐标,按一定的比例画出断面图形,并同设计断面比较得到开挖断面的超欠挖情况,如图 9-4 所示。

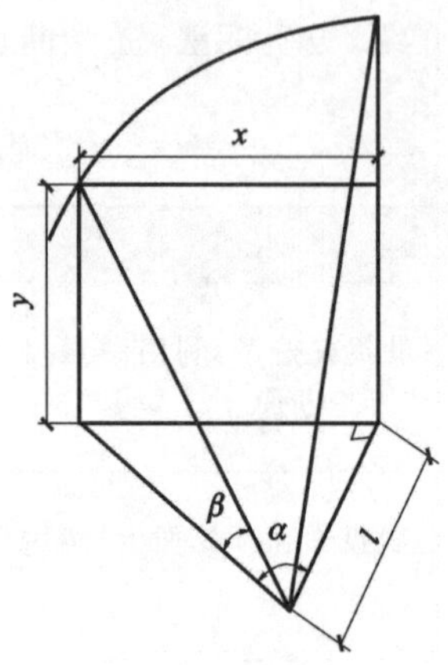

(2) 测量方法

仪器:经纬仪一台,水平仪一台,激光打点仪一台及钢尺、塔台。

方法:将激光打点仪置于被测断面上,照准隧道或线路中线方向,拨 90°角固定水平仪,使各测点处于同一断面上,利用其发出的激光束照准被测开挖断面各变化点;同时在距被测端面一定距离设置另一经纬仪,用经纬仪测量激光打点仪所照各点的水平角和竖直角(在照准隧道或线路中线方向时,可将水平仪置为 0 或记下水平读数)。用水平仪测量经纬仪的标高,用钢尺丈量两置镜的距离。

图 9-4　计算示意图

(3) 数据计算

$$x = l\tan\alpha \tag{9-4}$$

$$y = \frac{l}{\cos\alpha}\tan\beta + 经纬仪的标高 - 开挖断面底板标高 \tag{9-5}$$

式中,x 为断面水平方向坐标;y 为断面竖直方向坐标;l 为两置镜的距离;α 为水平角;β 为竖直角。

3.三维近景摄影法

近景摄影法需要在隧道内设置摄影站,需要布设垂直于隧道轴线的摄影基线。用摄影经纬仪分别在隧道轴线上、摄影基线的左端和右端采用正直、等倾右偏、等倾左偏等摄影方法获取立体像对。摄影时需要对欲测的洞壁实施较均匀的照明,然后利用隧道内的施工控制导线,在室内利用立体测图仪进行定向和测绘,即可获得实际开挖轮廓线与设计开挖轮廓线的比较。

若要定量获取各实测点的超欠挖距离,则可从这些实测点上向设计轮廓线作为该线的法线,从设计轮廓线上的垂足到实测点的距离即为超欠挖值。可以看出,上述近景摄影测量方法费工时,条件多,周期长,不宜作为实际的测量手段,只能作为一种科研的手段。

9.3.3　施工质量检测

9.3.3.1　激光断面仪法检测开挖断面

激光断面仪法的测量原理为极坐标法。如图 9-5 所示,以某物理方向(如水平方向)为起算方向,按一定的间距(角度或距离)依次测定仪器旋转中心与实际开挖轮廓线的交点之间的矢径(距离)及该矢径与水平方向的夹角,将这些矢径端点依次相连即可获得实际开挖的轮廓线。通过洞内的施工控制导线可以获得断面仪的定点定向数据,在计算软件的帮助下自动完成实际开挖轮廓线与设计开挖轮廓线的空间三维匹配,最后形成图 9-6 所示的输出图形,并可输出各测点与相应设计开挖轮廓线之间的超欠挖值(距离、面积)。如果沿隧道轴向按一定间隔测量数个断面,还可计算出实际开挖方量、超挖方量、欠挖方量。用断面仪测量实际开挖面的轮廓线的优点在于不需要合作目标(反射棱镜),而且它的测量精度满足现代施工测量的要求。

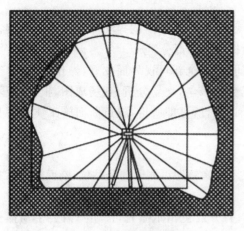

图 9-5　断面仪测量原理

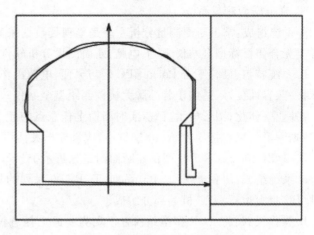

图 9-6　断面仪输出的图形成果

用断面仪进行测量时,断面仪可以放置于隧道中任何适合测量的位置,扫描断面的过程(测量记录)可以自动完成。所测的每个点均由断面仪发出的一束十分醒目的单色可见红色激光指示,在控制器上操纵断面仪测距头旋转,指向激光所指示的断面轮廓线上的某点,就对应控制器上图形显示的光标点,并可实时显示该点的超欠挖数值,见图 9-7。

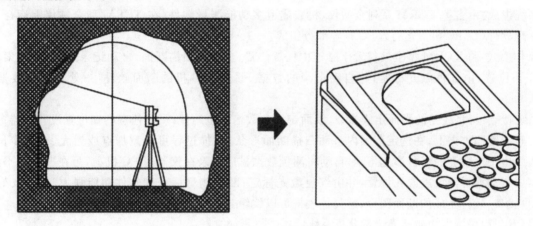

图 9-7　现场显示超欠挖值

如果要获得最后的硬拷贝输出成果,则将断面仪的控制器中的数据传输到普通的 PC 机中,运行断面仪配套的后处理软件,即可以从打印机、绘图机上自动获得相应的成果。

需要注意的是,目前在隧道施工中,断面仪不仅可应用于开挖断面质量的控制,还可应用于初期支护(喷射混凝土)、二次衬砌断面轮廓和厚度的检测。

9.3.3.2　测量仪器

激光断面仪是把现代激光测距和计算机技术相结合开发出来的硬、软件一体化的隧道断面测量仪器。我国自 20 世纪 90 年代初开始引进瑞士 Amberg 公司生产的断面仪(如 Profiler 2000、Profiler 3000、Profiler 4000 等型号),但无论何种型号,都是专一断面测量的专用工具。如在 Profiler 4000 型上可以进行后方交会来确定断面仪的坐标和方位,不过在隧道中用后方交会来确定测站坐标是很不方便的,有时甚至是很不现实的。所以为了对断面仪定位,还需要用另一台全站仪进行测量。另外,专用断面仪价格十分昂贵。

为此,国内测量仪厂商经过科研攻关,开发出了新的隧道断面检测系统。下面以我国研发的隧道多功能断面测量系统和 BJSD 系列激光隧道多功能断面检测仪为例,对此予以介绍。

(1)隧道多功能断面测量系统

以无目标(棱镜)测距的全站仪为硬件,配以自主开发的隧道多功能测量系统软件,组成了隧道多功能断面测量系统。它有 4 种不同的工作模式,用户可根据不同的需求选择采用。

① 掌上断面测量系统。

a. 系统组成：掌上断面测量分析系统是集现场数据采集、现场分析、施工控制等功能于一体的系统。其由各类无合作目标型全站仪、掌上电脑、断面测量分析软件、数据电缆等部分组成。

b. 系统特点：硬件平台 Pocket PC 轻巧灵便，电池工作时间超长；全新可视界面友好，操作简便，易于学习掌握；兼容性良好，适用于各品牌无棱镜测距型全站仪；现场数据采集，现场分析，现场成图、报表，现场标注，内外业一体化；图形显示直观，实时断面上任意点的超欠挖计算，所见即所得，隧道断面施工质量一目了然；数据图形可以直接导入 AutoCAD 中，成果输出灵活可变。

② TCR 400、TCR 700 型仪器断面测量分析系统。

a. 系统组成：由各类 TCR 400 系列、TCR 700 系列的具有不同棱镜即可测距的全站仪、断面测量后处理软件（PC 机上运行）、PC 机等部分组成。

b. 操作模式：将 TCR 型全站仪置于观测断面上任意位置；打开红色指示激光，按用户需要手动操作望远镜（竖盘）使其指向待测的断面上各点依次测量，将记录的各断面点的数据下载到 PC 机里的断面测量后处理软件中。

c. 系统特点：操作简单、明了，系统组成简单（全站仪、PC 机）、一机多用，价格低廉、可选性大，断面测量后处理软件功能强大、界面友好、可与 AutoCAD 接口。

③ TCRM 型仪器多功能断面测量分析系统。

a. 系统组成：由各类 TCRM 系列全站仪、机载隧道多功能测量软件（在 TCRM 型全站仪上运行）、断面测量后处理软件（在 PC 机上运行）、PC 机等部分组成。

b. 操作模式：将 TCRM 型全站仪置于隧道中任意位置；全自动扫描断面，自动记录；全自动搜索掌子面上的震源孔位置，由红色激光标定；将自动记录的数据下载到 PC 机的断面软件中；处理分析数据，给出图表。

c. 系统特点：可将线路的平面定线参数、纵面定线参数输入全站仪；可在任意已知位置设置仪器；全站仪可自动旋转到断面方向上；在选定范围内自动扫描断面形状；扫描过程可任意加点或增大、减小步长；整个测量过程中由一束明亮的红色激光指示；自动将测量数据排序记录在仪器的 PC 机上；可在凹凸不平的掌子面上按需要自动搜寻测设震源孔位置，并由红色激光标定；断面测量后处理软件功能强大、界面友好、可与 AutoCAD 接口；软件生成的断面图形、超欠挖表格可以编辑。

④ TCRA 型仪器多功能断面测量分析系统。

a. 系统组成：由各类 TCRA 型系列全站仪、机载隧道多功能测量软件（在 TCRM 型全站仪上运行）、断面测量后处理软件（在 PC 机上运行）、围岩收敛后处理软件（在 PC 机上运行）、PC 机等部分组成。

b. 操作模式：将 TCRA 型仪器置于隧道中任意位置；全自动扫描测量断面，自动记录；全自动搜寻掌子面上的震源孔位置，由红色激光标定；在与所测断面相隔一定距离的适当位置，自动搜寻、瞄准、测量、记录围岩收敛监测点数据；将自动记录的数据下载到 PC 机的断面软件中；处理分析数据，给出图表。

c. 系统特点：可将线路的平面定线参数、纵面定线参数输入全站仪；可在任意已知位置设置仪器；全站仪可自动旋转到断面方向上；在选定范围内自动扫描断面形状；扫描进程中可任意加点或增大、缩小步长；整个测量过程由一束明亮的红色激光指示；自动将测量数据排序记录在仪器的 PC 机上；可在凹凸不平的掌子面上按需要自动搜寻测设炮孔位置，并由红色激光标定；在与所监测断面相隔一定距离的适当位置架设仪器，可实施围岩收敛监测；不用对中，不测仪高，自动搜寻、瞄准、测量、记录围岩收敛监测点，检测数据质量可以控制；断面测量及围岩收敛后处理软件，功能强大、界面友好、可与 AutoCAD 接口；软件生成的断面图形、超欠挖表格可以编辑。

（2）BJSD 型系列激光隧道多功能断面检测仪

通过对硬件的研制和软件开发，生产出了专用于隧道断面检测的仪器——激光隧道断面检测仪，在此基础上又将其功能拓展到指示炮眼的位置，进行周边位移测量等。目前有 BJSD-T2 型、BJSD-T4 型、BJSD-2E 型等型号。下面对其主要技术指标及功能等予以介绍。

① 仪器组成及特点。

BJSD 型系列仪器由检测主机、检测控制记录器(掌上电脑)、三脚架、软件、外接电源盒等部分组成。

仪器的特点：

a. 测量数据自动记录、存储空间大。

b. 无须交流电供电,使用充电电池供电,携带方便。

c. 软件功能强大、操作简便,全中文界面,支持多种操作系统。

② 主要技术指标。

a. 检测距离：0.2～100 m 和 0.2～200 m 两种。

b. 检测距离精度：±1 mm。

c. 角度精度：0.1°。

d. 检测 1 个断面的时间：BJSD-2E 型只需 2～3 min,BJSD-T2 型只需 1～2 min。

e. 储存断面的数量：BJSD-2E 型可存储 100 个断面,BJSD-5 型可存储 5000 个断面。

f. 自动、定点检测时方位角范围：30°～330°。

g. 手动测量时方位角转动范围：0°～360°。

h. 定位测量方式：具有垂直向下激光定心标志、测量标高等功能。

③ 主要功能。

BJSD-2E 型可用于测量当前断面;BJSD-5、BJSD-T2、BJSD-T4 型除具备上述所有功能外,还可用于测量前方断面、指示炮眼位置、围岩收敛测量、测量土石方量。

④ 测量方式。

此仪器需全站仪配合,其测量方式有以下几种。

a. 手动检测方法：由操纵者控制移动检测指示光斑随意进行测量和记录。

b. 定点检测法：可设置起止角度及测量点数等参数,仪器将按照所定参数自动测量并记录。

c. 自动测量方法：仪器依照内部设定的间隔,自动检测并记录数据。

9.4　初期支护施工与质量检测　⟫⟫⟫

隧道开挖,除了要有坚硬、完整、稳定的围岩外,为防止开挖后围岩暴露时间过长引起地层压力增加而造成坍塌,还必须及时支护以确保施工安全。初期支护可分为传统矿山构件支撑支护和锚喷支护两大类。

采用新奥法施工时,锚喷类初期支护(包括锚杆、钢筋网、拱架、钢筋、钢格栅、钢支护、喷射混凝土等)可视地质状况及支护断面大小,采用一种或多种支护手段联合进行,这些支护也将是永久衬砌的一部分。

传统矿山构件支撑类包括钢架、木架、钢木混合三种,这些结构均属施工临时支撑。其结构构件,除设计注明和特殊情况外,在做永久衬砌时都要拆除。此法缺点是工艺落后,安全性差,施工进度慢。

锚喷支护作业主要指采用锚杆、喷射混凝土锚喷联合,锚喷网喷联合,钢架喷射混凝土联合,钢格栅喷射混凝土联合,钢支撑喷射混凝土联合。它具有支护及时、与围岩结合紧密的优点,具有一定的柔性,能有效地控制围岩变形和提高自身能力。它既是施工临时支护,又是永久支护的一部分,极有利于扩大施工空间,便于大型掘进机械进洞施工,加快施工进度,省工省料,既安全又可靠。但是,如果施工质量不佳,会造成安全隐患,导致安全事故的发生。因此,在施工时,必须达到设计要求的参数、质量标准,才能起到支护的作用,保证施工安全。

9.4.1　锚杆制作与安装质量检查

9.4.1.1　锚杆制作

锚杆是一种锚固在岩体内部的杆状支架,锚杆支护是锚入岩体内部的锚杆,能达到改善围岩的受力状态,实现加固围岩、维护隧道的目的。

锚杆是隧道施工过程中维护围岩稳定,保证施工安全的重要手段之一。施工完成后,在一定程度上,它还可以作为永久支护结构的一部分发挥作用。因此,在施工中,如何保证和检查锚杆的施工质量是极为重要的。但从目前的施工状况看,锚杆长度不足、不配置垫板、布置不合理、砂浆充填不密实,甚至"长锚短打"的现象也时有发生。造成这种现象的原因虽然是多方面的,但主要还是对锚杆在隧道施工中的作用认识不足,未能完全按照要求施工,而且缺乏有效的检测手段。

锚杆的种类很多,但每一种锚杆在使用、安装前,都必须对其材质、规格和加工质量进行检查,以免不合格的锚杆用于隧道支护。

(1)锚杆材料

① 抗拉强度。

锚杆在工作时主要承受拉力,所以检查材质时首先应测量其抗拉强度。方法是从原材料中或者成品锚杆上截取试样,在拉力试验机上拉伸,测量材料的力学特性,确定其是否满足工程要求。

② 延展性与弹性。

有些隧道的围岩变形量较大,这就要求锚杆具有一定的延展性,过脆可能导致锚杆中途断裂失效,所以必要时应对材料的延展性进行试验。另外,对管缝式锚杆,要求原材料具有一定的弹性,使锚杆安装后管壁和孔壁紧密接触。检查时,可现场弯折或锤击,观察其塑性变形情况。

(2)杆件规格

锚杆杆体的直径必须与设计相符,可用卡尺或直尺测量。此外,还应注意观察杆径是否均匀、一致,若发现锚杆直径明显忽粗忽细,则应弃之不用。

(3)加工质量

除砂浆锚杆仅需从线材上截取钢筋段外,其他种类的锚杆都需要进行一定的加工。例如,树脂锚杆和快硬水泥锚杆锚固段需要热锻与焊接,另一端需要车丝。检查时,首先应测量各部分的尺寸,其次检查焊接件的焊接质量;对于车丝部分,应检查丝纹质量,观察是否有偏心现象。

9.4.1.2　安装质量检查

(1)锚杆位置

钻孔前应根据设计要求定出孔位,做出标记。施工时可根据围岩断面的具体情况,允许孔位差 ±150 mm。检查时应特别注意对锚杆间距与排距的测量。间距、排距是锚杆设计与施工的重要参数之一。

(2)锚杆方向

钻孔方向应尽量与围岩壁面和岩层主要结构面垂直。施工时,可根据具体情况主要照顾其中一面,即围岩壁面或围岩结构面。钻孔方向在外墙和拱脚线稍上位置容易控制,在拱顶部位不易与壁面垂直。检查时,应特别注意拱顶钻孔的垂直度,目测即可;若过于倾斜,就会减小锚杆的有效锚固深度,威胁施工安全,浪费材料。

(3)钻孔深度

适宜的钻孔深度是保证锚杆锚固质量的前提。锚杆的钻孔深度,应符合下列规定。

① 砂浆锚杆孔深度误差不宜大于 ±50 mm。

② 缝管式锚杆孔深不得小于杆体深度。

③ 楔缝式锚杆孔深不应大于杆体长度,并应保证尾部垫板的螺栓安设紧固。

④ 锚杆钻孔应保持直线形。

钻孔深度可用带有刻度的塑料管或者木棍等插孔量测。

（4）孔径与孔型

① 砂浆锚杆孔径应大于杆体直径 15 mm。孔径过小会减小锚杆杆体包裹砂浆层的厚度,影响锚杆的锚固力及耐久性。

② 缝管式摩擦锚杆孔径应根据设计要求并经过试验确定,锚杆管径与孔径的差值,是根据锚杆的管径、长度以及围岩软硬而定的,一般现场试验是根据拉拔结果选择合理的钻头直径,钻头直径应较缝管外径小 1~3 mm,孔径与缝管直径之差是设计与施工时最需要严格控制的主要因素。缝杆式摩擦锚杆的锚固力与孔管径差的关系:径差小,锚杆安装推进阻力小,锚固力也小;径差大,锚杆安装推进阻力大,锚固力也较大。另外,施工中还应考虑因钻头磨损导致孔径缩小的影响确定径差。

③ 楔缝式内锚头锚杆孔径,应根据围岩条件及楔缝张拉度严格掌握确定。一般对于坚硬岩体,楔块的楔角 α 在 $8°$ 左右为好;对于较软岩体,楔角 $\alpha > 8°$ 为好,锚杆杆体楔缝宽度 δ 值一般为 3 mm。其他尺寸可根据对锚固力的影响关系及先行试验数据合理选择,否则应修改设计参数,直到满足锚固力的要求为止。

为了便于锚杆安装,钻孔还应保持圆形与笔直状。

（5）砂浆锚杆质量和技术要求

采用砂浆锚杆预支护时,除应保证锚杆原材料规格、品种、锚杆各部件质量及技术性能符合设计要求外,还应做好以下准备工作。

① 锚杆杆体应调平直、除锈和除油。

② 应优先使用普通硅酸盐水泥,不具备条件时可使用矿渣硅酸盐水泥或火山灰硅酸盐水泥。

③ 应采用清洁、坚硬的中细砂,粒径不宜大于 3 mm,使用前应过筛。

（6）缝管式摩擦锚杆质量要求

采用缝管式摩擦锚杆时,应做好以下准备工作。

① 检查管径,同批成品管径差不宜超过 0.5 mm。

② 根据围岩情况选择钻头,使钻头直径符合设计要求。

③ 安装用冲击器尾部必须用淬火,硬度宜为 HBC48−53。

④ 钻杆长度必须大于锚杆长度。

（7）楔缝式内锚头锚杆质量检查

采用楔缝式内锚头锚杆时,应对其进行以下检查工作。

① 检查楔块与楔缝的尺寸和配合情况。

② 检查锚杆尾部螺栓和螺纹的配合情况。

③ 备齐配套工具,做好螺扣的保护措施。

④ 在钻杆上标出锚杆的长度。

9.4.2　锚杆抗拔力量测

锚杆抗拔力是指锚杆能够承受的最大拉力,它是锚杆材料、加工与安装质量优劣的综合反映。锚杆抗拔力的大小直接影响锚杆的作用效果,如果抗拔力不足,会使锚杆起不到锚固围岩的作用,所以锚杆抗拔力量测是检查锚杆质量的一项基本内容,是新奥法监控测量的必测项目。

9.4.2.1　量测目的

① 测定锚杆的锚固力是否达到设计要求。

② 检查所使用的锚杆长度是否适宜。

③ 检查锚杆安装质量。

9.4.2.2　量测方法

量测方法主要有直接量测法、电阻量测法等。

（1）直接量测法

直接量测法的量测装置如图 9-8 所示,是直接量测施加给锚杆的荷载值和锚杆的变形量,然后根据所绘出的荷载-锚杆变形曲线求出锚杆抗拔力,量测时所采用的锚杆拉力计主要由千斤顶和油压泵以及相应的辅助配件组成。

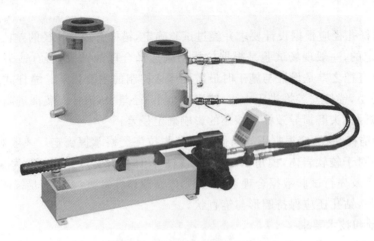

图 9-8　锚杆抗拔力量测装置

① 量测时首先消除待测锚杆周围岩面上的喷射混凝土层,安装反力板,使反力板与锚杆轴线垂直。

② 按照正常的安装工艺安装待测锚杆,用砂浆将锚杆孔口抹平,以便支放承压垫板。

③ 量测装置安装完毕,即可开始量测。量测时采用分级加载,每级荷载的增长值在 10 kN 以下,由于应变滞后于应力,加载的时间间隔应不小于 2 min,加载量没有必要加到锚杆预计的极限强度,只加到预计极限强度的 80% 即可。

④ 每次加载后,记录千分表指出的锚杆尾部的变形量。

⑤ 画出荷载-锚杆变形曲线求抗拔力,具体求法如图 9-9 所示,把曲线按斜率变化状态的不同划分为 A、B、C 3 个区段,A 段是初期近似线性关系段,B 段是中性非线性关系段,C 段是后期近似线性关系段,然后分别作 A 段曲线和 C 段曲线的切线,两条切线的交点 D 所对应的荷载值就是锚杆的抗拔力。另外,在做破坏试验时,可先从油压表上读取油压值,再根据油压千斤顶活塞面积计算出锚杆的抗拔力。

(2)电阻量测法

电阻量测法的量测装置与直接量测法的基本相同,不同的只是在锚杆安设前先在锚杆上贴上应变片,并增加量测锚杆应变值的应变仪。电阻量测法除可以得到直接量测法所得到的数据外,还可以得到锚杆轴向抗拔力的分布状态及锚杆的黏结状态等资料。

电阻应变片应沿着锚杆长度方向每隔 500～700 mm 在锚杆两侧对称地贴一对,应变片与应变仪之间用导线连接。

量测装置安装完毕即可开始加载量测,加载方法与直接量测法相同,每次加载后分别记录贴应变片的各测点的应变值,绘出各不同抗拔力荷载作用时沿锚杆长度方向各不同位置上锚杆应变变化曲线,以分析判断锚杆打设质量和锚杆长度是否适宜。

应用电阻量测法所绘出的锚杆应变曲线,可能有 3 种形式,如图 9-10 所示。图中 a 曲线形式表明围岩壁面在锚杆的全长上都有应变,应变曲线呈凸形,这表明锚杆长度不足,应增加锚杆长度。b 曲线形式表明在锚杆的全部长度上都有应变,但应变曲线由最初的凸形曲线变为凹形曲线,并在锚杆端头部位应变值趋于零,这表明锚杆长度适宜。c 曲线形式表明只在锚杆部分长度上有应变,应变曲线由最初的凸形曲线变为凹形曲线,并在锚杆的中间部位应变值趋于零,这说明锚杆只有一部分发挥了作用,而没有应变值的那部分锚杆是多余的,锚杆过长,可减少锚杆长度。

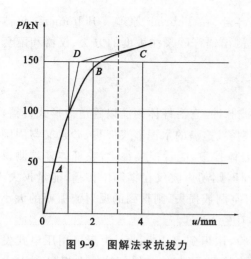

图 9-9　图解法求抗拔力

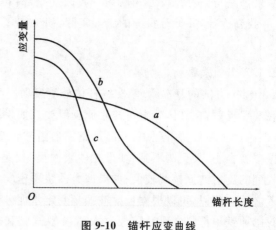

图 9-10　锚杆应变曲线

以上两种测量方法,不仅在两侧设备安装以及测量元件的设置上较为繁杂,量测时尚需一定空间,而且量测时间较长。

(3) 注意事项

在量测时要注意以下问题。

① 液压油是 2 号锭子油或 20 号机械油,使用温度为 -30~45 ℃,严禁以酒精、甘油、普通发动机油等作为液压油使用。

② 安装抗拔设备时,应使千斤顶与锚杆同心,以避免偏心受拉。

③ 加载过程应匀速加载,防止忽快忽慢。

④ 无特殊需要,可不做破坏性试验,拉拔到设计拉力即停止加载。有时为了检验锚杆施工质量,同时为了调整锚杆设计参数,需要做破坏性试验,以便得到锚杆的最大承载力,从而为修改锚杆参数提供依据。

⑤ 拉力计应固定牢靠,并有安全保护措施。特别应注意的是,试验时操作人员要避开锚杆的轴线延长线方向,在锚杆的侧向且远离锚杆尾部的位置上加压读数;测位移时停止加压。

9.4.2.3　试验要求

根据《岩土锚杆与喷射混凝土支护工程技术规范》(GB 50086—2015)的规定,锚杆安设后每安装一批,抽取 1%,且至少抽样 3 根作为一组进行抗拔力试验,围岩变更或材料变更时另抽一组进行试验。

锚杆抗拔力的合格条件为:

$$P_{An} \geqslant P_A \tag{9-6}$$

$$P_{Amin} \geqslant 0.9 P_A \tag{9-7}$$

式中,n 为每批锚杆抽样试验的组数;P_{An} 为同批 n 组试验抗拔力的平均值,精确到 0.1 kN;P_{Amin} 为同批 n 组试验抗拔力的最低值,精确到 0.1 kN;P_A 为锚杆的设计锚固力。

锚杆抗拔力的大小与锚杆形式、锚杆长度、锚杆直径、锚杆材质、钻孔直径、黏结材料的强度、围岩强度、孔壁清洁程度等因素有关。锚杆的锚固质量、量测时的加载方法、每级荷载增长值的大小、加载速度的快慢等直接影响量测结果的准确性。因此要求实施量测作业时必须遵照相关注意事项。

9.4.3　砂浆锚杆砂浆注满度检测

由于认识、习惯和经济等方面的原因,我国公路隧道支护中用量最多的锚杆为砂浆锚杆。施工中若钻孔呈水平或向下状态,则锚杆孔的砂浆注满度容易保证;若钻孔上仰,特别是垂直向上,则锚杆孔较难用砂浆注满。因此,对于砂浆锚杆,施工检测中应重点注意砂浆注满度。砂浆锚杆的砂浆灌注质量,目前多以锚杆的拉拔力来检验。但在一般情况下,许多拉拔力合格的锚杆,其灌注质量并不好。从理论上讲,只要锚固的水泥砂浆长度大于杆体钢筋直径的 40 倍,则直至拉拔到钢筋颈缩锚杆也不会丧失锚固力。因此,人们希望有一种直接检测砂浆注满度的方法和仪器。1978 年,瑞典的 H. F. Thurner 提出通过测超声波的能量损耗来判定砂浆灌注质量的原理,研制了 Boltometer Version 锚杆质量检测仪,于 1980 年推出,但此类仪器的检测结果仍是与锚杆拉拔力相联系。我国铁路部门从 1978 年起,在 Thurner 原理及 Boltometer 仪器的基础上,寻找新途径,并针对我国的施工实际,研究出了一套可测出锚杆砂浆注满度的方法、仪器和配套检测方法。

9.4.3.1　原理

Thurner 方法的基本原理:在锚杆体外端发射一个超声波脉冲,它沿杆体钢筋以管道波形式传播,到达钢筋底端后反射,在杆体外端可接收此反射波。如果钢筋由密实、饱满的水泥砂浆握裹,砂浆又与周围岩体黏结,则超声波在传播过程中,不断从钢筋通过水泥砂浆向岩体扩散,能量损失很大,在杆体外端测得的反射波振幅就很小,甚至测不到;如果无砂浆握裹,仅是一根空杆,则超声波仅在钢筋中传播,能量损失不大,能接收到的反射波振幅就较大;如果握裹砂浆不密实,中间有空洞或损失,则得到的反射波振幅的大小介于前二者之间。所以,可以根据反射波振幅判定水泥砂浆的注满度。

我国原铁道部科学研究院经过大量模型试验和现场试验,认识到 Boltometer 由于采用压电式发射探头,发射能量不够,故不可能以砂浆的密实度、注满度为参数来检测,而仅能与锚杆拉拔力相联系;Boltometer 激发器与接受探头的耦合办法要求杆体外端需进行机械加工并具有一定的平整度和光洁度,且仅适用于杆径大于 20 mm 的锚杆。针对这些问题,我国改用机械撞击激发方式,研制了激发器,大大增加了激振能量,并降低了使用频率,使得检测长达 8 m 的锚杆成为可能。该研究院还研制了耦合装置,用水做耦合剂,从而大大降低了对杆体外端平整度和光洁度的要求,并可适应常用杆体直径的砂浆锚固。

9.4.3.2　检测仪器

M-7 锚杆检测仪是原铁道部科学研究院和原地质矿产部水文地质工程地质技术方法研究队联合研制的。该仪器为数字显示,由示波器监测波形,通过游标由操作员置时,仪器显示锚杆长度、振幅值和砂浆注满度级别。为提高测值精度,每一锚杆读数 5~10 次,取振幅值的平均值,仪器可自动对这些读数作累加并取平均值。

9.4.3.3　测量方法

首先,在施工现场按设计参数,对不同类型围岩,各设 3~4 组标准锚杆,每组 1~2 根。例如,有水泥砂浆注满度为 90%、80%、70% 的 3 组锚杆,可定注满度大于 90% 者为 a 级,80%~90% 者为 b 级,70%~80% 者为 c 级,小于 70% 者为 d 级。然后,在这些标准锚杆上测定反射波振幅值,这些值即可作为检测其他锚杆的标准。这些标准值在进行其他锚杆的检测前储入仪器,在检测其他锚杆时可由测量仪器自动显示被测锚杆的长度与砂浆的注满度级别。

9.4.4　端锚式锚杆施工质量无损检测

目前隧道工程上除大部分采用全长锚固的水泥砂浆锚杆外,同时还应用树脂锚杆、快硬水泥药包锚杆和楔缝锚杆等端锚式锚杆。这些锚杆的共同特点是在性能上可迅速承载,在构造上带有螺栓和托板,在施工上操作简便。在一些不良地质条件下,隧道开挖后钢支撑难以及时支护,喷射混凝土不易迅速形成承载结构时,可采用上述的端锚式锚杆快速加固围岩。这类锚杆外端带有螺栓和托板,在锚固端锚固牢靠的情况下,通过螺栓和托板给锚杆施加预应力,及时限制隧道围岩变形的发展与裂隙的产生。对于这类锚杆的锚固质量检测,除了采用锚杆拉拔机进行破坏性拉拔外,还可利用扭力扳手进行无损伤拉拔试验。此方法实施简便,可随时对大批量的锚杆进行锚固质量检测。

9.4.4.1　检测原理

对于带有螺栓和托板的端锚式锚杆来说,托板和螺母安装后,可通过拧紧压在托板上的螺母使锚杆杆体受拉,拉力的大小与螺母的拧紧程度有关,拧紧程度又与加在螺母上的力矩有关,所以锚杆上的拉力取决于加在螺母上的力矩。利用锚杆拉力与所加力矩之间的关系,通过给待检测锚杆螺母施加力矩,可间接确定锚杆的锚固质量。由于作用在螺母上的力矩除取决于锚杆拉力外,还与螺母和托板之间的摩擦力有关,因此,为了利用螺母上的力矩来检测锚杆的拉力,必须事先在实验室进行试验,建立扭力矩-锚固力关系,然后据此关系检测锚杆的锚固质量以及锚杆上的预应力。表 9-9 是对某种端锚式直径 $\phi16$ mm 锚杆试验得到的扭力矩-锚固力对应关系。

表 9-9　　　　　　　　　　　　**直径 $\phi16$ mm 锚杆扭力矩-锚固力关系**

扭力矩/(N·m)	16	32	40	66	80	96	112
锚固力/kN	5	10	15	20	25	30	35

9.4.4.2　检测工具

锚杆螺母扭力矩的量测工具为扭力扳手。扭力扳手是机械装配和机械修理中常用的工具,它由力臂、刻度盘、指示杆和套筒等组成,如图 9-11 所示。力臂为具有一定刚度和弹性的圆杆,标有扭力矩的刻度盘固定在力臂上,在扳手的另一端,固定了一根指示杆。使用时,在力臂的手柄上施加力 F,这时会在扳手的另一端出现反力矩 M 与工作力矩 F_1 平衡。在 F 达到最大值 F_{max} 时,M 也达到最大值 M_{max}。在 F_{max} 的作用下,具有弹性的力臂本身要产生变形,使力臂杆变曲,弯曲的大小可用转角反映。由于指示杆不受力,它不产生任何变形,所以在力臂杆和指示杆之间就出现了角度差,指示杆偏离最初的零度位置,由指示杆在刻度盘上的位置可读出力臂杆转角的大小。通过实验室标定,可建立起力臂最大转角 α_{max} 和 M_{max} 反力矩的关系,并据此关系标示刻度盘,便可从刻度盘上直接读出反力矩 M_{max} 之值,如图 9-11 所示。

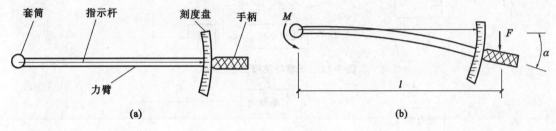

图 9-11　扭力扳手

9.4.4.3　检测方法

① 将套筒套在待检测锚杆的螺母上,并将扭力扳手主体与套筒连接。

② 左手轻按扭力扳手套筒端,右手扳动手柄,同时读取扭力矩的最大读数,并做记录。

③ 根据扭力矩和锚杆拉力之间的对应关系,确定锚杆的拉力。随着扭力矩的增加,锚杆所受的拉力也增加,最终可能出现两种现象:一种是由于锚固质量欠佳,锚固强度较小,锚固端出现滑移;另一种是锚固强度很大,螺母丝扣处产生颈缩。出现这两种现象都会使锚杆失去或减小承载能力,所以相应地应进行破坏性试验。在工程上更常见的是事先确定锚杆应有的锚固力,当测试过程中发现锚杆的锚固力达到要求时,便停止测试,使锚杆仍能完好地工作。

扭力扳手还可作为锚杆安装工具,对锚杆施加给定量值的预应力。这样既能最大限度地对围岩进行主动加固,又能保护锚杆初期锚固强度不遭破坏。

9.4.5　喷射混凝土质量检测

9.4.5.1　喷射混凝土的工艺流程

喷射混凝土的工艺流程有干喷、潮喷、湿喷和混合喷 4 种。它们之间的主要区别是各工艺流程的投料程序不同,尤其是加水和速凝剂的时机不同,如湿喷射混凝土按其输送方式的不同,可分为风送式、泵送式、抛甩式和混合式,应根据实际情况选用。

(1) 干喷

用搅拌机将集料和水泥拌和好,投入喷射机料头,同时加入速凝剂,用压缩空气使干混合料在软管内呈悬浮状态,压送到喷枪,在喷头处加入高压水混合,以较高速度喷射到岩面上。其工艺流程如图 9-12 所示。

干喷的缺点是产生的水泥与砂粉尘量较大,回弹量亦较大,加水是由喷嘴处的阀门控制的,水灰比的控制程度与喷射手操作的熟练程度有直接关系。

（2）潮喷

潮喷是向集料预加少量水,使之呈潮湿状,再加水泥拌和,从而降低上料、拌和及喷射时的粉尘,但大量的水仍是在喷头处加入和从喷嘴射出的。潮喷工艺流程和使用机械同干喷工艺,如图 9-12 所示。目前隧道施工现场较多使用的是潮喷工艺。

（3）湿喷

湿喷是将集料、水泥和水按设计比例拌和均匀,用湿式喷射机压送拌和好的混凝土混合料压送到喷头处,再在喷头上添加速凝剂后喷出,其工艺流程如图 9-13 所示。湿喷射混凝土的质量较容易控制,喷射过程中的粉尘量和回弹量较少,是应当发展、推广、应用的喷射工艺,但对喷射机械要求较高,机械清洗和故障处理较困难。对于喷层较厚的软岩和渗水隧道,不宜采用湿喷射混凝土工艺施工。

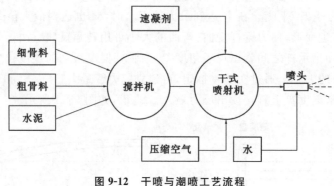

图 9-12　干喷与潮喷工艺流程

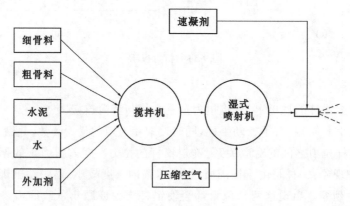

图 9-13　湿喷工艺流程

（4）混合喷（SEC 式喷射）

混合喷（SEC 式喷射）又称水泥裹砂造壳喷射。其分别由泵送砂浆系统和风送混合料系统两套机具组成。先是将一部分砂加第一次水拌湿,再投入全部用量水泥,强制拌和成以砂为核心外裹水泥壳的球体;然后加第二次水和减水剂拌和成 SEC 砂浆;再将另一部分砂与石子、速凝剂按配合比配料,强制搅拌成均匀的干混合料;最后分别通过砂浆泵和干式喷射机,将拌和成的砂浆及干混合料由高压胶管输送到混合管混合,由喷头喷出。其工艺流程如图 9-14 所示。

混合喷是分次投料搅拌工艺与喷射工艺相结合,其关键是水泥裹砂（或砂、碎石）造壳工艺技术。混合喷工艺使用的主要机械设备与干喷工艺的基本相同,但混凝土的质量较干喷射混凝土的质量好,且粉尘量和回弹量大幅度降低。混合喷使用机械数量较多,工艺技术较复杂,机械清洗和故障处理较麻烦。因此一般只在喷射混凝土量大和大断面隧道工程中使用。

混合喷射混凝土强度可达 C30～C35,而干喷和潮喷射混凝土强较低,一般只能达到 C20。

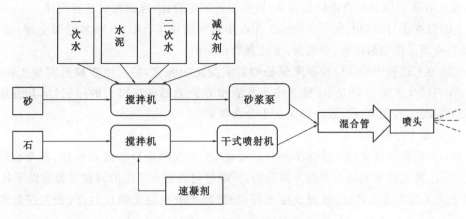

图 9-14　混合喷工艺流程

9.4.5.2　质量检验指标

喷射混凝土是指将水泥、砂、石子、外加剂和水按一定的配合比和水灰比拌和而成的混合物,以风压为动力快速喷至岩体表面而形成的人造石材。喷射混凝土的质量检验指标主要有喷射混凝土的强度和喷射混凝土的厚度两项。此外,还应采取措施减少喷射混凝土粉尘量、回弹率。

喷射混凝土强度包括抗压强度、抗拉强度、抗剪强度、疲劳强度、黏结强度等。因此,喷射混凝土强度应是这些强度指标的综合结果。由于这些强度之间有一定的内在联系,这就有可能在具体试验中只检测喷射混凝土的某一种强度,并由此推知混凝土的其他强度。其中,喷射混凝土抗压强度是表示其物理力学性能及耐久性的一个综合指标,所以工程中实际往往将抗压强度作为检测喷射混凝土质量的重要指标。

喷射混凝土的厚度是指混凝土喷层至隧道围岩接触界面间的距离。要达到前述喷射混凝土支护的作用效果,关键是要确保混凝土支护的施工质量。在施工中保证喷射混凝土的厚度是确保喷射混凝土质量的前提。所以,喷射混凝土的厚度也是喷射混凝土质量检验的一个重要指标。

喷射混凝土施工过程中,部分混凝土由隧道岩壁跌落到底板的现象称为喷射混凝土的回弹。回弹下来的混凝土数量与喷射混凝土总数量之比就是喷射混凝土的回弹率。喷射混凝土施工过程中,回弹率也是检验喷射混凝土施工质量的一项指标。

喷射混凝土支护工程质量必须做到内实外美。从外观看,无漏喷、离鼓、裂缝、钢筋网(或金属网)外露现象,做到混凝土表面平整密实,断面轮廓符合要求;从内部看,喷射混凝土抗压强度和厚度必须达到设计要求。

9.4.5.3　影响喷射混凝土质量的因素

(1) 影响喷射混凝土强度的因素

为保证喷射混凝土质量,必须严把混凝土原材料质量关及施工作业质量关。

① 原材料。喷射混凝土原材料主要包括水泥、砂、石子、速凝剂等。提供能满足质量要求的原材料是保证喷射混凝土强度的前提。

水泥是喷射混凝土最重要的原材料,必须严把水泥进库检查关及使用前检验关。对水泥强度、安定性、凝结时间进行抽样检查,合格者准予使用,不合格者不准进场和用于施工。

为保证喷射混凝土强度,减少粉尘和混凝土硬化后的收缩,减少材料搅拌时水泥的飞扬损失,砂的细度模数、含水率、含泥量及石子颗粒级配、最大粒径等质量指标必须符合《岩土锚杆与喷射混凝土支护工程技术规范》(GB 50086—2015)中的有关规定。

喷射混凝土用水必须是无杂质的洁净水,污水、pH 值小于 4 的酸性水均不得使用。

为加快喷射混凝土的凝结、硬化,提高其早期强度,减少喷射混凝土施工时因回弹和重力而引起的混凝土脱落,增大一次喷射混凝土厚度和缩短分层喷射的间隔时间,一般在喷射混凝土中加入速凝剂。速凝剂对于不同品种的水泥,其作用效果也不相同。因此,在使用前应做速凝剂与水泥的相容性试验及水泥净浆凝结效果试验。所采用的速凝剂应保证初凝时间不大于 5 min,终凝时间不大于 10 min。

② 施工作业。在保证原材料合格的前提下,应按设计的配合比,准确称量进行搅拌。

喷射混凝土的强度还与喷射混凝土支护施工作业质量密切相关。因此,喷射混凝土前,必须冲洗岩面;喷射中,要控制好水灰比和喷射距离;喷射后,要注意洒水养护。

虽然可以通过施工过程中的质量控制来保证喷射混凝土的强度,但是由于喷射混凝土在拌和料、外加速凝剂的称量、拌匀以及水灰比的大小、喷射作业及洒水养护上都存在很大的随机性,其强度的差异也较大。因此,对喷射混凝土的强度进行现场检测是十分必要的。

(2)影响喷射混凝土厚度的因素

实际工程中如果喷射混凝土的厚度达不到设计要求,会引起喷层开裂或和剥落,甚至影响工程的安全使用。从喷射混凝土施工技术和施工管理方面分析,影响喷射混凝土厚度的因素主要有以下几个方面。

① 爆破效果。光爆效果差,隧道断面成形不好,导致超挖处混凝土喷层过厚,而欠挖处混凝土喷层又过薄。

② 回弹率。向隧道拱部喷射混凝土时回弹量大,施工操作困难,导致拱部混凝土喷层厚度达到设计厚度。

③ 施工管理。如果施工管理不严,没有采取诸如拉线覆喷、埋设标准桩等严格控制喷层厚度的措施,则容易造成厚度不足。

④ 喷射参数。喷射混凝土的风压、水压、喷头与喷面的距离、喷射角度、喷射料的粒径等,不仅影响喷射混凝土的强度,还影响对喷层厚度的控制。

此外,缺乏方便、可靠的喷层厚度检测手段和方法,难以对喷层厚度进行有效的质量监督和控制,也是喷射混凝土厚度、质量失控的一个重要原因。

因此,喷射混凝土厚度的检测是控制喷射混凝土施工质量的重要环节。在《公路工程质量检验评定标准 第一册 土建工程》(JTG F80/1—2017)中,喷层厚度检测被列为质量等级评定的关键项目,也是保证工程质量的主要检验项目。

9.4.5.4 质量检测方法

锚喷支护是当今国内外隧道与地下工程的基本支护方式,其施工质量不仅影响施工安全,还影响衬砌结构的长期稳定。对于喷射混凝土的施工质量,目前主要用喷大块切割法、凿方切割法、拔出法和点荷载法进行检测,但各种方法都存在一定的问题。喷大块切割法难以反映喷层的实际情况;凿方切割法取样困难,而且对喷射混凝土破坏严重;拔出法和点荷载法需要进行大量的相关试验,建立拔出力、点荷载强度与喷射混凝土抗压强度之间的关系,间接确定抗压强度,结果容易失真。

(1)抗压强度试验

① 检查试块的制作方法。

a. 喷大块切割法。在施工的同时,将混凝土喷射在 450 mm×350 mm×120 mm(可制成 6 块)或 450 mm×200 mm×120 mm(可制成 3 块)的模型内,在混凝土达到一定强度后,加工成 100 mm×100 mm×100mm 的立方体试块,在标准条件下养护 28 d,进行试验(精确到 0.1 MPa)。

b. 凿方切割法。在具有一定强度的支护上,用凿岩机打密排钻孔,取出长约 350 mm、宽约 150 mm 的混凝土块,加工成 100 mm×100 mm×100 mm 的立方体试块,在标准条件下养护 28 d,进行试验(精确到 0.1 MPa)。

② 检查试块的数量。

隧道(两车道隧道)每 10 延米至少在拱部和边墙上各取一组试样,材料或配合比变更时另取一组,每组至少取 3 个试块进行抗压强度试验。

③ 检查试块是否合格的条件。

满足以下条件者为合格,否则为不合格。

a. 同批试件组数 $n<10$ 时。试块的抗压强度平均值不低于设计值,任意一组试块抗压强度不低于设计值的 85%。

b.同批试件组数 $n \geqslant 10$ 时。试块的抗压强度平均值不低于1.05倍的设计值,任意一组试块抗压强度不低于设计值的90%。

c.实测项目中,喷射混凝土抗压强度评为不合格时,相应分项工程不合格。

④ 初期强度的检查。

初期强度的检查如表9-10所示。

表 9-10　　　　　　　　　　　　　　　初期强度的检查

项目	检查方法	时期、次数	判定基准
喷射混凝土初期强度	见《岩土锚杆与喷射混凝土支护工程技术规范》(GB 50086—2015)	施工开始前及施工中,工程确定的配合比在施工环境条件下变化的场合;每10 m在拱墙处不少于一组(3个)数据	不在规定值之下

(2) 喷射混凝土厚度的检测

① 检查方法和数量。

a.喷层厚度可用凿孔或雷达检测仪、光带摄影等方法检查。凿孔检查宜在混凝土喷后8 h以内进行,用短钎将孔凿出,发现厚度不够时可及时补喷。混凝土与围岩黏结紧密,颜色相近而不易分辨时,可用酚酞试液涂抹孔壁,碱性混凝土即呈现红色。

b.检查断面数量。每10 m至少检查1个断面,每个断面从拱顶中线起每3 m凿孔检查1个点或用雷达检测仪检测。

② 合格条件。

a.平均厚度不小于设计厚度;60%的检查点不小于设计厚度;最小厚度不小于设计厚度的一半,且不小于50 mm。

b.当发现喷射混凝土表面有裂缝、脱落、露筋、渗漏水情况时,应予修补,凿除重喷或进行整治。

c.发现有一处空洞,该分项工程就为不合格。

③ 喷射厚度的检查。

喷射厚度的检查如表9-11所示。

表 9-11　　　　　　　　　　　　　　　喷射厚度的检查

项目	试验、检查方法	时期、次数	判定基准
喷射厚度	检查钉、钻孔检查	施工中及完成后,不少于5个点	应在设计厚度以上

(3) 喷射混凝土与围岩黏结强度试验

① 检查试块的制作方法。

a.成型试验法。在模型内放置体积为100 mm×100 mm×50 mm且表面粗糙度近似于实际情况的岩块,用喷射混凝土掩埋。在混凝土达到一定强度后,加工成100 mm×100 mm×100 mm的立方体试块,在标准条件下养护至28 d,用劈裂法进行试验。

b.直接拉拔法。在围岩表面预先设置带有丝扣和加力板的拉杆,加力板用喷射混凝土掩埋,喷层厚度约100 mm,试件面积约300 mm×300 mm(周围多余的部分应予清除)。经28 d养护,进行拉拔试验。

② 强度标准。

喷射混凝土与岩石的黏结力,Ⅳ类及Ⅳ类以上围岩不低于0.8 MPa,Ⅲ类围岩不低于0.5 MPa。

(4) 喷射混凝土粉尘、回弹检查

① 作为施工工艺,这两项工作应经常进行,用工艺标准来促进质量的提高。

②《公路隧道施工技术规范》(JTG F60—2009)规定:回弹率应予以控制,拱部不超过40%,边墙不超过30%,挂钢筋网后,回弹率限制可放宽50%。应尽量采用经过验证的新技术,减少回弹率,回弹物不得重新用作喷射混凝土材料。

③ 减少粉尘和回弹的措施如下。

a.严格控制喷射机工作风压。

b.合理选择喷射混凝土配合比;适当减小最大骨料的粒径;使砂石料具有一定的含水率,呈现潮湿状。

c.掌握好喷头处的用水量,提高喷射作业操作熟练程度和技术水平。

d.采用湿喷工艺,添加外加剂。

e.采用双水环喷头。

f.应保持喷射机密封板的平整,不漏风,并调节好密封板的压力,松紧适宜。

g.应加强喷射环境的照明、通风。

h.采用模喷射混凝土。

（5）喷射混凝土原位测试技术

① 测试原理。

与拔出法、点荷载法等现场测试方法相比,新开发的原位测试技术其原理十分简单,即在待检测位置用空心钻头钻取直径 50 mm,高度 50～100 mm 的圆柱体试件,围绕试件安装反力架,用小型千斤顶沿试件轴线进行原位加压,直至试件破坏。根据试件破坏时的油压,确定喷射混凝土的抗压强度。喷射混凝土的厚度可分两种情况用直尺在做完抗压强度试验的钻孔内量取:如果喷层设计厚度小于 100 mm,则实际喷层厚度可在孔内直接量取;如果喷层厚度小于等于 100 mm,则实际的喷层厚度可能大于混凝土芯的高度,这时应在抗压强度试验之后,用空心钻套钻至喷射混凝土与围岩界面,再用直尺量取。

② 测试仪器。

配合原位检测方法,开发了喷射混凝土强度原位测试仪(图 9-15)。该仪器由液压千斤顶、反力架和油泵 3 部分组成。其中,千斤顶的前端加工成平面,压头直径 50 mm,千斤顶的尾部加工成球面,与架梁上的球面配合形成球面铰。千斤顶的中部固定在托架上。反力架主要由架梁和支承杆组成。架梁刚度大,在面向喷射混凝土一侧,架梁上有 3 个球形凹面,与千斤顶尾部的球形凸面对接。架梁的两端与支承杆连接,为了连接方便,架梁上留有可供支承杆调整位置的条形槽。支承杆用工具钢加工,前端有内丝扣,与锚杆的外丝扣和千斤顶连接。支承杆的尾部带有丝扣,可用来固定架梁。油泵用来给千斤顶供油,油泵与千斤顶用管路连接,油泵出口装有油压测量仪表。从仪表上可直接读取试件的抗压强度。

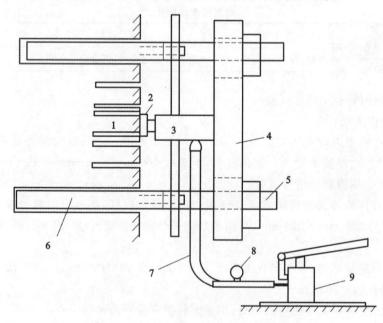

图 9-15 喷射混凝土强度原位测试仪

1—混凝土试件;2—压头;3—千斤顶;4—架梁;5—支承杆;6—锚杆;7—油管;8—压力表;9—油泵

③ 测试方法。

a.用快硬水泥砂浆找平喷层表面,放线定位,确定锚杆和待压试件位置,3 个试件一组。

b.用钻机钻出锚杆孔,锚固锚杆。

c.固定支承杆和导架梁,安装空心钻机,依次钻取喷射混凝土圆柱体试件。

d.安装反力架、千斤顶,加压,依次测试各试件的抗压强度。

e.用直尺测量喷层厚度。

④ 测试特点。

使用上述方法和仪器可直接在现场任选位置测试喷射混凝土抗压强度。与以往的现场制作混凝土试件在实验室测试强度的方法相比,测试简单,避免了环境不同及运输破损造成的误差,使测试状态与喷射混凝土的工作状态更为接近,消除了试件与实际喷射混凝土养护条件不同造成的误差,同时避免了试件另外制作造成的人为强度变化。与拔出法、点荷载法及超声波法这些间接方法相比,避免了因试件材质、养护条件、测试条件与实际测试对象不同造成的误差,亦避免了上述方法因需大量试验才能找出测试参数之间的近似关系再进行强度换算造成的误差,还避免了因混凝土的非均质性及含水量的不同导致其物理力学性能差异造成的误差。

(6)其他试验

当有特殊要求时,还应对喷射混凝土的抗拉强度、弹性模量等项目进行试验。

9.4.6 钢支撑施工质量检测

钢支撑是采用 L、U、I 型钢和旧钢轨等,加工成所需要的形状,通过拼装方法应用于地下工程中的一种刚度较大的支护结构。而格栅由钢支撑发展而来,它是由钢筋焊接而成的构架,是隧道及地下工程中一种有发展前景的支撑形式。格栅喷射混凝土支护的应用也越来越广泛,成为软弱地层中重要的支护手段之一。格栅与钢支撑的优缺点如表 9-12 所示。

表 9-12 格栅与钢支撑的比较

支撑形式	优点	缺点
钢支撑	(1) 架设后能够立即承载,充分发挥其力学作用; (2) 加工容易,但需要大型的加工设备; (3) 安装机构件连接简洁、方便	(1) 背后的混凝土不易填充密实; (2) 质量大,架设困难; (3) 钢支撑的变形与混凝土变形不协调,混凝土易开裂
格栅	(1) 喷射混凝土完全包裹格栅,整体性好,背后不易留下空隙; (2) 加工容易,且不需要大型设备; (3) 质量小,易于架设安装; (4) 因具有一定的柔性,能够适应围岩的变形	(1) 架设后不能立即承载,必须与喷射混凝土并用,才能发挥其支护作用; (2) 架设后不能立即承载,初期支护作用小; (3) 在围岩变形大的场所,不能有效地控制围岩的变形

9.4.6.1 钢支撑的形式

(1) 钢格栅

钢格栅是目前工程上用量最大的钢支撑,它由钢筋焊接而成,在断面上有矩形和三角形之分。主筋弯曲成与隧道开挖断面相同的形状与尺寸,次筋(构造筋)作波形弯折焊接在主筋上。主筋材料采用 II 级钢筋或 I 级钢筋,直径一般不小于 22 mm,次筋根据具体情况选用。为了便于施工,每副钢格栅都分成若干节,一般为 3～5 节。节间加工法兰,选用螺栓固定连接之后焊接。钢格栅的特点是初期可作为普通钢架支撑及时支护围岩,后期可与模注或喷射混凝土形成钢筋混凝土,钢材利用得比较充分。

(2) 型钢支撑

用于加工钢支撑的型钢有 H 型钢、I 型钢和 U 型钢,它们都是在施工现场或工厂用专用弯曲机冷弯成形的。型钢的规格由隧道工程地质条件的几何特征决定。每副型钢支撑也分成 3～5 节加工、安装。其中 H 型钢和 I 型钢支撑节间加工法兰,用螺栓加接定位,之后焊接;U 型钢支撑则由于 U 型钢的特殊凹槽,须加工专用的卡具,将上下两 U 型钢节嵌套在一起,形成整副钢支撑。型钢支撑的基本特点是强度高和安装方便,对初期施工安全有利。需要指出的是,U 型钢支撑还具有特殊的工程特性。由于钢架节间是上下嵌套,而不是法兰对接,所以当围岩变形较大,对支撑施工的荷载过大时,U 型钢支撑可产生一定的收缩变形,使钢支撑上的压力减小,从而保证钢支撑不被压坏并以更大的支护能力来维护围岩的稳定。U型钢支撑的可收缩特点在许多软岩隧道的支护中发挥了重要的作用。

（3）钢管支撑

钢管支撑通常用于隧道局部不良地质地段围岩的加固,钢管直径在10 cm左右,现场常采用灌砂冷弯法加工。施工中分节拼装对焊,在架底和拱顶留有注浆孔和排气孔,安装就位后,用注浆泵从架底注浆孔向管内灌注砂浆,直到拱顶排气孔出浆为止。钢管支撑的特点是钢管的力学特性对称,后期灌浆使钢支撑的承载能力显著增强。

9.4.6.2 施工质量检测

钢支撑一般都用在围岩条件较差的区段,因其质量欠佳导致围岩片帮冒顶、坍塌失稳的工程实例屡见不鲜。因此,必须重视钢支撑的加工与安装质量的检测,防患于未然,确保施工安全。

（1）加工质量检测

① 加工尺寸。钢架加工尺寸应符合设计要求。隧道的开挖断面是一定的,钢架的尺寸应与之相配套。其尺寸与设计尺寸稍有出入,就可能给施工带来不便,同时,还将影响安装质量,降低使用效果。

② 强度和刚度。钢支撑必须具备足够的强度和刚度。如果地质条件复杂,钢架用量较大,应对钢架的强度和刚度进行抽检,将一定数量的钢架样品放到试验台上进行加载试验,建立荷载与变形的关系,分析计算钢架的强度与刚度。

③ 焊接:钢支撑加工时广泛应用焊接,焊接质量是加工质量的重要组成部分,对于钢格栅焊接尤为重要。检测时,要注意是否有假焊,焊缝长度、深度是否符合要求。

（2）安装质量检测

① 安装尺寸。对于不同类别的围岩,设计中钢支撑有具体的安装间距,施工中容易将此间距拉大,检测时应用钢卷尺测量,其误差不应超过设计尺寸50 mm;保护层厚度不小于20 mm,每榀钢支撑自拱顶每3 m凿孔检查一点。此外,应注意量测钢架拱顶的标高,要求钢架不得侵入二次衬砌空间5 cm。

② 倾斜度。钢架在平面上应垂直于隧道中线,在纵断面上其倾斜度不得大于2°。在平面上检测可用直角尺,在纵断面上检测可用坡度规。值得注意的是,如果隧道某区段路面坡度接近3‰,而此区段的钢架上部向下坡方向倾斜,且倾斜度在2°~3°之间,则此区段钢架倾斜度合格,因为这样的倾斜更有利于钢架承受荷载。

③ 连接与固定。钢架之间必须用纵向钢筋连接,拱脚必须放在牢固的基础上。拱脚标高不足时,不得用块石、碎石砌垫,应设置钢板进行调整,或用混凝土浇筑,混凝土强度不小于C20。钢架应尽量靠近围岩,其与围岩之间的间隙,不得用片石回填,应用喷射混凝土填实。目前钢架一般都作为衬砌骨架,所以施工过程中尤其要检查钢架与锚杆的连接,要保证焊接密度与焊接质量,最终使锚杆、钢架和衬砌形成整体承载结构。

9.5 隧道工程质量检测应用实例 》》》

9.5.1 隧道初期支护质量检测实例

9.5.1.1 隧道工程概况

隧道位于构造剥蚀低山地形地貌区。岩性组成为上部黄褐色残坡积碎石土,厚度1~4 m,稍密,稍湿。据物探测试资料,横波波速 v_S 为120~400 m/s,出口端为褐红、紫红、灰白色亚黏土含碎石,呈可硬塑状,厚度3~6 m。下伏基岩为紫红、褐红色泥岩、泥质粉砂岩互层夹泥灰岩分布。

隧道围岩以全-强风化基岩为主,横波波速 v_S 为300~1500 m/s,纵波波速 v_P 为800~2500 m/s;在隧道中段设计线以上有薄层弱风化基岩发育,横波波速 v_S>1500 m/s,纵波波速 v_P 为 3500~4100 m/s。隧道区岩层产状紊乱,褶皱发育。岩石节理裂隙很发育,岩层破碎,围岩开挖后易坍塌,处理不当会出现大坍塌,侧壁经常出现小坍塌,浅埋时易出现地表下沉或坍至地表。进口端 K22+190—K22+250 段,路中线右侧斜坡陡,右侧保护土层薄,洞室开挖时,此段会出现偏压,导致洞室破坏、冒顶。在隧道出口处左侧,有一大滑坡发育,该滑坡主滑方向与路线方向基本一致,长约 160 m,宽约 110 m,滑坡右侧周界距离路中线约 25 m,滑体厚 9~13 m,岩性由亚黏土、碎石土组成。滑床岩性为紫红色全-强风化泥岩夹泥灰岩。在滑体前缘有泉水流出。该滑坡目前处于稳定状态。隧道出口应尽量少挖,以免引起滑坡体复活。

隧道地下水类型为基岩裂隙水,富水性中等,主要受季节性补给,随着季节的变化,在隧道开挖后,局部可出现季节性的滴水或涌水。

9.5.1.2 检测原理与检测技术方法

(1) 检测原理

地质雷达技术是研究高频($10^7 \sim 10^9$ Hz)短脉冲电磁波在地下介质中的传播规律的一项技术。地质雷达利用一个天线发射高频宽频带电磁波,另一个天线接收来自地下介质界面的反射波。电磁波在介质中传播时,其路径、电磁场强度与波形将随所通过介质的电性质及几何形态而变化。因此,根据接收到波的往返传输时间(亦称双程走时)、幅度与波形资料,可推断介质的结构。其原理如图 9-16 所示。

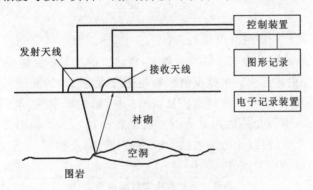

图 9-16 雷达探测原理示意图

在距场源 r、时间 t,以单一频率 ω 振动的电磁波的场值 P 可以用下式表示:

$$P = |P| \mathrm{e}^{-\mathrm{j}\omega\left(t - \frac{r}{v}\right)} \tag{9-8}$$

式中,v 为电磁波速度,r/v 为 r 点的场值变化滞后于源场变化的时间。因为角频率 ω 与频率 f 的关系为 $\omega = 2\pi f$,波长 $\lambda = v/f$,上式可以表示为:

$$P = |P| \mathrm{e}^{-\mathrm{j}\left(\omega t - \frac{2\pi f r}{v}\right)} = |P| \mathrm{e}^{-\mathrm{j}(\omega t - kr)} \tag{9-9}$$

其中

$$k = \frac{2\pi}{\lambda} \tag{9-10}$$

式中,k 称为相位系数,也可称为传播常数,它是个复数,可从 Maxwell 方程中推导出:

$$k = \omega \sqrt{\mu\left(\xi + \mathrm{j}\frac{\sigma}{\omega}\right)} \tag{9-11}$$

若将上式写成 $k = \alpha + \mathrm{j}\beta$,则有:

$$\alpha = \omega \sqrt{\mu\xi} \sqrt{\frac{1}{2}\left(\frac{\sigma}{\omega\xi} + 1\right)} \tag{9-12}$$

$$\beta = \omega \sqrt{\mu\xi} \sqrt{\frac{1}{2}\left(\frac{\sigma}{\omega\xi} - 1\right)} \tag{9-13}$$

将基本波函数 $\mathrm{e}^{\mathrm{j}kr} = \mathrm{e}^{\mathrm{j}\alpha r} \cdot \mathrm{e}^{-\beta r}$ 代入电磁波表达式,则有:

$$P = |P| \mathrm{e}^{-\mathrm{j}(\omega t - \alpha r)} \cdot \mathrm{e}^{-\beta r} \tag{9-14}$$

式中,αr 表示电磁波传播时的相位项;α 是波速的决定因素,称为相位系数;$\mathrm{e}^{-\beta r}$ 是一个与时间无关的

项,表示电磁波在空间各点的场值随着离场源的距离增大而减小;β 称为吸收系数。介质电磁波速度近似为:

$$v = \frac{\omega}{r} \tag{9-15}$$

常见混凝土及岩土介质一般为非磁介质,在地质雷达的频率范围内,一般有 $\frac{\alpha}{\omega\xi}<1$,于是介质的电磁波速度近似为:

$$v = \frac{c}{\sqrt{\xi}} \tag{9-16}$$

式中,c 为电磁波在真空中的传播速度,$c=3\times10^8$ m/s;ξ 与介质的结构特性、注满度、含水率等密切相关。

地质雷达法应用于隧道质量检测工作时,一般都采用反射法进行探测。反射法探测的基本要求是存在反射界面且可准确计算出界面位置。

当雷达波传播到存在介电常数差异的两种介质交界面时,雷达波将发生反射,反射信号的相对大小由反射系数 R 决定,R 表达式如下:

$$R = \frac{\sqrt{\xi_1} - \sqrt{\xi_2}}{\sqrt{\xi_1} + \sqrt{\xi_2}} \tag{9-17}$$

式中,ξ_1、ξ_2 分别为上下两种介质的介电常数。

由式(9-17)可知不同介质的相对介电常数差异越大,雷达波的反射信号越强,因而根据雷达波的反射信号,就可采用地质雷达进行反射法探测。根据反射波的到达时间及已知的波速可以准确计算出界面位置。

地质雷达法应用于隧道初期支护、二次衬砌质量检测工作时,由于空气、水、围岩、混凝土、钢拱架(及钢筋)的相对介电常数差异较大(部分介质的相对介电常数见表 9-13),因而根据雷达波的反射信号特征可进行混凝土的厚度、密实性、含水性,混凝土与围岩结合情况,钢拱架(及钢筋)数量、分布状况,层间结合情况,结构内的积存水及渗水等情况的检测评价。

表 9-13 部分介质的介电常数和电导率

介质	空气	纯水	混凝土	泥岩(湿)	铁
介电常数	1	81	4~6	12.0	—
电导率/(μs/cm)	0	$10^{-4}\sim3\times10^{-2}$	—	10×10^{-2}	良导体

因此,地质雷达法主要就是利用介质的介电常数差异进行探测或检测工作。

(2)检测技术方法

隧道质量检测采用加拿大生产的 EKKO-1000A 型地质雷达,初期支护质量检测以使用中心频率为 900 MHz 的天线为主,450 MHz 的天线为辅,二次衬砌质量检测以使用中心频率为 450 MHz 的天线为主,900 MHz 的天线为辅。

根据检测要求,现场检测方式是沿隧道横断面布置 5 条检测剖面进行检测,剖面线平行于隧道中轴线(中隔墙无检测剖面),检测剖面布置如图 9-17 所示。

(3)检测数据分析处理

① 检测位置。

a.隧道左线出口。

隧道左线出口检测范围见表 9-14。

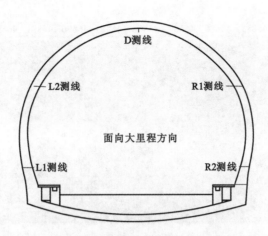

图 9-17 检测剖面在横断面上的布置示意图(行车方向)

表 9-14 隧道左线出口检测

缺陷范围	位置深度/m	缺陷长度/m	缺陷类型	雷达图像编号
右拱腰 ZK46+881.0—882.5	0.2～0.3	1.5	空洞	Z1
左拱腰 ZK46+886.5—888.5	0.2～0.4	2.0	空洞	Z2
右拱腰 ZK46+889.5—891.0	0.2～0.4	1.5	不密实	Z3
左拱腰 ZK46+892.4—893.4	0.2～0.4	1.0	不密实	Z4
左拱腰 ZK46+906.5—908.5	0.2～0.5	2.0	空洞	Z5

b.隧道右线出口。

隧道右线出口检测范围见表 9-15。

表 9-15 隧道右线出口检测

缺陷范围	位置深度/m	缺陷长度/m	缺陷类型	雷达图像编号
边墙 YK46+921.5—922.5	0.10～0.35	1.0	不密实	Y1
边墙 YK46+927.5—928.5	0.15～0.40	1.0	空洞	Y2
边墙 YK46+929.0—930.0	0.10～0.40	1.0	空洞	Y3

② 检测地质雷达图分析。

a.隧道左线出口。

隧道左线出口地质雷达图见图 9-18。

由图 9-18 雷达图的波形可以判断出雷达编号为 Z1、Z2、Z5 处检测出空洞,而 Z3、Z4 处则为回填不密实。

b.隧道右线出口。

隧道右线出口的地质雷达图见图 9-19。

由图 9-19 雷达图的波形可以判断出雷达编号为 Y2、Y3 处检测出空洞,而 Y1 处则为回填不密实。

检测出围岩的空洞和回填不密实,说明隧道施工质量存在问题。

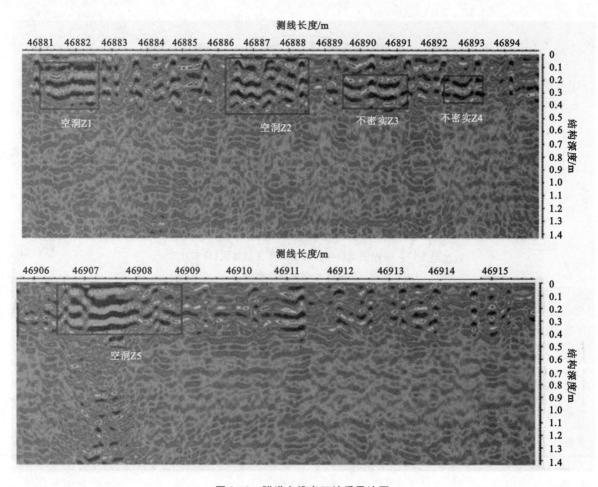

图 9-18　隧道左线出口地质雷达图

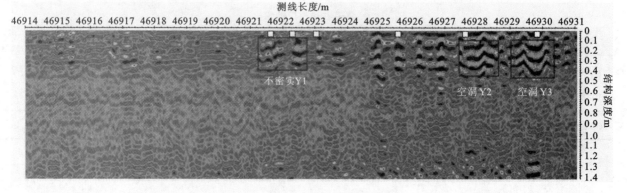

图 9-19　隧道右线出口地质雷达图

9.5.2　锚杆长度及注浆饱满度质量检测实例

9.5.2.1　锚杆的质量判断标准

① 饱满度评价:砂浆锚杆注浆饱满度不小于 75% 为合格,否则为不合格。

② 锚杆长度评价:检测锚杆长度不小于 95% 的设计锚固长度为合格,否则为不合格。

9.5.2.2　检测仪器

采用 JL-MG(B)锚杆质量检测仪,见图 9-20。该仪器采用超声波无损检测技术,是锚杆质量检测的专用仪器,属于全智能化检测仪,不仅可以检测锚杆长度、锚固的位置、锚固的质量缺陷及其大小和位置,而且可以检测锚杆锚固的相对注满度。该仪器是目前国内外唯一可用于锚索锚固质量检测的仪器(西北铁路科学研究院和重庆交通科学研究院已成功应用),以检测锚索的长度、锚固的位置及间接评价锚固的相对注满度为主。该仪器的软件分析功能强大,能智能建立锚杆锚索锚固模型及各种分析参数数据,有各种辅助分析功能,如滤波、积分、微分、频谱、小波分析及独有的反射波自动提取功能。目前科研人员正致力无损检测锚固力的数据信息提取的研究,它可以通过分析在现有的检测信息中提取的数据信息来评价锚杆的锚固力。该仪器检测技术属于无损检测,对检测锚杆锚索没有特殊的要求。因此,也可以对锚杆锚索进行长期无损监测,以评价锚杆锚索锚固效应的变化。

图 9-20　锚杆质量检测仪

(1) 仪器特点

① 采样精度高。仪器 A/D 采样精度为 24 位,采样频率为 333 kHz,长度精度可达到 8 mm。

② 功耗低,连续工作时间长。仪器工作电压仅 6 V,功耗 0.8 W,电池充电一次可以使用 30 h。

③ 储量大。可存储 2.4 万条实测数据。

④ 对比性好。采样重复性好,大屏幕显示,同时显示 3 条曲线。

⑤ 便携性好。主机尺寸 230 mm×180 mm×65 mm,质量 2.0 kg,可单人工作。

⑥ 界面简洁、人性化。中文界面,输入简单、快捷。

⑦ 分析软件功能强大。能智能建立锚杆锚固模型及相应分析参数,有多种辅助分析功能,如数字滤波、频谱分析、积分、微分及相位分析和反射波自动提取功能。

⑧ 可直接将检测结果导入 Excel 数表,打印检测结果图表。

⑨ 结果报告输出模式和内容可根据需要定制,灵活方便。

(2) 应用范围

① 新近安装锚杆的质量检测(锚杆长度、灌浆注满度和锚固缺陷位置)。

② 长期运行锚杆的状态检测。

③ 锚固工艺的快速选取:对用不同锚固方法锚固的锚杆进行快速测试,可以对比评价其灌浆质量,选择最合适的锚固工艺。

(3) 技术参数

① 可测锚杆长度:1~18 m。

② 幅值测量级线性:±0.3dB/6dB。

③ 声时长度不确定度:<1.0%(锚杆长度大于 1 m)。

④ 固态电子盘容量:128MB。

⑤ A/D 采样精度 24 位,浮点放大,采样频率 333 kHz。

⑥ 液晶显示:8 寸全反,显示精度 640 像素×480 像素。

⑦ 光电旋钮操作控制。

⑧ 电池容量:充电 4 h,可连续工作 30 h,带背光工作 6 h。

⑨ 激发震源:可配冲击震源、大功率超磁声波发射震源和手锤等。

9.5.2.3 工作原理

JL-MG(B)锚杆质量检测仪由发射震源、检波器、主机和分析处理软件组成。发射震源产生的弹性波，沿着锚杆传播并向锚杆周围辐射能量，检波器检测到反射回波，并由检测仪对信号进行分析与存储。反射信号的能量强度和到达时间取决于锚杆周围或端部的灌浆状况。通过对信号进行处理和分析，可以确定锚杆长度以及灌浆的整体质量。

9.5.2.4 检测结果分析

这里仅选择工程中某检测范围内的某些锚杆无损检测波形图分析，检测结果汇总于表 9-16 中。选取其中序号 3、4、5、11 的波形图进行分析。

表 9-16 里吉沟隧道锚杆无损检测成果表

序号	锚杆位置		长度复核			注浆饱满度复核		总体评价
	桩号	锚杆位置	设计长度/m	检测长度/m	复核结论	注浆饱满度/%	复核结论	
1	ZK37+090	左拱腰	4	4.05	合格	75	合格	合格
2		右拱腰	4	3.98	合格	76	合格	合格
3		左拱肩	4	3.96	合格	82	合格	合格
4	ZK37+100	左拱腰	4	3.82	合格	85	合格	合格
5		右拱腰	4	3.87	合格	68	不合格	不合格
6		右拱肩	4	3.82	合格	84	合格	合格
7	ZK37+110	右拱肩	4	3.81	合格	79	合格	合格
8		左拱腰	4	3.91	合格	84	合格	合格
9		右拱腰	4	3.83	合格	95	合格	合格
10	ZK37+120	右拱肩	4	3.98	合格	78	合格	合格
11		左拱腰	4	3.84	合格	64	不合格	不合格
12		左拱肩	4	4.08	合格	76	合格	合格

序号 3 的锚杆无损检测波形图见图 9-21。锚杆设计为全长砂浆锚杆，V 级围岩，设计长度为 4.00 m，实际施工长度为 3.96 m，注浆注满度为 82.0%，判断出锚杆施工质量为合格。

序号 4 的锚杆无损检测波形图见图 9-22。锚杆设计为全长砂浆锚杆，V 级围岩，设计长度为 4.00 m，实际施工长度为 3.82 m，注浆注满度为 85.0%，判断出锚杆施工质量为合格。

序号 5 的锚杆无损检测波形图见图 9-23。锚杆设计为全长砂浆锚杆，V 级围岩，设计长度为 4.00 m，实际施工长度为 3.87 m，注浆注满度为 68.0%，判断出锚杆施工质量为不合格。

序号 11 的锚杆无损检测波形图见图 9-24。锚杆设计为全长砂浆锚杆，V 级围岩，设计长度为 4.00 m，实际施工长度为 3.84 m，注浆注满度为 64.0%，判断出锚杆施工质量为不合格。

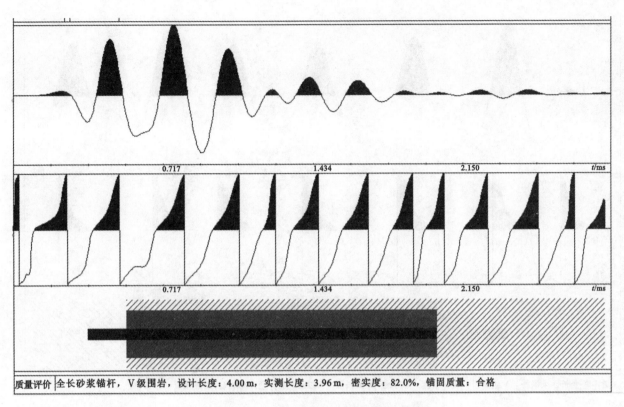

质量评价 | 全长砂浆锚杆，V级围岩，设计长度：4.00 m，实测长度：3.96 m，密实度：82.0%，锚固质量：合格

图 9-21 序号 3 的锚杆无损检测波形图

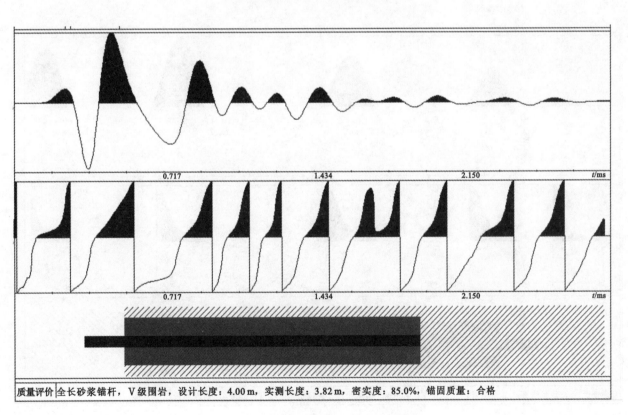

质量评价 | 全长砂浆锚杆，V级围岩，设计长度：4.00 m，实测长度：3.82 m，密实度：85.0%，锚固质量：合格

图 9-22 序号 4 的锚杆无损检测波形图

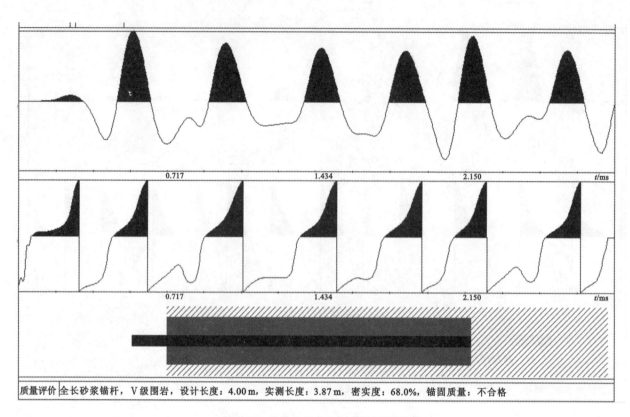

| 质量评价 | 全长砂浆锚杆，Ⅴ级围岩，设计长度：4.00 m，实测长度：3.87 m，密实度：68.0%，锚固质量：不合格 |

图 9-23 序号 5 的锚杆无损检测波形图

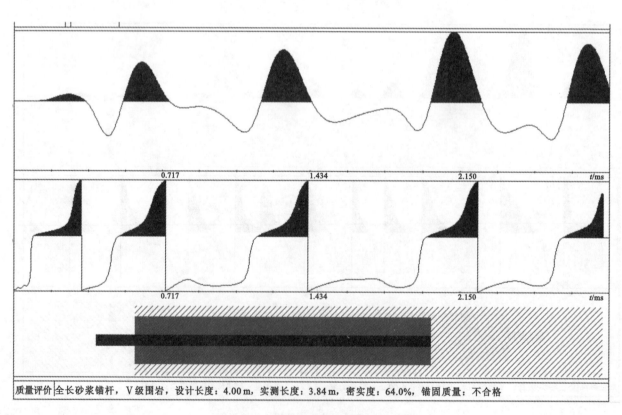

| 质量评价 | 全长砂浆锚杆，Ⅴ级围岩，设计长度：4.00 m，实测长度：3.84 m，密实度：64.0%，锚固质量：不合格 |

图 9-24 序号 11 的锚杆无损检测波形图

9.5.3 钢支撑施工质量检测实例

9.5.3.1 工程背景

为了检查隧道初期支护中钢支撑的布置间距是否符合设计图纸的要求,采用地质雷达对隧道初期支护已施作段进行检测。

9.5.3.2 检测结果分析

(1)检测结果

检测结果汇总见表9-17。

表 9-17　　　　　　　　　　　各隧道钢拱架间距检测结果

隧道名称	检测里程	检测长度/m	围岩级别	检测段拱架榀数	实测拱架平均间距/cm
1# 隧道右线	YK30+065—YK30+083	18	V	23	78.3
	YK30+083—YK30+091	8	V	10	80
	ZK30+110—ZK30+129.6	19.6	V	26	75.3
2# 隧道右线	YK31+455—YK31+437	18	V	22	81.8
	YK31+437—YK31+419	18	V	18	100
	YK31+419—YK31+400.8	18.2	IV	16	113.75
2# 隧道左线	ZK31+484—ZK31+466	18	V	19	94.7
	ZK31+466—ZK31+451	15	V	16	93.75
	ZK31+437—ZK31+430	7	IV	7	100
3# 隧道右线	YK31+541—YK31+556.8	15.8	V	20	79
	YK31+560—YK31+578	18	V	19	94.7
3# 隧道左线	ZK31+562—ZK31+577.2	15.2	V	16	95
	ZK31+577.2—ZK31+588	10.8	V	13	83

注:① V级围岩浅埋偏压段钢拱架间距设计值为60 cm,浅埋段为65 cm。

　② IV级围岩浅埋段钢拱架间距设计值为90 cm。

(2)检测结果图

选取具代表性的检测段1# 隧道右线 YK30+065—YK30+083(V级围岩段),其钢拱架间距检测数据如图 9-25 所示。

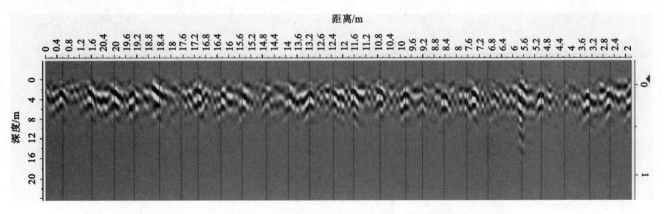

图 9-25　YK30+065—YK30+083(V级围岩段)(钢拱架位置示意图)

本章小结

> (1) 公路隧道检测的内容有原材料检测、工序检测(超前支护与预加固围岩施工质量检测、开挖质量检测、初期支护施工质量检测、防排水质量检测、混凝土衬砌质量检测)、施工监控检测、施工环境检测(通风检测、照明检测)、交(竣)工检测等。
>
> (2) 隧道开挖质量的评定包含两项内容:一是检测开挖断面的规整度,二是超欠挖控制。对于规整度,一般采用目测的方法进行评定。对于超欠挖,则需要通过大量实测开挖断面数据的计算分析,才能做出正确的评价。
>
> (3) 初期支护施工与质量检测主要包括锚杆制作与安装质量检查、锚杆抗拔力量测、砂浆锚杆砂浆注满度检测、端锚式锚杆施工质量无损检测、喷射混凝土质量检测、钢支撑施工质量检测等。

独立思考

9-1　公路隧道检测的内容有哪些?量测工作的作用有哪些?

9-2　理想的注浆材料应满足哪些条件?为什么要做好辅助施工措施的施工质量监测工作?

9-3　隧道开挖质量的评定包含哪两项内容?超欠挖量测方法包括哪些?如何分类?

9-4　为什么要进行锚杆抗拔力的量测?端锚式锚杆施工质量无损检测的检测原理是什么?喷射混凝土质量的影响因素有哪些?

10

试验数据处理

课前导读

▽ **知识点**

　　误差的分类，精密度、准确度和精度的概念，数据处理的方法。

▽ **重点**

　　单随机变量数据处理，多变量数据处理，可线性化的非线性回归法，多元线性回归法，多项式回归法。

▽ **难点**

　　单随机变量数据处理，多变量数据处理，可线性化的非线性回归法，多元线性回归法，多项式回归法。

10.1 测量误差 〉〉〉

10.1.1 误差分类

测量值与真值之间的差称为测量误差,它是由使用仪器、测量方法、周围环境、人的技术熟练程度和人的感官条件等技术水平和客观条件限制所引起的,在测量过程中它不可能完全消除。但可以通过分析误差来源、研究误差规律来减小误差,提高精度,并用科学的方法处理实验数据,以达到更接近真值的最佳效果。

(1)随机误差

随机误差的发生是随机的,其数值变化符合一定的统计规律,通常为正态分布规律。因此,随机误差的度量是标准偏差,随着对同一量的测量次数的增加,标准偏差的值变得更小,从而使该物理量的值更加可靠。随机误差通常是由环境条件的波动以及观察者的精神状态等测量条件引起的。

(2)系统误差

系统误差是在一组测量中,常保持同一数值和同一符号的误差,因而系统误差有一定的大小和方向。它是由测量方法本身的缺陷、测试系统的性能、外界环境(如温度、湿度、压力等)的改变、个人习惯偏向等因素所引起的误差。有些系统误差是可以消除的,其方法是改进仪器性能、标定仪器常数、改善观测条件和操作方法以及对测定值进行合理修正等。

(3)粗大误差

粗大误差又称过失误差,它是由于设计错误或接线错误,或操作者粗心大意看错、读错、记错等造成的误差,在测量过程中应尽量避免。

10.1.2 精密度、准确度和精度

精密度表征在相同条件下多次重复测量中测量结果的互相接近、互相密集的程度,它反映随机误差的大小。准确度表征测量结果与被测量真值的接近程度,它反映系统误差的大小。而精度则反映测量的总误差。

图 10-1 表达了精密度、准确度和精度这 3 个概念的关系图。图中圆的中心代表真值的位置,各小黑点

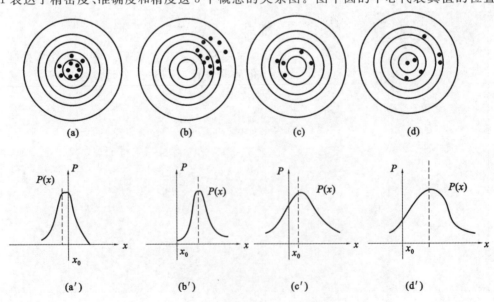

图 10-1 精密度、准确度和精度

$P(x)$—概率密度函数;x_0—真值

表示测量值的位置。图 10-1(a)表示精密度和准确度都好,因而精度也好的情况;图 10-1(b)表示精密度好,但准确度差的情况;图 10-1(c)表示精密度差,准确度好的情况;图 10-1(d)表示精密度和准确度都差的情况。图中还反映出了概率分布密度函数的形状及该函数与真值 x_0 的相对位置关系。很显然,在消除统误差的情况下,精度和精密度才是一致的。

10.2 单随机变量的数据处理 >>>

10.2.1 误差估计

由于测量过程中有误差存在,得到的测量结果与被测量的实际量之间始终存在着一个差值,即测量误差。若以 Q 表示被测量的真值、x 为测量值,那么,测量误差 δ' 为:

$$\delta' = x - Q \tag{10-1}$$

测量误差 δ' 可正可负,其大小完全决定于 x 的大小,若不论其符号正负,而以绝对值表示其大小,即为绝对误差:

$$\delta = |x - Q| \tag{10-2}$$

则:

$$Q = x \pm \delta \tag{10-3}$$

绝对误差只能用以判断对同一测量的测量精确度,对不同的测量,它就较难比较它们的精确程度,这需要借助相对误差来判断。相对误差 ε 是绝对误差与测量值的比值:

$$\varepsilon = \frac{\delta}{x} \approx \frac{\delta}{Q} \tag{10-4}$$

相对误差没有单位,常以百分数表示。测量值的相对误差相等,则其测量精确度也相等。

在实际测量中,测量误差是随机变量,因而测量值也是随机变量。真值无法测到,因而用多次观测的平均值近似地表示,并对误差的特性和范围做出估计。

(1)算术平均值

如果未知量 x_0 被测量 n 次,并被记录为 $x_1, \cdots, x_n$,那么 $x_r = x_0 + e_r$,其中 e_r 是观测中的不确定度,它或正或负。n 次测量的算术平均值 $\bar{x}$ 为:

$$\bar{x} = \frac{x_1 + x_2 + \cdots + x_n}{n} = x_0 + \frac{e_1 + e_2 + \cdots + e_n}{n} \tag{10-5}$$

因为误差一部分为正值,一部分为负值,数值 $(e_1 + e_2 \cdots + e_n)/n$ 将很小,在任何情况下,它在数值上均小于各个独立误差的最大值。因此,如果 e 是测量中的最大误差,则:

$$\frac{e_1 + e_2 + \cdots + e_n}{n} \leqslant e$$

故

$$\bar{x} - x_0 \ll e$$

所以,一般来说 $\bar{x}$ 值将接近 x_0 值,并可以认为是该物理量的最佳值。通常 n 越大,$\bar{x}$ 越接近 x_0。应该指出,因为 x_0 是未知的,所以通常考查的是围绕平均值 $\bar{x}$ 而不是 x_0 的散布程度。

(2)标准误差

平均值是一组数据的重要标志,它反映了测试量的平均状况。但仅用此值不能反映数据的分散情况。表示数据波动情况或分散程度的方法有多种,最常用的是标准误差:

$$\sigma = \sqrt{\frac{\sum_{i=1}^{n}(x_i - \bar{x})^2}{n-1}} \tag{10-6}$$

式中,σ 为标准误差(或称样本均方差、标准离差、标准差),它是方差的正平方根值。

显然,标准误差 σ 反映了测量值在算术平均值附近的分散和偏离程度。它对一组数据中的较大误差或较小误差比较灵敏。σ 越大,波动越大;σ 越小,波动越小,用它来表示测量误差(或测量精度)是一个较好的指标。

(3)变异系数 C_v

如果两组同性质的数据标准误差相同,则可知两组数据各自围绕其平均数的偏差程度是相同的,它与两个平均数大小是否相同完全无关,而实际上考虑相对偏差是很重要的,因此,把样本的变异系数 C_v 定义为:

$$C_v = \frac{\sigma}{m} \tag{10-7}$$

式中,m 为样本平均值。

10.2.2 误差分布规律

测量误差服从统计规律,其概率分布服从正态分布,随机误差正态分布曲线方程式表示为:

$$y = \frac{1}{\sigma\sqrt{2x}} e^{-\frac{(x_i-\overline{x})^2}{2\sigma}} \tag{10-8}$$

式中,y 为测量误差 $(x_i-\overline{x})$ 出现的概率密度。

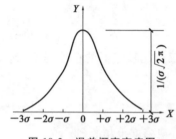

图 10-2 误差概率密度图

图 10-2 是按式(10-8)画出来的误差概率密度图,可以看出误差值分布的 4 个特征。

① 单峰值。绝对值小的误差出现的次数比绝对值大的误差出现的次数多。曲线形状似钟状,所以大误差一般不会出现。

② 对称性。大小相等、符号相反的误差出现的概率密度相等。

③ 抵偿性。同条件下对同一量进行测量,其误差的算术平均值随着测量次数无限增大而趋于零,即误差平均值的极限为零。凡具有抵偿性的误差,原则上不可以按随机误差处理。

④ 有界性。在一定测量条件下的有限测量值中,其误差的绝对值不会超过一定的界限。

计算误差落在某一区间内的测量值出现的概率,在此区间内将 y 积分即可,计算结果表明:

误差在 $-\sigma$ 与 $+\sigma$ 之间的概率为 68%;

误差在 -2σ 与 $+2\sigma$ 之间的概率为 95%;

误差在 -3σ 与 $+3\sigma$ 之间的概率为 99.7%。

在一般情况下,99.7% 已可认为代表多次测量的全体,所以 $\pm 3\sigma$ 称为极限误差,因此,若将某多次测量数据记为而 $m \pm 3\sigma$,则可认为对该物理量所进行的任何一次测量,测量值都不会超出该范围。

10.2.3 可疑数据的舍弃

在多次测量试验中,有时会遇到有个别测量值和其他多数测量值相差较大的情况,这些个别数据就是所谓的可疑数据。

对于可疑数据的剔除,可以利用正态分布来决定。因为在多次测量中,误差在 -3σ 与 3σ 之间时,其出现概率为 99.7%,也就是说,在此范围之外的误差出现的概率只有 0.3%,即测量 300 多次才可能出现一次,于是对于通常只进行 $10\sim 20$ 次的有限测量,就可以认为超过 $\pm 3\sigma$ 的误差,已不属于随机误差,应将其舍去。如果测量了 300 次以上,就有可能遇到超出 $\pm 3\sigma$ 的误差,因此,有的大的误差仍属于随机误差,不应该舍去。由此可见,对数据保留的合理误差范围是同测量次数 n 有关的。

表 10-1 中推荐了一种试验值舍弃标准,超过的可以舍去,其中 n 是测量次数,d_i 是合理的误差限,σ 是根据测量数据算得的标准误差。

使用时,先计算一组测量数据的均值 $\overline{x}$ 和标准误差 σ,再计算可疑值 x_k 的误差 $d=|x_k-\overline{x}|$ 与标准误差

的比值,并将其与表 10-1 中的 d_i/σ 相比,若大于表中值则应当舍弃,舍弃后再对下一个可疑值进行检验;若小于表中值,则可疑值是合理的。

表 10-1　　　　　　　　　　　　　　　　　　试验值舍弃标准

n	5	6	7	8	9	10	12	14	16	18
d_i/σ	1.68	1.73	1.79	1.86	1.92	1.99	2.03	2.10	2.16	2.20
n	20	22	24	26	30	40	50	100	200	500
d_i/σ	2.24	2.28	2.31	2.35	2.39	2.50	2.58	2.80	3.02	3.29

这种方法只适合因测试技术原因样本代表性不足的数据的处理,对现场测试和探索性试验中出现的可疑数据的舍弃,必须要有严格的科学依据,而不能简单地用数学方法来舍弃。

10.2.4　处理结果的表示

(1) 例子

现以一个例子来说明单随机变量数据的处理过程和表示方法。取自同一岩体的 10 个岩体试件的抗压强度分别为 15.2 MPa、14.6 MPa、16.1 MPa、15.4 MPa、15.5 MPa、14.9 MPa、16.8 MPa、18.3 MPa、14.6 MPa、15.0 MPa。对数据的分析处理如下。

① 计算平均值 $\overline{\sigma}_c$。

$$\overline{\sigma}_c = \frac{\sum\limits_{i=1}^{10}\sigma_{ci}}{10} = \frac{156.4}{10} = 15.64 \approx 15.6(\text{MPa})$$

② 计算标准误差 σ。

$$\sigma = \sqrt{\frac{\sum\limits_{i=1}^{10}(\sigma_{ci}-\overline{\sigma}_c)^2}{n-1}} = \sqrt{\frac{12.024}{9}} = 1.16(\text{MPa})$$

③ 剔除可疑值:第 8 个数据 18.3 与平均值的偏差最大,疑为可疑值。

$$\frac{d}{\sigma} = \frac{18.3-15.60}{1.16} = 2.33 > \frac{d_{10}}{\sigma} = 1.99,\text{故 18.30 应该舍去。}$$

④ 计算其余 9 个值的算术平均值和标准误差。

$$\overline{\sigma}_c = \frac{\sum\limits_{i=1}^{9}\sigma_{ci}}{9} = 15.3(\text{MPa})$$

$$\sigma = \sqrt{\frac{\sum\limits_{i=1}^{9}(\sigma_{ci}-\overline{\sigma}_c)^2}{n-1}} = \sqrt{\frac{4.9484}{8}} = 0.786(\text{MPa})$$

在余下的数据中检查可疑数据,取与平均值偏差最大的第 7 个数据 16.8:

$$\frac{d}{\sigma} = \frac{16.8-15.3}{0.786} = 1.908 < \frac{d_9}{\sigma} = 1.92,\text{故 16.8 这个数据是合理的。}$$

⑤ 处理结果用算术平均值和极限误差表示为

$$\sigma_c = \overline{\sigma}_c \pm 3\sigma = 15.3 \pm 3 \times 0.786 = 15.3 \pm 2.36(\text{MPa})$$

根据误差的分布特征,该种岩石的抗压强度在 12.94～17.66 MPa 的概率是 99.7%,正常情况下的测试结果不会超出该范围。

(2) 保证极限法

地基基础相关规范中对于主要建筑物的地基土指标,规定采用保证极限法。这种方法是根据数理统计中的推断理论提出的。如上所述,在区间内数据出现的概率与所取的 k 有关。例如 $k=2$,相当于保证率为

95%,即在该区间内数据出现的概率为95%,依此推断区间估计的理论,k 值与抽样的试样个数 n 无关。在实际应用中,保证值不用某一区间来表示,而是以偏于安全为原则来选取最大值或最小值。对于采用最小值的指标来说,保证值表示大于该值的数据出现的概率等于所选取的保证率;对于采用最大值的指标来说,保证值表示小于该值的数据出现的概率等于所选取的保证率。显然,保证率越大,则采用值的安全度越大。根据随机误差的分布规律,可计算出 k 与保证率的关系如表 10-2 所示。

表 10-2 k 值与保证率

k	0	0.67	1.00	2.00	2.58	3.00
保证率/%	0	50.0	68.0	95.0	99.0	99.7

因此,在上例中,岩石抗压强度采用最小值,则:

$k=1$ 时,$\sigma_c = \bar{\sigma}_c - \sigma = 15.3 - 0.786 = 14.5$(MPa),岩石抗压强度大于 14.5 MPa 的保证率为 50%。

$k=2$ 时,$\sigma_c = \bar{\sigma}_c - \sigma = 15.3 - 2 \times 0.786 = 13.7$(MPa),岩石抗压强度大于 13.7 MPa 的保证率为 95%。

10.3   多变量数据的处理   >>>

在试验研究中,不但要测量随机变量的平均值和分布特性,更重要的是通过试验研究一些变量的相互关系,从而探求这些物理量相互变化的内在规律。对于这类有两个以上变化物理量的试验数据处理,通常有如下 3 种方法。

(1) 列表法

根据试验的预期目的和内容,合理地设计数表的规格和形式,使其具有明确的名称和标题,能够突出表示重要的数据和计算结果,有清楚的分项栏目、必要的说明和备注,试验数据易于填写等。

列表法的优点是简单易作,数据易于参考比较,形式紧凑,在同一表内可以同时表示几个变量的变化而不混乱。缺点是对数据变化的趋势不如图解法明了直观。利用数表求取相邻两个数据的中间值时,还须借助插值公式进行计算。

(2) 图形表示法

在选定的坐标系中,根据试验数据画出几何图形来表示试验结果,通常采用散点图。其优点是数据变化的趋向能够得到直观、形象的反映。缺点是超过 3 个变量就难以用图形来表示,绘图含有人为的因素,同一原始数据因选择的坐标和比例尺的不同也有较大的差异。

(3) 解析法

解析法也称方程表示法和计算法。就是通过对试验数据的计算,求出表示各变量之间关系的经验公式。其优点是结果的统一性克服了图形表示法存在的受主观因素影响的缺点。

最简单的情况是对于两个或两个以上存在统计相关的随机变量,根据大量有关的测量数据来确定它们之间的回归方程(经验公式),这种数学处理过程也称为拟合过程。回归方程的求解包括以下两个内容:

① 回归方程的数学形式的确定。

② 回归方程中所含参数的估计。

通过测量获得了两个测试量的一组试验数据:$(x_1, y_1), (x_2, y_2), \cdots, (x_n, y_n)$。一元线性回归分析的目的就是找出一条直线方程,它既能反映各散点的总的规律,又能使直线与各散点之间的差值的平方和最小。

设欲求的直线方程为

$$y = a + bx \tag{10-9}$$

取任一点 (x_i, y_i),该点与直线方程所代表的直线在 y 方向的残差 v_i 为

$$v_i = y_i - y = y_i - (a + bx_i)$$

残差的平方和为

$$Q = \sum [y_i - (a + bx_i)]^2 \tag{10-10}$$

欲使散点均接近直线,须使残差的平方和 Q 极小,根据极值定理,当 $\frac{\partial Q}{\partial a}=0$,$\frac{\partial Q}{\partial b}=0$ 时,Q 取得极小值,因而有

$$\frac{\partial Q}{\partial a} = 0; \quad na + b\sum x_i = \sum y_i \tag{10-11a}$$

$$\frac{\partial Q}{\partial b} = 0; \quad a\sum x_i + b\sum x_i^2 = \sum x_i y_i \tag{10-11b}$$

解得

$$b = \frac{\sum (x_i - \overline{x})(y_i - \overline{y})}{(x_i - \overline{x})^2} \tag{10-12a}$$

$$a = \overline{y} - b\overline{x} \tag{10-12b}$$

求出 a 和 b 之后,直线方程就确定了,这就是用最小二乘法求回归方程的方法。但是,还必须检验两个变量间相关的密切程度,只有二者相关密切时,直线方程才有意义,现在进一步分析残差的平方和 Q:

$$Q = \sum [y_i - (a + bx_i)]^2$$

上式展开并简化后得到:

$$Q = \sum (y_i - \overline{y})^2 - b^2 (x_i - \overline{x})^2 \tag{10-13}$$

测定值愈接近于直线,Q 值愈小,若 $Q=0$,全部散点落在直线上,则

$$\sum (y_i - \overline{y})^2 = b^2 (x_i - \overline{x})^2$$

令

$$r^2 = \frac{b^2 \sum (x_i - \overline{x})^2}{\sum (y_i - \overline{y})^2} \tag{10-14}$$

式中,r 为线性相关系数。

$r = \pm 1$,即 $Q=0$,表示完全线性相关;$r=0$,表示线性不相关。因而 r 表示 x_i 与 y_i 之间的相关密切程度。但具有相同 r 的回归方程,其置信度与数据点数有关,数据点越多,置信度越高,见表 10-3。

表 10-3　　　　　　　　　　　　相关系数检验表

自由度 $n=2$	置信度		自由度 $n=2$	置信度	
	5%	1%		5%	1%
1	0.997	1.000	18	0.444	0.561
2	0.950	0.990	22	0.404	0.515
3	0.878	0.959	26	0.374	0.478
4	0.811	0.917	30	0.349	0.449
5	0.754	0.874	35	0.325	0.418
6	0.707	0.834	40	0.304	0.393
7	0.666	0.798	45	0.288	0.372
8	0.632	0.765	50	0.273	0.354
9	0.602	0.735	60	0.250	0.325
10	0.576	0.708	70	0.232	0.354
11	0.553	0.684	80	0.217	0.283
12	0.532	0.661	90	0.205	0.267
13	0.514	0.641	100	0.195	0.254
14	0.497	0.623	125	0.174	0.228
15	0.468	0.606	150	0.159	0.208

另外,计算回归方程的均方差也可以估计其精度,并判断试验数据点中是否有可疑点须舍去,对于一元线性回归方程,其均方差为

$$\sigma = \sqrt{\frac{Q}{n-2}} \tag{10-15}$$

因此,一元线性回归方程的表达形式为

$$y = a + bx \pm 3\sigma \tag{10-16}$$

若将离散点和回归曲线及上下误差限曲线同时绘于图上,则落在上下误差线外的点必须舍去。

10.4 可线性化的非线性回归 》》》

在实际问题中,自变量与因变量之间未必总是有线性关系,在某些情况下,可以通过对自变量作适当的变换,把一个非线性的相关关系转化成线性的相关关系,然后用线性回归分析来处理。通常是根据专业知识列出函数关系式,再对自变量作相应的变换。如果没有相关的专业知识可以利用,那么,就要从散点图上去观察。根据图形的变化趋势列出函数式,再对自变量作变换。在实际工作中,真正找到这个适当的变换往往不是一次就能奏效的,需要作多次试算。对自变量变换的常用形式有以下6种:

$$x = t^2 \quad x = t^3 \quad x = \sqrt{t}$$
$$x = \frac{1}{t} \quad x = e^t \quad x = \ln t$$

既然自变量可以变换,那么能否对因变量也作适当的变换呢?这需要慎重对待,因为 y 是一个随机变量,对 y 作变换会导致 y 的分布改变,即有可能导致随机误差项不满足服从零均值正态分布这个基本假定。但在实际工作中,许多应用统计工作者常常习惯于对回归函数 $y = f(x)$ 中的自变量 x 与因变量 y 同时作变换,以便使它成为一个线性函数,常见的形式列于表 10-4。这种回归分析的近似程度如何是不太清楚的。

表 10-4   可化为线性的非线性回归

函数及变换关系	图形
双曲线:$\frac{1}{y} = a + \frac{b}{x}$ 作变换:$u = \frac{1}{y}, \quad v = \frac{1}{x}$ 则:$u = x + bv$	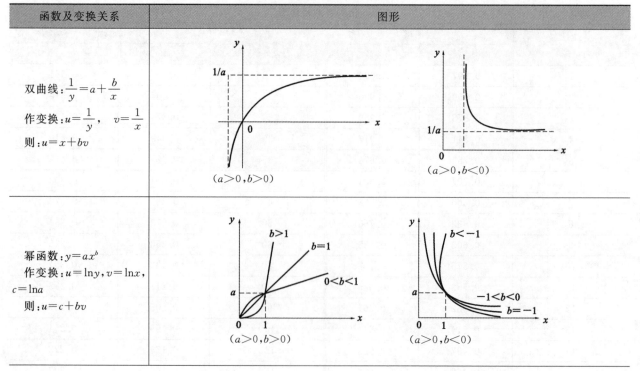
幂函数:$y = ax^b$ 作变换:$u = \ln y, v = \ln x,$ $c = \ln a$ 则:$u = c + bv$	

函数及变换关系	图形
指数函数：$y = ae^{bx}$ 作变换：$u = \ln y$, $c = \ln a$ 则：$u = c + bx$	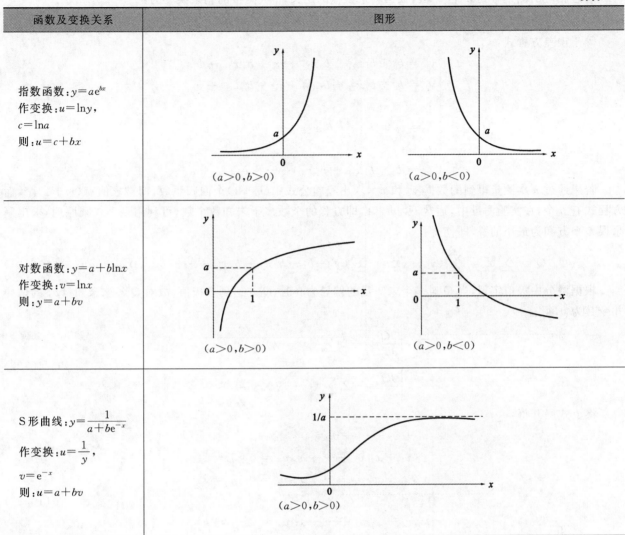
对数函数：$y = a + b\ln x$ 作变换：$v = \ln x$ 则：$y = a + bv$	
S 形曲线：$y = \dfrac{1}{a + be^{-x}}$ 作变换：$u = \dfrac{1}{y}$, $v = e^{-x}$ 则：$u = a + bv$	

10.5 多元线性回归 >>>

多元线性回归模型的数学方程为：

$$y = \beta_0 + \beta_1 x_1 + \cdots + \beta_n x_n \tag{10-17}$$

通过试验数据求出的回归系数只能是 β_j 的近似值 $b_j (j = 1, 2, 3, \cdots, m)$。把估计值 b_j 作为方程式系数，就可得到经验公式，把 n 次测量得到的 x_{ij}（$i = 1, 2, 3, \cdots, n$ 为测量系数；$j = 1, 2, 3, \cdots, n$ 为所含自变量的个数）代入经验公式，就可得到 n 个 y 的估计值 $\hat{y}$，即

$$\begin{cases} \hat{y}_1 = b_0 + b_1 x_{11} + b_2 x_{12} + \cdots + b_m x_{1m} \\ \hat{y}_2 = b_0 + b_1 x_{21} + b_2 x_{22} + \cdots + b_m x_{2m} \\ \vdots \\ y_i = b_0 + b_1 x_i + b_2 x_{i2} + \cdots + b_i x_{im} \\ \vdots \\ \hat{y}_n = b_0 + b_1 x_{n1} + b_2 x_{n2} + \cdots + b_n x_{nm} \end{cases} \tag{10-18}$$

通过相应的测量等到 n 个 y_i 值,根据剩余误差的定义,n 次测量的剩余误差为:

$$v_i = y_i - \hat{y}_1, \quad i = 1, 2, 3, \cdots, n \tag{10-19}$$

等于误差方程式:

$$\begin{cases} y_1 = b_0 + b_1 x_{11} + b_2 x_{12} + \cdots + b_m x_{1m} + v_1 \\ y_2 = b_0 + b_1 x_{21} + b_2 x_{22} + \cdots + b_m x_{2m} + v_2 \\ \vdots \\ y_i = b_0 + b_1 x_{i1} + b_2 x_{i2} + \cdots + b_m x_{im} + v_i \\ \vdots \\ y_m = b_0 + b_1 x_{m1} + b_2 x_{m2} + \cdots + b_m x_{mn} + v_m \end{cases} \tag{10-20}$$

若想通过 n 次测量得到的数据 y_i 和 x_{ij},求出经验公式中 $(m+1)$ 个回归系数,即被求值有 $(m+1)$ 个,而方程式有 n 个,在实验测量中,通常 $n > m+1$,即方程的个数多于未知数个数,可利用最小二乘原理,求出剩余误差平方和为最小的解,即使得:

$$Q = \sum_{i=1}^{n} v_i^2 = \sum_{i=1}^{n} (y_i - \hat{y})^2 = \sum_{i=1}^{n} (y_i - b_0 - b_1 x_{i1} - b_2 x_{i2} - \cdots - b_m x_{im})^2 = \min \tag{10-21}$$

根据微分中极值定理,当 Q 对多个未知量的偏导为 0 时,Q 才达到其极值,故对 Q 各求未知量 b_j 的偏导并令其为 0,得:

$$\begin{cases} \dfrac{\partial Q}{\partial b_0} = -2 \sum_{i=1}^{n} (y_i - \hat{y}_i) = 0 \\ \dfrac{\partial Q}{\partial b_j} = -2 \sum_{i=1}^{n} (y_i - \hat{y}_i) x_{ij} = 0 \end{cases} \tag{10-22}$$

将上式展开得:

$$\begin{cases} v_1 + v_2 + \cdots + v_n = 0 \\ x_{11} v_1 + x_{21} v_2 + \cdots + x_{nj} v_n = 0 \quad j = 1 \\ x_{12} v_1 + x_{22} v_2 + \cdots + x_{n2} v_n = 0 \quad j = 2 \\ \vdots \\ x_{1k} v_1 + x_{2k} v_2 + \cdots + x_{nk} v_n = 0 \quad j = k \\ \vdots \\ x_{1m} v_1 + x_{2m} v_2 + \cdots + x_{nm} v_n = 0 \quad j = m \end{cases} \tag{10-23}$$

误差方程式和上式可用矩阵形式写为:

$$y = xb + v \quad \text{或} \quad v = y - xb \tag{10-24}$$

$$x^{\mathrm{T}} - v = 0 \tag{10-25}$$

其中:

$$y = \begin{bmatrix} y_1 \\ y_2 \\ \vdots \\ y_n \end{bmatrix} \quad x = \begin{bmatrix} 1 & x_{11} & x_{12} & \cdots & x_{1m} \\ 1 & x_{21} & x_{22} & \cdots & x_{2m} \\ \vdots & \vdots & \vdots & & \vdots \\ 1 & x_{n1} & x_{n2} & \cdots & x_{nm} \end{bmatrix} \quad v = \begin{bmatrix} v_1 \\ v_2 \\ \vdots \\ v_n \end{bmatrix} \quad b = \begin{bmatrix} b_0 \\ b_1 \\ b_2 \\ \vdots \\ b_m \end{bmatrix}$$

将式(10-24)代入式(10-25),得到:

$$x^{\mathrm{T}}(y - xb) = 0$$

即

$$x^{\mathrm{T}} y - x^{\mathrm{T}} xb = 0$$

故

$$x^{\mathrm{T}} y = x^{\mathrm{T}} xb \tag{10-26}$$

即

$$b = (x^{\mathrm{T}} - x)^{-1} x^{\mathrm{T}} - y \tag{10-27}$$

求解正规方程[式(10-26)]或求出矩阵[式(10-27)]，即得多元线性回归方程的系数的估计矩阵 b 即经验系数 $b_0, b_1, b_2, \cdots, b_m$。

为了衡量回归效果，还要计算以下 4 个量。

(1) 偏差平方和 Q

$$Q = \sum_{i=1}^{n} (y_i - b_0 - b_1 x_{i1} - b_2 x_{i2} - \cdots - b_m x_{im})^2 \tag{10-28}$$

(2) 平均标准偏差 s

$$s = \frac{\sigma}{\sqrt{n}} \tag{10-29}$$

(3) 复相关系数 r

$$r = \sqrt{1 - \frac{Q}{\sum (y - \overline{y})^2 \sum (\hat{y} - \overline{y})^2}} \tag{10-30}$$

(4) 偏相关系数 v_i

$$v_i = \sqrt{1 - \frac{Q}{Q_i}} \quad (i = 1, 2, 3, \cdots, m) \tag{10-31}$$

其中 $Q_i = \sum\limits_{i=1}^{n} \left[y_i - \left(a_0 + \sum\limits_{k=\pm j}^{n} a_k x_{ki} \right) \right]^2$。

当 v_i 越大时，说明 x_i 对于 y 的作用越显著，此时不可把 x_i 剔除。

10.6　多项式回归　》》》

多项式回归方程的数学模型为：

$$y = \beta_0 + \beta_1 x^1 + \beta_2 x^2 + \cdots + \beta_m x^m \tag{10-32}$$

其中 $m \geqslant 2$，自变量 x 与因变量 Y 之间的相关关系为：

$$Y = (\beta_0 + \beta_1 x^1 + \beta_2 x^2 + \cdots + \beta_m x^m) + \varepsilon \tag{10-33}$$

对自变量 x 做变换，令：

$$X_j = x^j, \quad j = 1, 2, 3, \cdots, m$$

由此可得：

$$Y = (\beta_0 + \beta_1 X_1 + \beta_2 X_2 + \cdots + \beta_m X_m) + \varepsilon \tag{10-34}$$

这是一个 m 元回归分析问题。

这样，多项式回归问题就转化为多元线性回归问题，多元线性回归方程的系数即为多项式回归方程的系数。

本章小结

(1) 测量值与真值之间的差称为测量误差，它是由使用仪器、测量方法、周围环境、人的技术熟练程度和人的感官条件等的技术水平和客观条件的限制所引起的。

(2) 误差可分为随机误差、系统误差和粗大误差。

独立思考

10-1　测量误差包括哪些？

10-2　什么是精密度、准确度和精度？

10-3　什么是标准差？如何计算？

10-4　如何进行多元线性回归分析？

10-5　如何进行多项式回归分析？

参 考 文 献

[1] 中华人民共和国住房与城乡建设部,中华人民共和国国家质量监督检验检疫总局.工程岩体试验方法标准:GB/T 50266—2013[S].北京:中国计划出版社,2013.

[2] 中华人民共和国交通运输部.公路工程施工安全技术规程:JTG F90—2015[S].北京:人民交通出版社,2016.

[3] 中华人民共和国国家质量监督检验检疫总局,中国国家标准化管理委员会.爆破安全规程:GB 6722—2014/XG1—2016[S].北京:中国标准出版社,2015.

[4] 中国铁路总公司.铁路隧道监控量测技术规程:Q/CR 9218—2015[S].北京:中国铁道出版社,2015.

[5] 中华人民共和国铁道部.铁路隧道施工规范:TB 10204—2002/J 163—2002[S].北京:中国铁道出版社,2002.

[6] 中华人民共和国铁道部.铁路工程施工安全技术规程(下册):TB 10401.2—2003/J 260—2003[S].北京:中国铁道出版社,2003.

[7] 上海市住房和城乡建设管理委员会.基坑工程技术标准:DG/T J08-61—2018/J 11577—2018[S].上海:同济大学出版社,2018.

[8] 中华人民共和国住房和城乡建设部,中华人民共和国国家质量监督检验检疫总局.建筑边坡工程技术规范:GB 50330—2013[S].北京:中国建筑工业出版社,2014.

[9] 张蕾,丁祖德.地下工程测试技术[M].北京:中国水利水电出版社,2016.

[10] 夏才初,李永盛.地下工程测试理论与监测技术[M].上海:同济大学出版社,1999.

[11] 刘尧军,于跃勋,赵玉成.地下工程测试技术[M].成都:西南交通大学出版社,2009.

[12] 徐祯祥.地下工程试验与测试技术[M].北京:中国铁道出版社,1984.

[13] 李晓乐,郎秋玲.地下工程监测方法与检测技术[M].武汉:武汉理工大学出版社,2018.

[14] 陶龙光,刘波,侯公羽.城市地下工程[M].北京:科学出版社,2011.

[15] 刘新荣.地下结构设计[M].重庆:重庆大学出版社,2013.

[16] 彭丽云,刘兵科.地下工程监测与检测技术[M].北京:人民交通出版社,2017.

[17] 毛红梅,贾良.地下工程监控量测[M].北京:人民交通出版社,2015.

[18] 赵吉先,孙小荣.地下工程测量[M].2版.北京:测绘出版社,2013.

[19] 周晓军.地下工程监测和检测理论与技术[M].北京:科学出版社,2014.

[20] 刘招伟,赵运臣.城市地下工程施工监测与信息反馈技术[M].北京:科学出版社,2006.

[21] 任建喜.岩土工程测试技术[M].2版.武汉:武汉理工大学出版社,2015.

[22] 李晓红.隧道新奥法及其量测技术[M].北京:科学出版社,2002.

[23] [美]约翰·邓尼克利夫.岩土工程监测[M].卢正超,黎利兵,姜云辉,等译.北京:中国质检出版社,2013.

[24] 李欣,冷毅飞.岩土工程现场监测[M].北京:地质出版社,2015.

[25] 刘春.岩土工程测试与监测技术[M].北京:中央民族大学出版社,2018.

[26] 宰金珉,王旭东,徐洪钟.岩土工程测试与监测技术[M].北京:中国建筑工业出版社,2016.

[27] 李彦荣.岩土测试标准、理论与方法体系[M].北京:科学出版社,2019.

[28] 杨绍平,李姝.岩土测试技术[M].北京:中国水利水电出版社,2015.

[29] 王春来,刘建坡,李佳洁.现代岩土测试技术[M].北京:冶金工业出版社,2019.

[30]　王复明.岩土工程测试技术[M].郑州:黄河水利出版社,2012.

[31]　童立元,刘激,Binod Amatya,等.岩土工程现代原位测试理论与工程应用[M].南京:东南大学出版社,2015.

[32]　邢皓枫,徐超,石振明.岩土工程原位测试[M].2版.上海:同济大学出版社,2015.

[33]　何开胜.岩土工程测试和安全监测[M].北京:中国建筑工业出版社,2018.

[34]　廖红建,赵树德,等.岩土工程测试[M].北京:机械工业出版社,2007.

[35]　刘尧军.岩土工程测试技术[M].重庆:重庆大学出版社,2013.

[36]　中华人民共和国交通运输部.公路工程质量检验评定标准第一册　土建工程:JTG F80/1—2017[S].北京:人民交通出版社,2017.

[37]　中华人民共和国住房和城乡建设部,中华人民共和国国家质量监督检验检疫总局.岩土锚杆与喷射混凝土支护工程技术规范:GB 50086—2015[S].北京:中国计划出版社,2015.

[38]　中华人民共和国水利部.水工(常规)模型试验规程:SL 155—2012[S].北京:中国水利出版社,2012.

[39]　中华人民共和国交通运输部.公路隧道施工技术规范:JTG/T 3660—2020[S].北京:人民交通出版社,2020.